不确定广义 Markov 跳变系统的混杂脉冲控制

吕卉 著

中国水利水电出版社

www.waterpub.com.cn

·北京·

内 容 提 要

Markov 跳变系统是一种特殊的随机混杂系统，通过时间、事件两种机制共同驱动系统状态的演化，系统在有限集合中各个模态之间的转移服从 Markov 过程。广义系统是比正常系统更具广泛形式的一类系统。

本书采用脉冲比例导数状态反馈控制策略，研究了几类不确定广义 Markov 跳变系统的鲁棒正常化和混杂脉冲控制问题。本书主要内容涉及不确定广义 Markov 跳变系统的保性能脉冲控制、不确定广义 Markov 跳变系统的耗散脉冲控制、非线性不确定广义 Markov 跳变系统的可靠脉冲控制、时滞不确定广义 Markov 跳变系统的 H_∞ 脉冲控制。

本书适用于高等院校和科研院所混杂系统控制方向研究生和高年级本科生等参考阅读。

图书在版编目（ＣＩＰ）数据

不确定广义Markov跳变系统的混杂脉冲控制 / 吕卉著. -- 北京：中国水利水电出版社，2019.10
ISBN 978-7-5170-8141-8

Ⅰ．①不… Ⅱ．①吕… Ⅲ．①随机系统－脉冲控制－研究 Ⅳ．①O231

中国版本图书馆CIP数据核字(2019)第237018号

责任编辑：陈洁　　　　封面设计：李佳

书　　名	不确定广义 Markov 跳变系统的混杂脉冲控制 BUQUEDING GUANGYI Markov TIAOBIAN XITONG DE HUNZA MAICHONG KONGZHI	
作　　者	吕卉 著	
出版发行	中国水利水电出版社 （北京市海淀区玉渊潭南路 1 号 D 座　　100038） 网址：www.waterpub.com.cn E-mail: mchannel@263.net（万水） 　　　　sales@waterpub.com.cn 电话：(010) 68367658（营销中心）、82562819（万水）	
经　　售	全国各地新华书店和相关出版物销售网点	
排　　版	北京万水电子信息有限公司	
印　　刷	三河市元兴印务有限公司	
规　　格	170mm×240mm　　16 开本　　12 印张　　212 千字	
版　　次	2020 年 1 月第 1 版　　2020 年 1 月第 1 次印刷	
印　　数	0001—3000 册	
定　　价	54.00 元	

前　言

近年来，广义 Markov 跳变系统受到了广泛关注。广义 Markov 跳变系统是比正常系统更为复杂的一类系统，必须同时考虑正则性、无脉冲性（因果性）、一致初始条件和稳定性等问题。当导数项矩阵存在不确定性时，广义 Markov 跳变系统的控制变得尤为困难。考虑到不确定性和随机切换对系统性能的影响，本书采用脉冲比例导数状态反馈控制策略，研究了若干类不确定广义 Markov 跳变系统的鲁棒正常化和混杂脉冲控制问题。主要工作概括如下：

（1）不确定广义 Markov 跳变系统的鲁棒正常化和保性能混杂脉冲控制。设计了一个脉冲比例导数状态反馈控制器，使得闭环系统对所有容许的不确定性能够正常化、鲁棒随机稳定并且二次性能指标具有最小上界。所设计控制器中脉冲控制部分的增益矩阵并不需要提前给定，而是可以作为参数变量在设计方法中同步计算出来，这将在某种程度上提高设计方法的自由度并降低其保守性。

（2）不确定广义 Markov 跳变系统的鲁棒正常化和严格 (Q,S,R) 耗散混杂脉冲控制。利用脉冲比例导数状态反馈控制策略，使得闭环系统对所有容许的不确定性能够正常化、鲁棒随机稳定且严格 (Q,S,R) 耗散。所得结论提供了解决 H_∞ 控制和无源（正实）控制问题的统一框架。由于控制器中的导数反馈和脉冲反馈部分可以作为参数变量在设计方法中同步求解，故所提供的方法具有更大的设计自由度。

（3）非线性不确定广义 Markov 跳变系统的鲁棒正常化和可靠性耗散混杂脉冲控制。在执行器失效的情况下，利用给出的脉冲比例导数状态反馈控制器，使得闭环系统对所有容许的不确定性能够正常化、鲁棒随机稳定并且严格 (Q,S,R) 耗散。所得结论同时具备 H_∞ 性能和无源（正实）性能。导数反馈控制器和脉冲反馈控制器的参数化能够使得闭环系统具有更优越的性能指标。

（4）时滞不确定广义 Markov 跳变系统的鲁棒正常化和 H_∞ 混杂脉冲控制。提出了一种带有记忆功能的脉冲比例导数状态反馈控制策略，使得闭环系统对所有容许的不确定性能够正常化、鲁棒随机稳定并且具有 H_∞ 性能。所得结果依赖于系统时滞的上界并以线性矩阵不等式的形式给出，具有一定的灵活性和适用性。

（5）时滞非线性不确定广义 Markov 跳变系统的鲁棒正常化 H_∞ 错序控制。由于系统运行模态信号在网络传输过程中发生错序，闭环系统的运行模态与原系统模态和控制器模态同时相关。根据概率理论和非脆弱控制技术，设计了仅与原系统运行模态相关的混杂脉冲控制器。控制器增益以平稳分布的形式给出。即使模态运行信号出现错序，闭环系统仍然具有稳定性和良好的抗干扰性。

作者水平有限，书中难免有疏漏和不足之处，恳请同行业专家学者和广大读者批评指正。

作者

2019 年 6 月

基本符号对照表

$\mathbb{R}$	实数域
$\mathbb{R}^+$	$[0,+\infty)$
$\mathbb{Z}^+$	正整数域
$\mathbb{C}$	复数域
C_p^h	h 阶分段连续可导函数域
$\mathbb{R}^n$	n 维实数向量域
$\mathbb{R}^{m \times n}$	$m \times n$ 维实数矩阵域
$\forall$	任意
$\in$	属于
$\notin$	不属于
$\subseteq$	包含于
x^{T}	向量 x 的转置
det	行列式
deg det	行列式的次数
A^{T}	矩阵 A 的转置
A^{-1}	矩阵 A 的逆
rank(A)	矩阵 A 的秩
ker(A)	矩阵 A 的核空间
tr(A)	矩阵 A 的迹
$Q^{\frac{1}{2}}$	矩阵 $-Q$（$Q \leqslant 0$）的平方根
I_n	$n \times n$ 单位矩阵（省略下标则表示具有适当维数的单位矩阵）
diag$\{A_1, A_2, \ldots, A_n\}$	矩阵 $A_1, A_2, \ldots, A_n$ 构成的分块对角矩阵
*	分块矩阵中对称子块的转置

$\lambda_{\max}(A)$ 矩阵 A 的最大实特征值

$\lambda_{\min}(A)$ 矩阵 A 的最小实特征值

$A > (\geqslant)0$ 矩阵 A 正定（半正定）

$A < (\leqslant)0$ 矩阵 A 负定（半负定）

$\|\cdot\|$ 欧几里得范数

Pr 概率

$\mathbb{E}[\cdot]$ 数学期望

$\|\cdot\|_{\mathbb{V}}^{2}$ 协方差函数

$\mathbb{L}$ 弱无穷小算子

$\delta(\cdot)$ 狄拉克 δ 函数，即单位脉冲函数

$C_{n,d} = C([-d,0],\mathbb{R}^{n})$ $[-d,0] \to \mathbb{R}^{n}$ 上的连续向量函数组成的 Banach 空间，此空间上的范数定义 $\| \phi(t) \|_{d} = sup_{-d \leqslant s \leqslant 0} \| \phi(s) \|$

$\mathcal{L}_{2}[0,\infty)$ $[0,\infty)$ 上平方可积函数空间，此空间上的范数定义为

$$\| w(t) \|_{2} = \sqrt{\int_{0}^{\infty} \| w(t) \|^{2} \mathrm{d}t}$$

目　　录

前言

基本符号对照表

第1章　绪论 1

  1.1　广义系统概述 1

    1.1.1　广义系统模型及应用背景 1

    1.1.2　广义系统的结构特征 5

    1.1.3　不确定广义系统的研究现状 7

  1.2　广义 Markov 跳变系统研究现状 9

    1.2.1　Markov 跳变系统模型及应用背景 9

    1.2.2　广义 Markov 跳变系统模型及研究现状 11

  1.3　脉冲系统简介 13

  1.4　本书主要工作和内容安排 15

第2章　不确定广义 Markov 跳变系统的保性能脉冲控制 19

  2.1　引言 19

  2.2　问题描述 20

  2.3　保性能混杂脉冲控制器的设计 24

    2.3.1　保性能混杂脉冲控制器的存在条件 25

    2.3.2　最优保性能控制器的设计 28

  2.4　仿真算例 36

  2.5　本章小结 43

第3章　不确定广义 Markov 跳变系统的耗散脉冲控制 45

  3.1　引言 45

  3.2　问题描述 47

  3.3　严格(Q,S,R)耗散混杂脉冲控制器的设计 51

    3.3.1　严格(Q,S,R)耗散混杂脉冲控制器的存在条件 51

    3.3.2　严格(Q,S,R)耗散混杂脉冲控制器的设计 54

3.4　仿真算例 61

3.5　本章小结 69

第4章　非线性不确定广义 Markov 跳变系统的可靠脉冲控制 70

4.1　引言 70

4.2　问题描述 71

4.3　可靠性耗散混杂脉冲控制器的设计 76

4.3.1　可靠性耗散混杂脉冲控制器的存在条件 77

4.3.2　可靠性耗散混杂脉冲控制器的设计 80

4.4　仿真算例 89

4.5　本章小结 96

第5章　时滞不确定广义 Markov 跳变系统的 H_∞ 脉冲控制 97

5.1　引言 97

5.2　问题描述 98

5.3　H_∞ 混杂脉冲控制器的设计 102

5.3.1　H_∞ 混杂脉冲控制器的存在条件 102

5.3.2　H_∞ 混杂脉冲控制器的设计 108

5.4　仿真算例 114

5.5　本章小结 123

第6章　时滞非线性不确定广义 Markov 跳变系统的 H_∞ 错序控制 124

6.1　引言 124

6.2　问题描述 125

6.3　H_∞ 错序控制器的设计 130

6.3.1　H_∞ 错序控制器的存在条件 131

6.3.2　H_∞ 错序控制器的设计 138

6.4　仿真算例 148

6.5　本章小结 159

第7章　结论与展望 161

7.1　结论 161

7.2　展望 162

参考文献 164

第 1 章　绪论

1.1　广义系统概述

1.1.1　广义系统模型及应用背景

广义系统，又称为奇异系统（Singular System）、描述系统（Descriptor System）、隐式系统（implicit System）、广义状态空间系统（Generalized State-space System）、半状态系统（Semistate System）及微分代数系统（Differential-algebraic System）等。1974 年，英国学者 Rosenbrock[1]在研究复杂的电路网络系统时，首次提出了广义系统的问题，在控制领域和数学领域引起了广泛关注，拉开了广义系统理论研究的帷幕。

在广义系统理论发展初期，即 20 世纪 70 年代，研究进展较慢。进入 20 世纪 80 年代，越来越多的控制理论工作者对广义系统产生了浓厚的兴趣，广义系统理论也进入了一个新的发展阶段。在之后的十年中，广义系统理论取得了蓬勃的发展。从 20 世纪 90 年代初至今，作为现代控制理论的一个分支，广义系统理论已从基础向纵深发展，涉及从线性到非线性、从连续到离散、从确定性到不确定性、从无时滞到时滞、从线性二次型最优控制到 H_2 和 H_∞ 控制等各个专题，取得了丰硕的研究成果[2-10]。

在数学中，一般用下列方程描述广义系统

$$\begin{cases} E(t)[T(\lambda)x(t)] = f(x(t),u(t),t) \\ y(t) = g(x(t),u(t),t) \end{cases} \tag{1.1}$$

式中，$x(t)$ 是系统的状态向量；$u(t)$ 是系统的输入向量；$y(t)$ 是系统的输出向量；$T(\lambda)$ 表示状态 $x(t)$ 的微分或差分；f,g 是关于 $x(t),u(t),t$ 的向量函数；$E(t)$ 是时变矩阵。

当 $E(t)$ 为非奇异矩阵时（对所有的 $t \in \mathbb{R}$），系统（1.1）即为通常所说的正常系统；当 $E(t)$ 为奇异矩阵时，称系统（1.1）为广义系统[11]。

当广义系统用微分代数系统模型来描述时，通常表示为下列方程

$$\dot{x}_1(t) = f(x_1(t), x_2(t), u(t), t)$$
$$0 = h(x_1(t), x_2(t), u(t), t)$$
$$y(t) = g(x_1(t), x_2(t), u(t), t)$$

式中，$x_1(t), x_2(t)$ 分别是状态变量的微分和代数变量部分；f,g,h 是关于 $x_1(t), x_2(t), u(t), t$ 的向量函数。

广义系统是比正常系统更具有广泛形式的一类动力系统，由微分（差分）方程描述的慢变子系统以及由代数方程描述的快变子系统组成[11-13]。正则性和脉冲性（因果性）是广义系统区别于正常系统的固有属性。广义系统本身除了具有重要的学术价值外，还具有重要的应用价值。广义系统模型在社会生产的诸多领域中有着广泛的应用，如石油化工中的裂化催化过程[1]、人工神经网络[14]、机器人系统[15,16]、网络系统[17]、电力系统[18]以及生物系统[19]等领域中都有广义系统的实例。与正常系统相比，广义系统能够更好地保持和描述系统的物理特性。一方面，在许多实际系统中，物理变量之间确实存在着一些代数约束[20]，因此很多系统（如受限机器人[21]、核反应堆[22]、非因果系统[23]）只能用广义系统描述而不能用正常系统来表示。另一方面，在一定的条件下，虽然可以通过变换消除代数变量，将广义系统转化成一般的正常系统，但这样变换的结果将丧失系统矩阵的稀疏性和参数变量独立性[20,24]。在实际中，用广义系统表示的模型有电子网络模型[11]、Leontief 动态投入产出模型[25]、水翼艇的纵向运动模型[26]、具有阶段结构的种群模型[27]等。下面给出几个具体实例。

例 1.1[11]　考虑如图 1.1 所示的双回路电路网。其中，u_{c_1}, u_{c_2} 分别表示电容 C_1

和 C_2 的电压，I_1,I_2 分别为通过电容 C_1 和 C_2 的电流强度，R,L 分别表示电阻和电感。

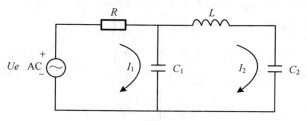

图 1.1　双回路电路图

选取系统状态变量为

$$x = \begin{bmatrix} u_{C_1} & u_{C_2} & I_2 & I_1 \end{bmatrix}^{\mathrm{T}}$$

并将系统的控制输入和输出变量选取为

$$u = U_e, \quad y = u_{C_2}$$

根据 Kirchoff 第二定律，可以用如下的状态空间表达式描述此系统

$$\begin{bmatrix} C_1 & 0 & 0 & 0 \\ 0 & C_2 & 0 & 0 \\ 0 & 0 & -L & 0 \\ 0 & 0 & 0 & 0 \end{bmatrix}\dot{x} = \begin{bmatrix} 0 & 0 & 0 & 1 \\ 0 & 0 & 1 & 0 \\ -1 & 1 & 0 & 0 \\ 1 & 0 & R & R \end{bmatrix}x + \begin{bmatrix} 0 \\ 0 \\ 0 \\ -1 \end{bmatrix}u$$

$$y = \begin{bmatrix} 0 & 1 & 0 & 0 \end{bmatrix}x$$

不难证明，该广义系统是正则、无脉冲的。

例 1.2[4] 考虑如图 1.2 所示的由一个阻尼器元件和其连接的两个振荡器组成的机械系统。

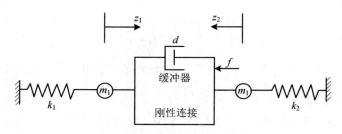

图 1.2　两个连接的振荡器

令

$$m_1 = m_2 = 1\,\text{kg}, \quad d = 1\,\text{Ns/m}, \quad k_1 = 2\,\text{N/m}, \quad k_2 = 2\,\text{N/m}$$

则可以利用以下方程描述该系统

$$\begin{bmatrix} 1 & 0 \\ 0 & 1 \end{bmatrix}\begin{bmatrix} \ddot{z}_1 \\ \ddot{z}_2 \end{bmatrix} + \begin{bmatrix} 1 & 1 \\ 1 & 1 \end{bmatrix}\begin{bmatrix} \dot{z}_1 \\ \dot{z}_2 \end{bmatrix} + \begin{bmatrix} 2 & 0 \\ 0 & 1 \end{bmatrix}\begin{bmatrix} z_1 \\ z_2 \end{bmatrix} = \begin{bmatrix} -1 \\ 1 \end{bmatrix}f + \begin{bmatrix} 1 \\ 1 \end{bmatrix}\mu$$

$$\begin{bmatrix} 1 & 1 \end{bmatrix}\begin{bmatrix} z_1 \\ z_2 \end{bmatrix} = 0$$

$$y = \begin{bmatrix} 1 & 0 \end{bmatrix}\begin{bmatrix} z_1 \\ z_2 \end{bmatrix}$$

式中，z_1, z_2 分别为物体 m_1 和 m_2 的位移；f 为已知输入外力；μ 为拉格朗日算子；y 为测量输出。

进而，若选取状态变量 $x(t) = \begin{bmatrix} z_1 & z_2 & \dot{z}_1 & \dot{z}_2 & \mu \end{bmatrix}^{\text{T}}$，输入变量 $u = f$，则上述方程可由如下的广义系统表示

$$E\dot{x} = Ax + Bu$$
$$y = Cx$$

式中

$$E = \begin{bmatrix} I & 0 & 0 \\ 0 & M & 0 \\ 0 & 0 & 0 \end{bmatrix}, \quad A = \begin{bmatrix} 0 & I & 0 \\ -K & -D & J \\ H & G & 0 \end{bmatrix}, \quad B = \begin{bmatrix} 0 \\ L \\ 0 \end{bmatrix}, \quad C = \begin{bmatrix} C_p & C_v & 0 \end{bmatrix}$$

$$M = \begin{bmatrix} 1 & 0 \\ 0 & 1 \end{bmatrix}, \quad D = \begin{bmatrix} 1 & 1 \\ 1 & 1 \end{bmatrix}, \quad K = \begin{bmatrix} 2 & 0 \\ 0 & 1 \end{bmatrix}, \quad L = \begin{bmatrix} -1 \\ 1 \end{bmatrix}, \quad J = \begin{bmatrix} 1 \\ 1 \end{bmatrix}$$

$$G = \begin{bmatrix} 0 & 0 \end{bmatrix}, \quad H = \begin{bmatrix} 1 & 1 \end{bmatrix}$$

以及

$$C_p = \begin{bmatrix} 1 & 0 \end{bmatrix}, \quad C_v = \begin{bmatrix} 0 & 0 \end{bmatrix}$$

例 1.3[11] 1936 年，美国学者 W. Leontief 首次提出投入产出分析理论。当中为人熟知的 Leontief 动态投入产出模型为

$$x(t) = Ax(t) + B[x(t+1) - x(t)] + d(t) + \omega(t)$$

式中，$x(t) = \begin{bmatrix} x_1(t) & x_2(t) & \cdots & x_n(t) \end{bmatrix}^{\text{T}}$ 为 t 时刻的产出水平向量；$d(t) + \omega(t)$ 为不包

括投资的最终产品（即消费品）向量，其中 $d(t)$ 为确定性的、计划中的最终消费，$\omega(t)$ 为市场波动对消费的影响； $A=[a_{ij}]$ 为直接消耗系数矩阵，其元素满足

$$0 \leqslant a_{ij} < 1, \ i, j = 1, 2, \cdots, n \ \text{且} \ \sum_{i=1}^{n} a_{ij} < 1, \ B \ \text{为投资系数矩阵}。$$

以上模型可以进一步改写为

$$Bx(t+1) = (I - A + B)x(t) - \omega(t) - d(t)$$

在多部门的经济系统中，当各部门之间不存在投资行为时，矩阵 B 中对应的行为零，从而 B 不满秩，即 $\text{rank}(B) < n$。此时，该模型表示的是带有外部扰动的离散广义系统。

这几个实例从侧面反映了广义系统在实际应用中的广泛背景，以及利用广义系统刻画实际问题的必要性。近年来随着对广义系统研究的深入，广义系统已经成为解决正常系统控制问题的一种方法。譬如，文献[28]指出，奇异摄动系统的近优状态调节器就是广义系统的最优状态调节器，并把对奇异摄动系统的近优状态调节器设计归结为广义系统的最优状态调节器设计。文献[29-31]首先把时滞系统转化成等价的广义系统，然后按照广义系统设计 Lyapunov 函数，使得系统稳定并且具有相应的性能指标。通过这种方式可将松弛变量引入到线性矩阵不等式判据中，从而降低系统设计的保守性。为了消除系统控制矩阵与输出反馈增益矩阵的耦合，文献[32,33]将输出反馈控制系统增广为广义系统，从而使输出反馈增益的参数化成为可能。可以看出，虽然广义系统理论借鉴了正常系统的概念和研究方法，但是对广义系统的研究与理解反过来又促成和丰富了正常系统的研究。因此，有必要对广义系统理论的分析和研究给予重视。目前，广义系统理论的研究方法主要有：几何方法、频域方法和状态空间方法。其中，状态空间方法（或称时域方法）是广义系统理论中最常用的方法[34-41]。

1.1.2　广义系统的结构特征

广义系统模型是非传统意义上的数学模型，它是由微分或差分方程描述的慢

变动态层子系统和代数方程描述的快变静态层子系统有机组成的复杂系统。也就是说，由传统数学的动态系统和静态系统重新整合，形成了非传统数学模型。因此，广义系统的解的结构与正常系统的解的结构存在着巨大的差异。

考虑线性定常广义系统

$$E\dot{x}(t) = Ax(t) + Bu(t), \ x(0) = x_0, \ t \geqslant 0 \tag{1.2}$$

式中，$x(t) \in \mathbb{R}^n$ 和 $u(t) \in \mathbb{R}^m$ 分别为系统的状态和输入向量，矩阵 $E, A \in \mathbb{R}^{n \times n}$，$B \in \mathbb{R}^{n \times m}$ 皆为定常矩阵，E 为奇异矩阵，E 的秩满足 $\text{rank}(E) = q \leqslant n$。假设控制输入 $u(t)$ 是 h 阶分段连续可导的，表示为 $u(t) \in C_p^h$。当矩阵对 (E, A) 正则，即存在 $s_0 \in \mathbb{C}$ 使得行列式 $\det(s_0 E - A) \neq 0$ 时，总存在可逆矩阵 P 和 Q，使得

$$PEQ = \begin{bmatrix} I_r & 0 \\ 0 & N \end{bmatrix}, \ PAQ = \begin{bmatrix} A_1 & 0 \\ 0 & I_{n-r} \end{bmatrix}, \ PB = \begin{bmatrix} B_1 \\ B_2 \end{bmatrix}, \ CQ = \begin{bmatrix} C_1 & C_2 \end{bmatrix} \tag{1.3}$$

式中，r 为行列式 $\det(sE - A)$ 的次数，即 $\deg \det(sE - A) = r$，$s \in \mathbb{C}$，$N \in \mathbb{R}^{(n-r) \times (n-r)}$ 是幂零矩阵，幂零指数为 h，即 $h = \min\{k \mid N^k = 0, \ k 为正整数\}$，其他矩阵具有相应的维数。

令 $Q^{-1}x(t) = [x_1(t) / x_2(t)]$，$x_1(t) \in \mathbb{R}^r$，$x_2(t) \in \mathbb{R}^{n-r}$，得到

$$\dot{x}_1(t) = A_1 x_1(t) + B_1 u(t), \ y_1(t) = C_1 x_1(t)$$
$$N\dot{x}_2(t) = x_2(t) + B_2 u(t), \ y_2(t) = C_2 x_2(t)$$
$$y(t) = y_1(t) + y_2(t)$$

这种分解通常称为快慢子系统分解。当 $t \geqslant 0$ 时，广义系统（1.2）的状态响应为

$$x(t) = Q \begin{bmatrix} e^{A_1 t}x_1(0) + \int_0^t e^{A_1(t-\tau)}B_1 u(\tau)\mathrm{d}\tau \\ -\sum_{i=1}^{h-1} \delta^{(i-1)}(t)N^i x_2(0) - \sum_{i=0}^{h-1} N^i B_2 u^{(i)}(t) \end{bmatrix} \tag{1.4}$$

式中，$\delta(t)$ 是 t 时刻的 δ 函数（或脉冲函数）。可以看出，广义系统的解中不仅含有类似于正常系统的指数项，而且还含有正常系统所不具有的脉冲项以及输入的导数项。这种形式的解称为广义函数意义下的分布解。当 $t > 0$ 时，式（1.4）即为

$$x(t) = Q \begin{bmatrix} \mathrm{e}^{A_1 t} x_1(0) + \int_0^t \mathrm{e}^{A_1(t-\tau)} B_1 u(\tau) \mathrm{d}\tau \\ -\sum_{i=0}^{h-1} N^i B_2 u^{(i)}(t) \end{bmatrix} \tag{1.5}$$

满足式（1.5）的解 $x(t)$ 是微分方程意义下的解，它已不再像正常系统那样，对于任意给定的初始状态都存在，而是只有满足允许初态

$$x(0) = Q \begin{bmatrix} x_1(0) \\ -\sum_{i=0}^{h-1} N^i B_2 u^{(i)}(0) \end{bmatrix} \tag{1.6}$$

时才存在并且唯一。式（1.6）称为系统（1.2）的一致初始条件。从式（1.4）、式（1.5）和式（1.6）不难看出，n 阶线性定常广义系统（1.2）具有以下特点：

（1）无论是广义函数意义下的分布解（1.4）还是微分意义下的解（1.5），除了含有正常系统的指数项外，还含有系统输入的导数项。系统输入的不充分光滑将导致脉冲行为。

（2）从分布解（1.4）可以看出，系统运行前的初态，即不相容的初始条件（ $x_2(0) \neq 0$ 且 $x_2(0) \notin \ker(N)$ ）在初始点引起脉冲解。

（3）广义系统具有层次性：一层是由微分（或差分）方程描述的慢变子系统，具有与正常系统一样的动态特性；另一层是由代数方程描述的快变子系统，具有正常系统所没有的静态特性。这两层不是简单的组合，而是通过变量之间的耦合融为一体，构成一个复杂系统。

（4）在系统的结构参数扰动下，广义系统通常不再具有结构稳定性。

1.1.3 不确定广义系统的研究现状

不同于正常系统，不确定广义系统的分析与控制更为复杂，需要同时考虑正则性、无脉冲性（因果性）和稳定性。如果系统的导数项矩阵存在摄动或不确定性，此时系统的控制将变得尤为复杂[42,43]。考虑形如式（1.2）的广义系统，其中

$$E = \begin{bmatrix} 1 & 0 & 0 \\ 0 & 1 & 0 \\ 0 & 0 & 0 \end{bmatrix}, \ A = \begin{bmatrix} -1 & 0 & 0 \\ 0 & 1 & 0 \\ 0 & 1 & 0 \end{bmatrix}, \ B = \begin{bmatrix} 0 \\ 0 \\ 1 \end{bmatrix}$$

通过设计状态反馈

$$u(t) = Kx(t) = \begin{bmatrix} 0 & 0 & 1 \end{bmatrix} x(t)$$

能够使得相应的闭环系统

$$E\dot{x}(t) = (A + BK)x(t)$$

正则、无脉冲且稳定。假设导数项矩阵 E 带有如下加性摄动

$$\Delta E = \begin{bmatrix} 0 & 0 & 0 \\ 0 & 0 & 0 \\ 0 & \delta & 0 \end{bmatrix}$$

可以证明对于任意小的 $\delta > 0$，广义系统（1.2）变得不稳定。从该例可以看出，即使一个广义系统正则、无脉冲且稳定，导数项矩阵的微小摄动都能够破坏该系统的稳定性。这也说明，对于导数项矩阵具有摄动的不确定广义系统，如果系统的不确定性是非结构性的，此时系统不具有鲁棒稳定性。事实上，广义系统的结构和特性与导数项矩阵直接相关。摄动的存在会引起导数项矩阵秩的变化，从而导致系统解轨迹的不连续以及脉冲行为，甚至会破坏系统的稳定性[44]。导数反馈能够降低系统对参数摄动的敏感性并提高系统的抗干扰能力[44-51]，是一种有效的控制手段。

文献[43]研究了导数项矩阵具有不确定性的广义系统的鲁棒正常化和鲁棒镇定问题。利用增广矩阵方法，将比例导数反馈设计问题转化成一个广义系统的状态反馈设计问题。以线性矩阵不等式形式给出比例导数状态反馈控制器存在的充要条件，并给出了比例导数反馈控制器的设计方法。文献[44]利用比例导数反馈控制策略，研究了不确定广义系统的鲁棒 H_∞ 控制问题。通过引入松弛变量，将 Lyapunov 矩阵从与导数项矩阵和系统矩阵的乘积中分离出来，得到了系统存在比例导数状态反馈控制器的线性矩阵不等式充要判据。比例导数反馈控制器的具体形式也一并给出。文献[45]进一步研究了不确定广义系统的鲁棒正常化和保性能控制问题。系统的不确定性同时存在于导数项矩阵、状态矩阵和输入矩阵。利用自由权矩阵方法和合同变换，得到了系统存在鲁棒正常化保性能控制器的充分条件。给出比例导数反

馈的参数化表示，并将最优保性能控制器的设计转化为一个凸优化问题。目前，有关导数项矩阵具有不确定性的广义系统鲁棒控制的结果并不多见。

1.2　广义 Markov 跳变系统研究现状

1.2.1　Markov 跳变系统模型及应用背景

在工程和经济领域，许多实际系统不能使用确定性模型来描述其行为，比如经济系统、飞行器控制系统、目标跟踪系统、太阳能中央接收控制系统、机器人系统等。因为这些系统所体现的现象不是确定的，其结构和参数具有随机变化的特性。这些随机突变的产生往往是由系统的跳变引起的，比如系统元件的随机失效与修复、内部互联的系统发生变化、环境的突变以及非线性系统在线性化后工作点范围的变化等。这类系统通常被称为混杂系统[52-54]。

Markov 跳变系统（简称 Markov 系统）是一类特殊的混杂系统。系统中各模态之间的随机切换符合一定的统计特性——系统有限离散事件集合中各个模态之间的切换符合 Markov 过程。其由两部分构成：第一部分是系统的状态；第二部分是系统的切换参数，即系统的模态以随机的方式在一个有限的离散集合内取值。在完备的概率空间 $(\Omega, \mathcal{F}, \mathcal{P})$ 上定义 Markov 过程，其中 Ω 为样本空间，$\mathcal{F}$ 为样本空间上的 σ-代数，$\mathcal{P}$ 为概率测度。最基本的连续 Markov 跳变系统与离散 Markov 跳变系统的线性模型描述如下：

（1）线性连续 Markov 跳变系统

$$\begin{aligned}\dot{x}(t) &= A(r(t))x(t) + B(r(t))u(t)\\ y(t) &= C(r(t))x(t) + D(r(t))u(t)\end{aligned} \tag{1.7}$$

式中，$x(t)$ 表示系统的状态向量；$u(t)$ 表示控制输入；$y(t)$ 表示被控输出。系统模态切换信号 $\{r(t), t \geq 0\}$ 是取值于有限状态空间 $S = \{1, 2, \cdots, N\}$ 的有限 Markov 链，且具有以下转移概率

$$Pr\big[r(t+\Delta)=j \mid r(t)=i\big]=\begin{cases}\pi_{ij}\Delta+o(\Delta),\ i\neq j\\ 1+\pi_{ii}\Delta+o(\Delta),\ i=j\end{cases}$$

式中，$\Delta>0$，$\lim\limits_{\Delta\to0}o(\Delta)/\Delta=0$。$\pi_{ij}\geqslant0$，$i,j\in S$，$i\neq j$ 表示系统从模态 i 转移到

模态 j 的转移速率，并且 $\pi_{ii}=-\sum\limits_{j=1,j\neq i}^{N}\pi_{ij}$。转移速率矩阵定义为 $\Pi\triangleq[\pi_{ij}]$。矩阵

$A(r(t))$、$B(r(t))$、$C(r(t))$ 和 $D(r(t))$ 为具有适当维数的定常矩阵。为了方便起见，

对每一个 $r(t)=i\in S$，矩阵 $\mathcal{M}(r(t))$ 可简记为 $\mathcal{M}_i$。

（2）线性离散 Markov 跳变系统

$$\begin{aligned}x(k+1)&=A(r(k))x(k)+B(r(k))u(k)\\ y(k)&=C(r(k))x(k)+D(r(k))u(k)\end{aligned}\tag{1.8}$$

式中

$$Pr\big[r(k+1)=j \mid r(k)=i\big]=\pi_{ij}$$

表示系统从模态 i 转移到模态 j 的转移概率。$\pi_{ij}\geqslant0$ 且 $\sum\limits_{j=1}^{N}\pi_{ij}=1$。

Markov 跳变系统的研究起源于 20 世纪 60 年代[55,56]。随着计算机技术的快速发展和数学理论的不断完善，人们对 Markov 跳变系统的研究逐渐深入，并且在这类系统的稳定性分析与镇定、鲁棒控制、H_∞ 控制与滤波等方面取得了丰硕的研究成果[57-63]。同时，越来越多的 Markov 跳变系统研究成果被广泛地应用到实际中去，如飞行器的容错控制、工业制造系统中的最优控制等。下面给出一个 Markov 跳变系统实例。

例 1.4[58]　考虑单生物种群在污染环境下的生长问题。设 $x(t)$ 表示时刻 t 种群个体的数量，$C_0(t)$ 表示该时刻生物个体体内的毒素浓度，γ_0 表示不存在毒素时生物的内秉增长率，γ_1 表示生物增长对毒素的反应强度，b 和 d 分别表示出生率和死亡率。n 是正常数，表示种群内部制约因子。假设种群的净增长率 $b-d$ 是生物体内毒素浓度的线性函数

$$b-d=\gamma_0-\gamma_1C_0(t)$$

于是生物的增长规律可以由以下方程给出

$$\dot{x}(t) = x(t)(b - d - nx(t)) = x(t)(\gamma_0 - \gamma_1 C_0(t) - nx(t)) \qquad (1.9)$$

当采用确定性模型来研究种群在污染环境下的生存与灭绝问题时，有一个严重的缺陷，就是在污染比较严重的情况下，种群将趋于灭绝。在这个过程中，种群的个体数目将越来越小，因而随机性的影响将会越来越大，模型的合理性将会模糊，使用确定性模型所得到的结果的可靠性将会动摇，得到的阈值偏离客观实际情况的可能性将会明显增大。在现实世界中，生物种群的生长总是不可避免地受到各种随机因素的干扰。因此，探讨污染环境下生物的生存与灭绝问题时，使用确定性的模型并非理想，建立和使用随机模型具有明显的合理性和必要性。设种群的增长率、环境容纳量、生物机体对毒素的反应等都受到随机因素的影响，这样方程（1.9）就成为

$$\dot{x}(t) = x(t)(\gamma_0(r(t)) - \gamma_1(r(t))C_0(t) - n(r(t))x(t)) \qquad (1.10)$$

式中，$\{r(t), t \geqslant 0\}$ 是取值于有限离散集合 $S = \{1, 2, \cdots, N\}$ 的右连续 Markov 链，且 $\gamma_0(r(t)) \geqslant 0$，$\gamma_1(r(t)) \geqslant 0$，$n(r(t)) > 0$，$r(t) \in S$。显然，系统（1.10）是一个连续 Markov 跳变系统。

1.2.2 广义 Markov 跳变系统模型及研究现状

当广义系统的结构和参数发生随机跳变且符合 Markov 特性时，即为广义 Markov 跳变系统[64]。线性连续广义 Markov 跳变系统和离散广义 Markov 跳变系统一般描述为

$$E(r(t))\dot{x}(t) = A(r(t))x(t) + B(r(t))u(t)$$
$$y(t) = C(r(t))x(t) + D(r(t))u(t)$$

和

$$E(r(k+1))x(k+1) = A(r(k))x(k) + B(r(k))u(k)$$
$$y(k) = C(r(k))x(k) + D(r(k))u(k)$$

式中，$E(r(t))$ 和 $E(r(k+1))$ 为奇异矩阵，其他符号规定同系统（1.7）和系统（1.8）。

下面给出一个广义 Markov 跳变系统实例。

例 1.5[57]　考虑如图 1.3 所示的随机切换电路系统。其中，R、L 和 C_i（$i=1,2,3$）分别代表电阻、电感和电容，其对应的电压分别为 $V_R(t)$、$V_L(t)$ 和 $V_C(t)$。系统输入 $u(t)$ 为电源电压，$i(t)$ 为电路电流。

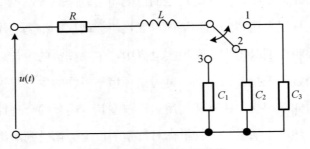

图 1.3　随机切换电路系统

从图 1.3 可以看出，电路开关在三个位置之间进行切换。假定开关的切换过程服从一个连续的 Markov 链 $\{r(t),t \geqslant 0\}$，则 $r(t)$ 取值于集合 $S = \{1,2,3\}$。根据电路基本原理，有

$$u(t) = V_R(t) + V_L(t) + V_C(t)$$
$$V_R(t) = Ri(t)$$
$$V_L(t) = L\frac{\mathrm{d}i(t)}{\mathrm{d}t}$$
$$a(r(t))i(t) = \frac{\mathrm{d}V_C(t)}{\mathrm{d}t}$$

式中

$$a(r(t)) = \begin{cases} \dfrac{1}{C_1}, & r(t)=1 \\[2mm] \dfrac{1}{C_2}, & r(t)=2 \\[2mm] \dfrac{1}{C_3}, & r(t)=3 \end{cases}$$

即

$$\begin{bmatrix} L & 0 & 0 & 0 \\ 0 & 0 & 1 & 0 \\ 0 & 0 & 0 & 0 \\ 0 & 0 & 0 & 0 \end{bmatrix} \begin{bmatrix} \dfrac{\mathrm{d}i(t)}{\mathrm{d}t} \\ \dfrac{\mathrm{d}V_L(t)}{\mathrm{d}t} \\ \dfrac{\mathrm{d}V_C(t)}{\mathrm{d}t} \\ \dfrac{\mathrm{d}V_R(t)}{\mathrm{d}t} \end{bmatrix} = \begin{bmatrix} 0 & 1 & 0 & 0 \\ a(r(t)) & 0 & 0 & 0 \\ -R & 0 & 0 & 1 \\ 0 & 1 & 1 & 1 \end{bmatrix} \begin{bmatrix} i(t) \\ V_L(t) \\ V_C(t) \\ V_R(t) \end{bmatrix} + \begin{bmatrix} 0 \\ 0 \\ 0 \\ -1 \end{bmatrix} u(t)$$

若选取状态变量 $x(t) = \begin{bmatrix} i(t) & V_R(t) + V_L(t) & V_R(t) + V_L(t) + V_C(t) & V_R(t) \end{bmatrix}^{\mathrm{T}}$，则上述系统等价于

$$\begin{bmatrix} L & 0 & 0 & 0 \\ L & 1 & -1 & 0 \\ 0 & -1 & 1 & 0 \\ L & 0 & 0 & 0 \end{bmatrix} \dot{x}(t) = \begin{bmatrix} 0 & 1 & 1 & -1 \\ -a(r(t)) & 1 & 1 & -1 \\ a(r(t)) - R & 0 & 0 & 1 \\ -R & 1 & 0 & 0 \end{bmatrix} x(t) + \begin{bmatrix} -1 \\ -1 \\ 0 \\ 0 \end{bmatrix} u(t)$$

显然，图 1.3 描述的是一个广义 Markov 跳变系统。

近年来，随着广义系统和 Markov 跳变系统在理论研究以及实际应用中的不断发展，越来越多的学者开始关注广义 Markov 跳变系统的理论与实际问题研究。有关广义 Markov 跳变系统的随机稳定性和镇定、H_∞ 控制与滤波、输出反馈控制、可靠控制等问题得到了广泛研究[65-75]。最近，有关时滞广义 Markov 跳变系统的分析与综合问题也引起了广泛关注，研究领域涉及鲁棒稳定性、H_∞ 控制、H_∞ 滤波器设计、模糊控制、滑模控制等[76-81]。

1.3　脉冲系统简介

许多实际系统的发展过程往往具有这样的特征：在发展的某些阶段，系统状态会出现快速的变化。为方便起见，在描述这些过程的数学模型中，常常会忽略快速变化的持续时间而假设这个过程是通过瞬时突变来完成的。这种瞬时突变现象称之为脉冲现象。描述这种系统的数学模型称为脉冲微分系统，又称为具有脉

冲作用的系统。1989 年，全面分析脉冲系统的专著《Systems with impulse effect》[82] 和《Theory of impulsive differential equations》[83] 相继问世，其中论述了三类脉冲微分系统。下面简单加以介绍：

（1）固定脉冲时刻系统

$$\dot{x} = f(t, x), \quad t \neq t_k, \quad k = 1, 2, \cdots$$
$$\Delta x = \mathcal{I}_k(x), \quad t = t_k$$

式中，$t \in \mathbb{R}^+$，$x \in \Omega \subset \mathbb{R}^n$，$f : \mathbb{R}^+ \times \Omega \rightarrow \mathbb{R}^n$，$t_1 < t_2 < \cdots < t_k < \cdots$，为固定脉冲时刻且 $\lim\limits_{k \to \infty} t_k = +\infty$，$\Delta x$ 为状态脉冲变化量，$\mathcal{I}_k$ 为 $\Omega \rightarrow \Omega$ 上的映射。

（2）变化脉冲时刻系统

$$\dot{x} = f(t, x), \quad t \neq \tau_k(x), \quad k = 1, 2, \cdots$$
$$\Delta x = \mathcal{I}_k(x), \quad t = \tau_k(x)$$

式中，$t \in \mathbb{R}^+$，$x \in \Omega \subset \mathbb{R}^n$，$f : \mathbb{R}^+ \times \Omega \rightarrow \mathbb{R}^n$，$\tau_1(x) < \tau_2(x) < \cdots < \tau_k(x) < \cdots$，为依赖于状态的脉冲时刻且 $\lim\limits_{k \to \infty} \tau_k(x) = +\infty$，$\Delta x$ 为状态脉冲变化量，$\mathcal{I}_k$ 为 $\Omega \rightarrow \Omega$ 上的映射。

（3）脉冲自治系统

$$\dot{x} = g(x), \quad x \notin M$$
$$\Delta x = \mathcal{I}(x), \quad x \in M$$

式中，$x \in \Omega \subset \mathbb{R}^n$，$g : \Omega \rightarrow \mathbb{R}^n$，$\Delta x$ 为状态脉冲变化量，$M \subset \Omega$ 与 $\mathcal{I} : \Omega \rightarrow \Omega$ 均不依赖于时间 t。

脉冲现象广泛存在于实际系统中，如生物系统、电力系统、金融系统、人口控制系统等。在生物系统中，刻画传染病流行的动态系统模型是一个脉冲广义随机系统。因为不同个体（疑似患者、感染者、健康/免疫者、注射疫苗者）的数量不仅满足动态方程，而且彼此之间还存在着代数约束，即所有个体的总和等于人口的总和。为了有效控制传染病的扩散，常用的方法是：选择适当时机（一次或多次）给某些人注射疫苗。显然注射疫苗的过程是一个脉冲控制过程。由此可见，脉冲行为普遍存在于随机系统和广义系统中。目前，有关脉冲控制的大部分结果都将脉冲反馈增益提前给定[84-98]，具有一定的保守性。如果能够将脉冲反馈增益作为参数进行设计，势必会增加设计的自由度，从而使得闭环系统具有更优越的性能。因此，有必要研究具有脉冲作用的广义 Markov 跳变系统控制问题。

由于广义系统自身的特性，在研究广义系统时必须同时考虑系统的正则性、脉冲性（无因果性）、一致初始状态和稳定性等问题。这使得关于具有脉冲作用的广义 Markov 跳变系统的分析与综合较正常的具有脉冲作用的 Markov 跳变系统更为复杂。脉冲不确定广义 Markov 跳变系统集脉冲控制、鲁棒控制、随机切换、广义系统于一体，其内容更加丰富，研究方法更为复杂，问题的研究更具挑战性。有关不确定广义 Markov 跳变系统脉冲控制的研究才刚刚起步，还未形成系统的理论研究体系，有大量的问题亟待研究解决，如稳定性、鲁棒性、优化控制、H_∞控制问题等。关于不确定广义 Markov 跳变系统的脉冲控制具有深远的理论意义和实际价值。

1.4 本书主要工作和内容安排

虽然广义 Markov 跳变系统的相关研究已经取得了一些成果，但是还有很多需要解决的问题。目前，不确定广义 Markov 跳变系统脉冲控制的研究成果尚未见报道。主要困难在于，广义系统的解不仅要满足动态方程，而且必须满足代数约束条件，这使得系统的控制问题变得相当复杂。尤其当导数项矩阵存在不确定性时，系统的正则性、无脉冲性和稳定性可能遭到破坏。此外，为广义 Markov 跳变系统设计脉冲控制反馈时，必须考虑一致初始条件问题。否则，在切换时刻可能产生连续两次状态跳跃。一次是由脉冲控制引起的，另一次则是由切换点处的不相容初始条件引起的[99-102]。在设计脉冲控制时，后者是应该避免的。如果能够找到一个状态反馈控制器，使得闭环系统能够正常化，则上述问题自然能够得到解决。基于以上考虑，本书主要采用脉冲比例导数状态反馈控制策略，研究几类不确定广义 Markov 跳变系统的鲁棒正常化和混杂脉冲控制问题。

在系统控制过程中，通常希望在保证闭环系统鲁棒稳定的同时，还保证其二次性能指标不超过某一个确定的上界，也就是保性能控制。不确定系统的保性能控制能够兼顾系统的鲁棒稳定性和鲁棒性能，折中地处理稳定性和性能鲁棒性之间的关系。关于导数项矩阵具有不确定性的广义 Markov 跳变系统的保性能控制问题，目前鲜有报道。

第 2 章研究了一类不确定广义 Markov 跳变系统的保性能混杂脉冲控制问题。系统的不确定性不仅存在于系统的状态矩阵和输入矩阵，还同时存在于导数项矩阵和系统模态的转移速率矩阵。设计了一个脉冲比例导数状态反馈控制器，使得闭环系统对所有容许的不确定性是正常的、鲁棒随机稳定并且二次性能指标具有最小上界。利用 Lyapunov 理论、合同变换和自由权矩阵方法，得到了保性能控制器存在的充分条件和具体形式。同时利用凸优化技术求解最优保性能控制器。与文献[84-92,95,97,98]不同的是，本章设计的控制器中脉冲控制部分的增益矩阵并不需要提前给定，而是可以作为参数变量在设计方法中同步计算出来，这将在某种程度上提高设计方法的自由度并降低其保守性。

耗散性系统理论在系统及控制理论中起着重要的作用。其本质含义是存在一个非负的能量函数（即存储函数），使得系统的能量损耗小于能量的供给。近年来，耗散性理论得到了广泛研究。然而，目前还没有利用混杂脉冲控制策略对不确定广义 Markov 跳变系统进行耗散控制的相关文献。

第 3 章研究了一类不确定广义 Markov 跳变系统的严格 (Q,S,R) 耗散混杂脉冲控制问题。系统的不确定性同时存在于导数项矩阵、状态矩阵、输入矩阵和系统模态的转移速率矩阵。延续上一章的思想，本章利用脉冲比例导数状态反馈控制策略，使得闭环系统对所有容许的不确定性能够正常化、鲁棒随机稳定并且严格 (Q,S,R) 耗散。基于随机 Lyapunov 泛函、松弛矩阵和矩阵不等式放缩技术，给出了严格 (Q,S,R) 耗散混杂脉冲控制器的存在条件和脉冲比例导数状态反馈控制器的参数化表示。所得结论提供了解决 H_∞ 控制和正实控制问题的统一框架。由于控制器中的导数反馈和脉冲反馈部分可以作为参数变量在设计方法中同步求解，因而本章所提供的方法具有更大的设计自由度和较小的保守性。

在工业系统中，元部件往往会随着系统运行出现损坏或失效，从而影响整个系统的性能。可靠控制是指在系统的设计过程中，将系统可能发生的故障考虑在内。这样，虽然系统中的部件（传感器或执行器）发生故障，但闭环系统仍然具有稳定性，并仍具有较理想的性能指标。近年来，可靠控制已经成为控制科学的研究热点之一。

第 4 章研究了一类非线性不确定广义 Markov 跳变系统的可靠性耗散混杂脉冲控制问题。在执行器失效的情况下，利用给出的脉冲比例导数状态反馈控制器，使得闭环系统对所有容许的不确定性能够正常化、鲁棒随机稳定并且严格 (Q, S, R) 耗散。首先利用容错控制技术和线性化方法，给出了可靠性耗散混杂脉冲控制器的存在条件。接下来运用合同变换、自由权矩阵和矩阵不等式放缩技术，进一步得到了脉冲比例导数状态反馈控制器的参数化表示。本章结论同时具备 H_∞ 性能和无源（正实）性能。导数反馈控制器和脉冲反馈控制器的参数化能够使得闭环系统具有更优越的性能指标。

在许多实际系统中，系统状态的变化不仅依赖于当前的状态，还依赖于系统过去的状态，这样的系统称为时滞系统。时滞的存在往往会破坏系统的稳定性和性能指标。时滞系统的分析与综合一直是控制界的一个研究热点。

第 5 章研究了一类时滞不确定广义 Markov 跳变系统的 H_∞ 混杂脉冲控制问题。其中，范数有界的结构不确定性同时存在于系统的导数项矩阵、状态矩阵和输入矩阵。提出了一种带有记忆功能的脉冲比例导数状态反馈控制策略，使得闭环系统对所有容许的不确定性能够正常化、鲁棒随机稳定并且具有 H_∞ 性能。通过合同变换和矩阵不等式放缩技术，进一步获得了脉冲比例导数记忆状态反馈控制器的参数化表示。所得结果依赖于系统时滞的上界并以线性矩阵不等式的形式给出。所给方法具有一定的灵活性和适用性。

控制系统与网络通信系统的集成使得系统的性能有了很大改观，但同时也会带来网络延迟、数据包丢失和错序等问题。鉴于数据传输错序在网络通信中的不可避免性，以及对系统性能的影响，有必要研究错序控制器的设计问题。

第 6 章研究了一类时滞非线性不确定广义 Markov 跳变系统的 H_∞ 错序控制问题。由于系统运行模态信号在网络传输过程中发生错序，闭环系统的运行模态与原系统模态和控制器模态同时相关。本章综合利用微分中值定理、随机 Lyapunov-Krasovskii 泛函和凸理论，给出了鲁棒正常化 H_∞ 错序控制器存在的判别条件。根据概率理论和非脆弱控制技术，设计了仅与原系统运行模态相关的混杂脉冲控制器。即使模态运行信号出现错序，闭环系统仍然具有稳定性和良好的抗干扰性。

第 7 章在总结全书所做工作的基础上，对有待进一步探索的课题和研究方向进行了展望。

第 2 章　不确定广义 Markov 跳变系统的
保性能脉冲控制

2.1　引言

在控制系统的设计过程中，通常希望在保证闭环系统鲁棒稳定的同时，还保证其二次性能指标不超过某一个确定的上界，也就是保性能控制。不确定系统的保性能控制既考虑系统的鲁棒稳定性又兼顾系统的鲁棒性能，折中地处理了稳定性和性能鲁棒性之间的关系。自 1972 年 Chang 在文献[103]中首次提出保性能概念以来，保性能控制已经取得了丰富的研究成果[104-112]。文献[104]分析了一类不确定脉冲切换系统的鲁棒稳定性以及保性能控制问题。文献[105]研究了一类广义 Markov 跳变系统的最优保性能控制问题。通过在性能指标中添加导数项的二次约束，文献[106]定义了一个新的二次性能指标，并采用导数反馈策略，对线性系统进行最优控制。文献[107]和[108]分别对连续和离散广义 Markov 跳变系统进行了保性能控制。文献[45]针对一类具有结构不确定性的广义系统，设计了一类比例导数状态反馈控制器，使得闭环系统能够鲁棒正常化、二次稳定，并给出了最优保性能控制器的设计方法。然而，关于导数项矩阵具有不确定性的广义 Markov跳变系统的保性能控制问题，目前鲜有报道。

本章将研究一类不确定广义 Markov 跳变系统的保性能混杂脉冲控制问题。系统的不确定性不仅存在于系统的状态矩阵和输入矩阵，还同时存在于导数项矩阵和系统模态的转移速率矩阵。由于广义系统的动态和导数项 $\dot{x}(t)$ 的系数矩阵 E 密切相关，当导数项矩阵具有结构不确定性时，不确定项的时变性可能会引起导数项矩阵秩的变化并违反系统的正则性[5,42]，进而破坏系统的稳定性[45]。同时，当系统在若干个广义子系统之间随机切换时，不相容的初始条件会导致状态发生瞬间跳变从而引起系统崩溃[100,101]。如果能够找到一个状态反馈控制器，使得闭环系统能够正常化，则上述问题自然能够得到解决。因此，本章设计了一个脉冲比例导数状态反馈控制器，使得闭环系统对所有容许的不确定性是正常的、鲁棒随机稳定并且二次性能指标具有最小上界。其中，设计导数状态反馈控制器的目的是使原系统正常化，而设计脉冲反馈控制器的目的是为了改变系统状态在切换点处的值，从而使 Lyapunov 函数在切换点处单调非增，进而保证系统的鲁棒随机稳定性。另外，本章还利用合同变换和自由权矩阵方法，得到了保性能控制器存在的充分条件并给出了最优保性能控制器的设计方法。与文献[84-92，95]不同的是，本章设计的控制器中脉冲控制部分的增益矩阵并不需要提前给定，而是可以作为参数变量在设计方法中同步计算出来，这将在某种程度上提高设计方法的自由度并降低其保守性。

本章第二节对所研究问题进行描述并给出鲁棒正常化保性能混杂脉冲控制器的定义。第三节分别给出了保性能控制器存在的判别条件和最优控制器的设计方法，其中比例反馈、导数反馈和脉冲反馈的增益矩阵可以在设计过程中同时求解。第四节首先利用一个数值算例说明了本章所给方法的有效性，接下来利用所提方法与文献[105]进行比较，并通过仿真证明了本章所给方法具有较小的保守性，最后将提出的混杂脉冲控制方法应用到一类随机切换 RC 脉冲分压电路中，验证了所给方法在实际问题中的可行性。

2.2　问题描述

考虑一类不确定广义 Markov 跳变系统

$$\begin{cases} (E(r(t)) + \Delta E(r(t)))\dot{x}(t) = (A(r(t)) + \Delta A(r(t)))x(t) + (B(r(t)) + \Delta B(r(t)))u(t) \\ x(t_0) = x_0, \ r(t_0) = r_0 \end{cases} \quad (2.1)$$

其中，$x(t) \in \mathbb{R}^n$ 为系统状态向量，$u(t) \in \mathbb{R}^m$ 为控制输入。矩阵 $E(r(t)) \in \mathbb{R}^{n \times n}$ 可能是奇异矩阵，即 $\text{rank}[E(r(t))] = n_{r(t)} \leqslant n$。$A(r(t))$ 和 $B(r(t))$ 是具有适当维数的已知

矩阵。$\Delta E(r(t))$、$\Delta A(r(t))$ 和 $\Delta B(r(t))$ 是未知时变矩阵，用来表示系统的不确定性。

模态 $\{r(t), t \geq 0\}$（也记作 $\{r_t, t \geq 0\}$）是取值于有限集合 $S = \{1, 2, \cdots, N\}$ 的右连续

Markov 过程，且具有以下转移概率

$$Pr\left[r(t+\Delta) = j \mid r(t) = i\right] = \begin{cases} \tilde{\pi}_{ij}\Delta + o(\Delta), & i \neq j \\ 1 + \tilde{\pi}_{ii}\Delta + o(\Delta), & i = j \end{cases} \qquad (2.2)$$

式中，$\Delta > 0$，$\lim\limits_{\Delta \to 0} o(\Delta)/\Delta = 0$。$\tilde{\pi}_{ij} \geq 0$，$i, j \in S$，$i \neq j$ 表示从 t 时刻的模态 i 转

移到 $t + \Delta$ 时刻的模态 j 的转移速率，并且 $\tilde{\pi}_{ii} = -\sum\limits_{j=1, j\neq i}^{N} \tilde{\pi}_{ij}$。$x_0$ 和 r_0 分别表示系统

的初始状态和初始模态。为方便起见，对每一个 $r(t) = i \in S$，将矩阵 $\mathcal{M}(r(t))$ 简记

为 $\mathcal{M}_i$。

在本章中，对于每一个 $r(t) = i \in S$，不失一般性，假定上述不确定矩阵具有

如下结构

$$\begin{bmatrix} \Delta E_i & \Delta A_i & \Delta B_i \end{bmatrix} = M_i F(t) \begin{bmatrix} N_{ei} & N_{ai} & N_{bi} \end{bmatrix} \qquad (2.3)$$

式中，M_i、N_{ei}、N_{ai} 和 N_{bi} 是具有适当维数的已知实常数矩阵，而 $F(t)$ 是一个未

知的时变矩阵，且满足 $F^{\mathrm{T}}(t)F(t) \leq I$。

式（2.2）中的转移速率矩阵 $\tilde{\Pi} = (\tilde{\pi}_{ij})$ 并不能精确得到。类似于文献[46,59]，

假设该转移速率矩阵具有如下的不确定形式

$$\tilde{\Pi} = \Pi + \Delta\Pi, \ |\Delta\pi_{ij}| \leq \varepsilon_{ij}, \ \varepsilon_{ij} \geq 0, \ j \neq i \qquad (2.4)$$

在式（2.4）中，矩阵 $\Pi \triangleq (\pi_{ij})$ 是转移速率矩阵 $\tilde{\Pi}$ 的已知常值估计，其中

$\pi_{ij} \geq 0$，$j \neq i$，$\pi_{ii} = -\sum\limits_{j=1, j\neq i}^{N} \pi_{ij}$。定义 $\Delta\Pi \triangleq (\Delta\pi_{ij})$，其中 $\Delta\pi_{ij} = \tilde{\pi}_{ij} - \pi_{ij}$ 表示 $\tilde{\pi}_{ij}$ 和

π_{ij} 之间的估计误差。由此可知，$\Delta\pi_{ii}$ 也可以用 $\Delta\pi_{ii} = -\sum\limits_{j=1, j\neq i}^{N} \Delta\pi_{ij}$ 表示。假定 $\Delta\pi_{ij}, j \neq i$

取值于 $\left[-\varepsilon_{ij}, \varepsilon_{ij}\right]$，并定义 $\alpha_{ij} \triangleq \pi_{ij} - \varepsilon_{ij}$，则有 $|\Delta\pi_{ii}| \leq -\varepsilon_{ii}$，其中 $\varepsilon_{ii} \triangleq -\sum\limits_{j=1, j\neq i}^{N} \varepsilon_{ij}$ 且

$\alpha_{ii} \triangleq \pi_{ii} - \varepsilon_{ii}$。

令 $\{t_k, k = 1, 2, \cdots\}$ 表示满足 $t_1 < t_2 < \cdots < t_k < t_{k+1} < \cdots$ 的时间序列，其中 $t_k > 0$ 是系统的第 k 次切换时刻，即从模态 $r(t_k^-) = j$ 转移到模态 $r(t_k^+) = i$ 的切换时刻，

$$t_k^+ = \lim_{\Delta \to 0}(t_k + \Delta), \quad \forall k > 0 \text{。}$$

本章的目的是为不确定广义 Markov 跳变系统（2.1）设计如下形式的脉冲比例导数状态反馈控制器

$$
\begin{aligned}
u(t) &= u_1(t) + u_2(t) \\
u_1(t) &= K_a(r(t))x(t) - K_e(r(t))\dot{x}(t) \\
u_2(t) &= \sum_{k=1}^{\infty} G(r(t_k^+))x(t)\delta(t - t_k)
\end{aligned}
\tag{2.5}
$$

式中，$u_1(t)$ 为依赖于模态的比例导数状态反馈控制器，而 $u_2(t)$ 为一个脉冲控制器；$K_a(r(t))$、$K_e(r(t))$ 和 $G(r(t_k^+))$ 是需要设计的具有适当维数的增益矩阵；$\delta(\cdot)$ 为带有不连续脉冲时刻 $t_1 < t_2 < \cdots < t_k < \cdots$，$\lim_{k \to \infty} t_k = \infty$ 的狄拉克脉冲函数，其中 $t_1 > t_0$，且 $x(t_k) = x(t_k^-) = \lim_{h \to 0^+} x(t_k - h)$，$x(t_k^+) = \lim_{h \to 0^+} x(t_k + h)$。为了方便起见，定义 $e_x(t_k) \triangleq x(t_k^+) - x(t_k^-)$。

假定当 $t \in (t_k, t_{k+1}]$ 时，$r(t) = i$，即第 i 个子系统处于激活状态。将控制器（2.5）代入到系统（2.1），可得

$$E_{ci}[x(t_k + h) - x(t_k)] = \int_{t_k}^{t_k+h} E_{ci}\dot{x}(s)\mathrm{d}s = \int_{t_k}^{t_k+h} [A_{ci}x(s) + (B_i + \Delta B_i)u_2(s)]\mathrm{d}s$$

式中

$$
\begin{aligned}
E_{ci} &= E_i + \Delta E_i + (B_i + \Delta B_i)k_{ei} \\
A_{ci} &= A_i + \Delta A_i + (B_i + \Delta B_i)k_{ai}
\end{aligned}
$$

当 $h \to 0^+$ 时，有

$$E_{ci}e_x(t_k) = \lim_{h \to 0^+} E_{ci}[x(t_k + h) - x(t_k)] = (B_i + \Delta B_i)G_i x(t_k)$$

在控制器（2.5）的作用下，系统（2.1）变为一类脉冲不确定广义 Markov 跳变系统，形式如下

$$\begin{cases} E_c(r(t))\dot{x}(t) = A_c(r(t))x(t), & t \in (t_k, t_{k+1}] \\ E_c(r(t))e_x(t_k) = (B(r(t)) + \Delta B(r(t)))G(r(t_k^+))x(t_k), & t = t_k \\ x(t_0) = x_0, \quad r(t_0) = r_0 \end{cases} \tag{2.6}$$

式中

$$E_c(r(t)) = E(r(t)) + \Delta E(r(t)) + (B(r(t)) + \Delta B(r(t)))K_e(r(t))$$
$$A_c(r(t)) = A(r(t)) + \Delta A(r(t)) + (B(r(t)) + \Delta B(r(t)))K_a(r(t))$$

从式（2.5）可以看出，本章设计的混杂脉冲控制器由两部分组成：比例导数状态反馈控制器和脉冲反馈控制器。设计导数反馈部分的目的在于正常化原系统，而脉冲反馈是用来改变闭环系统在每一个切换时刻的状态值。

定义 2.1　对于任意的 $x_0 \in \mathbb{R}^n$ 和 $r_0 \in S$ ，如果存在一个常数 $M(x_0, r_0) > 0$ 使得

$$\mathbb{E}\left[\int_{t_0}^{\infty} \|x(t)\|^2 \mathrm{d}t \mid x_0, r_0\right] \leqslant M(x_0, r_0)$$

对所有容许的不确定性成立，则称系统（2.6）鲁棒随机稳定。

对于不确定广义 Markov 跳变系统（2.1），定义如下的二次性能指标

$$J = \mathbb{E}\left\{\sum_{k=0}^{\infty} \int_{t_k}^{t_{k+1}} [x^{\mathrm{T}}(t)Q_1(r(t))x(t) + \dot{x}^{\mathrm{T}}(t)Q_2(r(t))\dot{x}(t) + u^{\mathrm{T}}(t)R(r(t))u(t)]\mathrm{d}t\right\} \tag{2.7}$$

其中，$Q_1(r(t))$、$Q_2(r(t))$ 和 $R(r(t))$ 是给定的对称正定加权矩阵。

针对性能指标（2.7），给出不确定广义 Markov 跳变系统（2.1）鲁棒正常化保性能混杂脉冲控制器的定义。

定义 2.2　对于不确定广义 Markov 跳变系统（2.1）和性能指标（2.7），如果存在一个控制器（2.5）和一个正数 J_0，使得对于所有容许的不确定性，闭环系统（2.6）能够正常化（即导数项矩阵 E_{ci}，$\forall i \in S$ 可逆）、鲁棒随机稳定且闭环性能指标满足

$$J \leqslant J_0$$

则称 J_0 为不确定广义 Markov 跳变系统（2.1）的性能上界，控制器（2.5）称为系统（2.1）的一个鲁棒正常化保性能混杂脉冲控制器。

定义 2.2 将文献[45，106]中的性能指标定义推广到了一类不确定广义 Markov

跳变系统。此外，需要指出的是，本章所考虑的二次性能指标中既有状态和输入的二次约束又有导数项的二次约束，从而能够对系统的响应速度、超调以及抑制振动同时进行调节。

下面介绍后文证明过程中需要用到的几个引理。

引理 2.1[113,114]（Schur 补引理）　对于给定的对称矩阵 $S = \begin{bmatrix} S_{11} & S_{12} \\ S_{12}^{\mathrm{T}} & S_{22} \end{bmatrix}$，其中 S_{11} 是 $r \times r$ 维的方阵，以下三个条件是等价的：

（1）$S < 0$；

（2）$S_{11} < 0$，$S_{22} - S_{12}^{\mathrm{T}} S_{11}^{-1} S_{12} < 0$；

（3）$S_{22} < 0$，$S_{11} - S_{12} S_{22}^{-1} S_{12}^{\mathrm{T}} < 0$。

引理 2.2[115]　给定正定矩阵 $P \in \mathbb{R}^{n \times n}$ 和对称矩阵 $Q \in \mathbb{R}^{n \times n}$，则

$$\lambda_{\min}(P^{-1}Q)x^{\mathrm{T}}(t)Px(t) \leqslant x^{\mathrm{T}}(t)Qx(t) \leqslant \lambda_{\max}(P^{-1}Q)x^{\mathrm{T}}(t)Px(t)$$

对所有 $x(t) \in \mathbb{R}^n$ 成立。

引理 2.3[116]　给定对称矩阵 Z，具有适当维数的实矩阵 X、Y 以及矩阵 $F(t)$ 满足 $F^{\mathrm{T}}(t)F(t) \leqslant I$，则

$$Z + XF(t)Y + (XF(t)Y)^{\mathrm{T}} < 0$$

成立，当且仅当存在常数 $\epsilon > 0$ 使得

$$Z + \epsilon XX^{\mathrm{T}} + \epsilon^{-1}Y^{\mathrm{T}}Y < 0$$

2.3　保性能混杂脉冲控制器的设计

在这一节，考虑在混杂脉冲控制器（2.5）的作用下，系统（2.1）的鲁棒正常化和保性能控制问题。首先，给出系统（2.1）存在保性能混杂脉冲控制器的判别条件。其次，给出最优保性能控制器的设计程序，并同时求解比例反馈、导数反馈和脉冲反馈三部分的增益矩阵，使得闭环系统对所有容许的不确定性是正常的、

鲁棒随机稳定并且二次性能指标具有最小上界。

2.3.1　保性能混杂脉冲控制器的存在条件

基于 Lyapunov 理论和自由权矩阵方法，本小节给出了系统（2.1）存在鲁棒正常化保性能混杂脉冲控制器的充分条件。主要结果如下：

定理 2.1　考虑不确定广义 Markov 跳变系统（2.1）和性能指标（2.7）。如果存在矩阵 $P_i > 0$，T_{1i} 和 T_{2i}，使得下列不等式对于每一个 $i \in S$ 和 $k = 1, 2, \cdots$ 成立

$$\Omega_i = \begin{bmatrix} \Omega_{11i} & \Omega_{12i} \\ * & \Omega_{22i} \end{bmatrix} < 0 \tag{2.8}$$

$$0 < \beta_k \leqslant 1 \tag{2.9}$$

则控制器（2.5）是系统（2.1）的一个鲁棒正常化保性能混杂脉冲控制器，且相应的性能指标上界为

$$J_0 = x_0^{\mathrm{T}} P(r_0) x_0$$

式中

$$\Omega_{11i} = A_{ci}^{\mathrm{T}} T_{1i} + T_{1i}^{\mathrm{T}} A_{ci} + Q_{1i} + \sum_{j=1}^{N} \tilde{\pi}_{ij} P_j + K_{ai}^{\mathrm{T}} R_i K_{ai}$$

$$\Omega_{12i} = P_i - T_{1i}^{\mathrm{T}} E_{ci} + A_{ci}^{\mathrm{T}} T_{2i} - K_{ai}^{\mathrm{T}} R_i K_{ei}$$

$$\Omega_{22i} = -T_{2i}^{\mathrm{T}} E_{ci} - E_{ci}^{\mathrm{T}} T_{2i} + Q_{2i} + K_{ei}^{\mathrm{T}} R_i K_{ei}$$

$$\beta_k = \lambda_{\max} \{ P^{-1}(r(t_k^-))[I + E_{ci}^{-1}(B_i + \Delta B_i)G_i]^{\mathrm{T}} P(r(t_k))[I + E_{ci}^{-1}(B_i + \Delta B_i)G_i] \}$$

证明　定理的证明主要分为两部分。第一部分证明系统（2.1）在控制器（2.5）的作用下能够正常化并且鲁棒随机稳定。第二部分证明闭环系统性能指标具有上界，并给出性能指标上界的具体表达式。

假定存在矩阵 $P_i > 0$，T_{1i}、T_{2i} 以及控制器（2.5），使得对于所有容许的不确定性，不等式（2.8）成立。首先，注意到（2.8）式成立蕴含着导数项矩阵 E_{ci} 可逆。其次，为系统（2.6）选取随机 Lyapunov 函数

$$V(x(t), r(t)) = x^{\mathrm{T}}(t) P(r(t)) x(t)$$

对于 $t \in (t_k, t_{k+1}]$，令 $r(t) = i$，$i \in S$，则对任意具有适当维数的矩阵 T_{1i} 和 T_{2i}，下式成立

$$2[-x^{\mathrm{T}}(t)T_{1i}^{\mathrm{T}} - \dot{x}^{\mathrm{T}}(t)T_{2i}^{\mathrm{T}}][E_{ci}\dot{x}(t) - A_{ci}x(t)] = 0 \tag{2.10}$$

令 $\mathbb{L}$ 表示随机过程 $\{(x(t),r(t)),t \geqslant 0\}$ 的弱无穷小算子。沿闭环系统（2.6）的任意轨线，有

$$\mathbb{L}V(x(t),i) + x^{\mathrm{T}}(t)Q_{1i}x(t) + \dot{x}^{\mathrm{T}}(t)Q_{2i}\dot{x}(t) + u^{\mathrm{T}}(t)R_iu(t)$$

$$= 2x^{\mathrm{T}}(t)P_i\dot{x}(t) + \sum_{j=1}^{N}\tilde{\pi}_{ij}x^{\mathrm{T}}(t)P_jx(t) + x^{\mathrm{T}}(t)Q_{1i}x(t) + \dot{x}^{\mathrm{T}}(t)Q_{2i}\dot{x}(t)$$

$$+ x^{\mathrm{T}}(t)K_{ai}^{\mathrm{T}}R_iK_{ai}x(t) - 2x^{\mathrm{T}}(t)K_{ai}^{\mathrm{T}}R_iK_{ei}\dot{x}(t) + \dot{x}^{\mathrm{T}}(t)K_{ei}^{\mathrm{T}}R_iK_{ei}\dot{x}(t) \tag{2.11}$$

$$+ 2[-x^{\mathrm{T}}(t)T_{1i}^{\mathrm{T}} - \dot{x}^{\mathrm{T}}(t)T_{2i}^{\mathrm{T}}][E_{ci}\dot{x}(t) - A_{ci}x(t)]$$

$$= \zeta^{\mathrm{T}}(t)\Omega_i\zeta(t)$$

式中，$\zeta(t) = [x^{\mathrm{T}}(t)\quad \dot{x}^{\mathrm{T}}(t)]^{\mathrm{T}}$。如果式（2.8）成立，则有

$$\mathbb{L}V(x(t),i) + x^{\mathrm{T}}(t)Q_{1i}x(t) + \dot{x}^{\mathrm{T}}(t)Q_{2i}\dot{x}(t) + u^{\mathrm{T}}(t)R_iu(t) < 0$$

根据矩阵 $Q_1(r(t))$、$Q_2(r(t))$ 和 $R(r(t))$ 的正定性，对于 $t \in (t_k,t_{k+1}]$ 和所有容许的不确定性，显然

$$\mathbb{L}V(x(t),i) < 0 \tag{2.12}$$

进而，一定存在常数 $\lambda_i > 0$，使得

$$\mathbb{L}V(x(t),i) \leqslant -\lambda_i x^{\mathrm{T}}(t)x(t) \tag{2.13}$$

接下来，考虑脉冲不确定广义 Markov 跳变系统（2.6）在切换点 t_k 处的情况。由方程（2.6）和引理 2.2 可知

$$V(t_k^+) = x^{\mathrm{T}}(t_k^+)P(r(t_k))x(t_k^+)$$

$$= x^{\mathrm{T}}(t_k)[I + E_{ci}^{-1}(B_i + \Delta B_i)G_i]^{\mathrm{T}}P(r(t_k))$$

$$\times[I + E_{ci}^{-1}(i)(B_i + \Delta B_i)G_i]x(t_k)$$

$$\leqslant \lambda_{\max}\{P^{-1}(r(t_k^-))[I + E_{ci}^{-1}(B_i + \Delta B_i)G_i]^{\mathrm{T}}P(r(t_k)) \tag{2.14}$$

$$\times[I + E_{ci}^{-1}(i)(B_i + \Delta B_i)G_i]\}x^{\mathrm{T}}(t_k)P(r(t_k^-))x(t_k)$$

$$= \beta_k V(t_k^-)$$

由式（2.9）可知，Lyapunov 函数 $V(x(t),r(t))$ 在跳变点处单调非增。根据 Dynkin 公式，对于 $T \in (t_k,t_{k+1}]$

$$\mathbb{E}[\int_{t_0}^{T} \mathbb{L}V(x(t), r(t))\mathrm{d}t]$$

$$= \mathbb{E}\int_{t_0^+}^{t_1} \mathbb{L}V(x(t), r(t))\mathrm{d}t + \mathbb{E}\int_{t_1^+}^{t_2} \mathbb{L}V(x(t), r(t))\mathrm{d}t + \cdots + \mathbb{E}\int_{t_k^+}^{T} \mathbb{L}V(x(t), r(t))\mathrm{d}t$$

$$= \mathbb{E}[V(t_1) - V(t_0^+) + V(t_2) - V(t_1^+) + \cdots + V(T) - V(t_k^+)]$$

$$= \mathbb{E}[-V(t_0^+) + \sum_{j=1}^{k} (V(t_j^-) - V(t_j^+)) + V(T)]$$

$$\geqslant \mathbb{E}[-V(t_0^+) + \sum_{j=1}^{k} (1 - \beta_j)V(t_j^-) + V(T)]$$

进而，由式（2.9）、式（2.12）和式（2.14），可得

$$\lim_{T \to \infty} V(T) = 0 \tag{2.15}$$

对于所有的 $k = 1, 2, \ldots$，$0 < \beta_k \leqslant 1$，有

$$\lim_{T \to \infty} \sum_{j=1}^{k} (1 - \beta_j)V(t_j^-) \geqslant 0$$

结合式（2.15），有

$$\lim_{T \to \infty} \min_{i \in S} \{\lambda_i\} \mathbb{E}\left[\int_{t_0}^{T} x^{\mathrm{T}}(s)x(s)\mathrm{d}s \mid x_0, r_0\right] \leqslant \mathbb{E}V(x_0, r_0)$$

从而

$$\mathbb{E}\left[\int_{t_0}^{\infty} \| x(t) \|^2 \, \mathrm{d}t \mid x_0, r_0\right] \leqslant M(x_0, r_0)$$

式中，$M(x_0, r_0) = \mathbb{E}V(x_0, r_0)/\min_{i \in S}\{\lambda_i\}$。故系统（2.6）鲁棒随机稳定。

另一方面，根据式（2.11），类似于上面的证明过程，可得

$$J = \lim_{k \to \infty} \mathbb{E}\left[\sum_{j=0}^{k} \int_{t_j}^{t_{j+1}} [x^{\mathrm{T}}(t)Q_{1j}x(t) + \dot{x}^{\mathrm{T}}(t)Q_{2j}\dot{x}(t) + u^{\mathrm{T}}(t)R_ju(t)]\mathrm{d}t\right]$$

$$\leqslant -\lim_{k \to \infty} \mathbb{E}\left[\sum_{j=0}^{k} \int_{t_j}^{t_{j+1}} V(x(t), r(t))\mathrm{d}t\right]$$

$$= \mathbb{E}V(x_0, r_0) = x_0^{\mathrm{T}}P(r_0)x_0$$

即闭环系统性能指标有界。

证毕。

从定理 2.1 的证明过程可以看出，在混杂脉冲控制器（2.5）的作用下，依赖于模态的 Lyapunov 函数在每个子系统被激活的区间单调递减，并且在切换点处单调非增。因此，闭环系统的鲁棒随机稳定性和二次性能指标的有界性得到了保证。

另外，与文献[44，46]不同的是，本小节给出的判定保性能控制器存在的条件中并不包含 P_i、E_{ci} 和 A_{ci} 的乘积项，这在某种程度上降低了由于分解非线性耦合项带来的复杂性和保守性。

当不确定广义 Markov 跳变系统（2.1）退化为一个确定性的广义系统，即 $E_i = E$，$A_i = A$，$B_i = B$，$i \in S$ 时，可以不再为系统（2.1）设计脉冲反馈控制器。在这种情况下，本章提出的脉冲比例导数状态反馈控制器（2.5）退化为一个比例导数状态反馈控制器。此时，定理 2.1 直接等价于文献[45]中的定理 1。

本章提出的混杂脉冲比例导数状态反馈方法不仅可以应用于不确定广义 Markov 跳变系统，也可以应用到一类更广泛的切换广义系统。当系统依赖于时间在若干个广义子系统之间切换时，本章的控制方法可以平行推广到这类切换广义系统中。

2.3.2　最优保性能控制器的设计

本小节将着手系统（2.1）最优保性能控制器的设计。由定理 2.1 很难得到求解鲁棒正常化保性能混杂脉冲控制器（2.5）的可行方法。通过引入适当的合同变换和自由权矩阵方法，可以得到定理 2.1 的等价结果。

定理 2.2　考虑不确定广义 Markov 跳变系统（2.1）和性能指标（2.7）。系统（2.1）存在一个鲁棒正常化保性能混杂脉冲控制器（2.5），如果存在矩阵 $V_{1i} > 0$，V_{2i}，V_{3i}，S_{1i}，S_{2i}，Z_i，$\overline{W}_i = \overline{W}_i^{\mathrm{T}}$，$\overline{T}_i > 0$ 以及常数 $\delta_{1i} > 0$，$\delta_{2i} > 0$，使得下列不等式对于所有 $i, j \in S$，$i \neq j$ 成立

$$
\begin{bmatrix}
\Theta_{11i} & \Theta_{12i} & \Theta_{13i} & \Theta_{14i} & \overline{W}_i & V_{1i}^{\mathrm{T}} & V_{2i}^{\mathrm{T}} & S_{1i}^{\mathrm{T}} \\
* & \Theta_{22i} & 0 & \Theta_{24i} & 0 & 0 & V_{3i}^{\mathrm{T}} & S_{2i}^{\mathrm{T}} \\
* & * & \Theta_{33i} & 0 & 0 & 0 & 0 & 0 \\
* & * & * & -\delta_{1i}I & 0 & 0 & 0 & 0 \\
* & * & * & * & -\overline{T}_i & 0 & 0 & 0 \\
* & * & * & * & * & -Q_{1i}^{-1} & 0 & 0 \\
* & * & * & * & * & * & -Q_{2i}^{-1} & 0 \\
* & * & * & * & * & * & * & -R_i^{-1}
\end{bmatrix} < 0 \qquad (2.16)
$$

$$\begin{bmatrix} -V_{1i} + \overline{W}_i & V_{1i} \\ * & -V_{1j} \end{bmatrix} \leqslant 0 \tag{2.17}$$

$$\begin{bmatrix} \Sigma_{11ij} & \Sigma_{12i} & \Sigma_{13i} & 0 \\ * & \Sigma_{22i} & \Sigma_{23i} & V_{3i}^{\mathrm{T}} \\ * & * & -\delta_{2i}I & 0 \\ * & * & * & -V_{1i} \end{bmatrix} \leqslant 0 \tag{2.18}$$

式中

$$\Theta_{11i} = V_{2i} + V_{2i}^{\mathrm{T}} + 0.25\varepsilon_{ii}^2 \overline{T}_i + \varepsilon_{ii}\overline{W}_i + \alpha_{ii}V_{1i}$$

$$\Theta_{12i} = V_{1i}A_i^{\mathrm{T}} - V_{2i}^{\mathrm{T}}E_i^{\mathrm{T}} + V_{3i} + S_{1i}^{\mathrm{T}}B_i^{\mathrm{T}}$$

$$\Theta_{22i} = -E_iV_{3i} - V_{3i}^{\mathrm{T}}E_i^{\mathrm{T}} + B_iS_{2i} + S_{2i}^{\mathrm{T}}B_i^{\mathrm{T}} + \delta_{1i}M_iM_i^{\mathrm{T}}$$

$$\Theta_{13i} = [\sqrt{\alpha_{i1}}V_{1i}, \cdots, \sqrt{\alpha_{i(i-1)}}V_{1i}, \sqrt{\alpha_{i(i+1)}}V_{1i}, \cdots, \sqrt{\alpha_{iN}}V_{1i}]$$

$$\Theta_{33i} = -\mathrm{diag}\{V_{11}, \cdots, V_{1(i-1)}, V_{1(i+1)}, \cdots, V_{1N}\}$$

$$\Theta_{14i} = V_{1i}^{\mathrm{T}}N_{ai}^{\mathrm{T}} - V_{2i}^{\mathrm{T}}N_{ei}^{\mathrm{T}} + S_{1i}^{\mathrm{T}}N_{bi}^{\mathrm{T}}, \quad \Theta_{24i} = -V_{3i}^{\mathrm{T}}N_{ei}^{\mathrm{T}} + S_{2i}^{\mathrm{T}}N_{bi}^{\mathrm{T}}$$

$$\Sigma_{11ij} = -V_{3i}^{\mathrm{T}} - V_{3i} + V_{1j}, \quad \Sigma_{12i} = -V_{3i}^{\mathrm{T}}E_i^{\mathrm{T}} + S_{2i}^{\mathrm{T}}B_i^{\mathrm{T}} - Z_i^{\mathrm{T}}B_i^{\mathrm{T}}$$

$$\Sigma_{22i} = -E_iV_{3i} - V_{3i}^{\mathrm{T}}E_i^{\mathrm{T}} + B_iS_{2i} + S_{2i}^{\mathrm{T}}B_i^{\mathrm{T}} + \delta_{2i}M_iM_i^{\mathrm{T}}$$

$$\Sigma_{13i} = -V_{3i}^{\mathrm{T}}N_{ei}^{\mathrm{T}} + S_{2i}^{\mathrm{T}}N_{bi}^{\mathrm{T}} - Z_i^{\mathrm{T}}N_{bi}^{\mathrm{T}}, \quad \Sigma_{23i} = -V_{3i}^{\mathrm{T}}N_{ei}^{\mathrm{T}} + S_{2i}^{\mathrm{T}}N_{bi}^{\mathrm{T}}$$

此时，脉冲比例导数反馈保性能控制器（2.5）的增益矩阵可取为

$$K_{ai} = (S_{1i} - S_{2i}V_{3i}^{-1}V_{2i})V_{1i}^{-1}, \quad K_{ei} = -S_{2i}V_{3i}^{-1}, \quad G_i = Z_iV_{3i}^{-1} \tag{2.19}$$

而相应的性能指标上界为

$$J_0 = x_0^{\mathrm{T}}V_1^{-1}(r_0)x_0 \tag{2.20}$$

证明　由定理 2.1 可知，系统（2.1）存在一个鲁棒正常化保性能混杂脉冲控制器（2.5）的充分条件是式（2.8）和式（2.9）对于每一个 $i \in S$ 和 $k = 1, 2, \cdots$ 成立。

在式（2.8）的左右两边分别乘以矩阵 $\begin{bmatrix} P_i & 0 \\ T_{1i} & T_{2i} \end{bmatrix}^{-\mathrm{T}}$ 及其转置，并且记

$$\begin{bmatrix} V_{1i} & 0 \\ V_{2i} & V_{3i} \end{bmatrix} \triangleq \begin{bmatrix} P_i & 0 \\ T_{1i} & T_{2i} \end{bmatrix}^{-1}$$

则不等式（2.8）等价于

$$\begin{bmatrix} \Pi_{11i} & \Pi_{12i} \\ * & \Pi_{22i} \end{bmatrix} < 0 \qquad (2.21)$$

式中

$$\Pi_{11i} = V_{2i} + V_{2i}^{\mathrm{T}} + V_{1i}^{\mathrm{T}} Q_i V_{1i} + V_{2i}^{\mathrm{T}} Q_{2i} V_{2i}$$
$$+ (V_{1i}^{\mathrm{T}} K_{ai}^{\mathrm{T}} - V_{2i}^{\mathrm{T}} K_{ei}^{\mathrm{T}}) R_i (V_{1i}^{\mathrm{T}} K_{ai}^{\mathrm{T}} - V_{2i}^{\mathrm{T}} K_{ei}^{\mathrm{T}})^{\mathrm{T}} + V_{1i}^{\mathrm{T}} \sum_{j=1}^{N} \tilde{\pi}_{ij} P_j V_{1i}$$

$$\Pi_{12i} = V_{1i} A_{ci}^{\mathrm{T}} - V_{2i}^{\mathrm{T}} E_{ci}^{\mathrm{T}} + V_{3i} + V_{2i}^{\mathrm{T}} Q_{2i} V_{3i} + (V_{1i}^{\mathrm{T}} K_{ai}^{\mathrm{T}} - V_{2i}^{\mathrm{T}} K_{ei}^{\mathrm{T}}) R_i (-V_{3i}^{\mathrm{T}} K_{ei}^{\mathrm{T}})^{\mathrm{T}}$$

$$\Pi_{22i} = -E_{ci} V_{3i} - V_{3i}^{\mathrm{T}} E_{ci}^{\mathrm{T}} + V_{3i}^{\mathrm{T}} Q_{2i} V_{3i} + (-V_{3i}^{\mathrm{T}} K_{ei}^{\mathrm{T}}) R_i (-V_{3i}^{\mathrm{T}} K_{ei}^{\mathrm{T}})^{\mathrm{T}}$$

从式（2.21）可以看出，Π_{11i} 中的 $V_{1i}^{\mathrm{T}} \sum_{j=1}^{N} \tilde{\pi}_{ij} P_j V_{1i}$ 是含有未知转移概率的非线

性项，无法直接利用矩阵不等式技术求解。接下来处理系统模态转移速率 $\tilde{\pi}_{ij}$ 中

的不确定项。

在条件（2.4）的前提下，类似于文献[60]，对于任意适当的对称矩阵 $W_i = W_i^{\mathrm{T}}$，

总有

$$\sum_{j=1}^{N} (\Delta \pi_{ij} + \varepsilon_{ij}) W_i \equiv 0$$

进而

$$V_{1i}^{\mathrm{T}} \sum_{j=1}^{N} \tilde{\pi}_{ij} P_j V_{1i} = \alpha_{ii} V_{1i} + \varepsilon_{ii} V_{1i} W_i V_{1i} + \Delta \pi_{ii} V_{1i} W_i V_{1i} + V_1 \sum_{j=1, j \neq i}^{N} \alpha_{ij} P_j V_{1i}$$
$$+ \sum_{j=1, j \neq i}^{N} (\Delta \pi_{ij} + \varepsilon_{ij}) V_{1i} (P_j - P_i + W_i) V_{1i}$$

注意到对于任意正定矩阵 $T_i > 0$

$$\Delta \pi_{ii} W_i \leqslant 0.25 (\Delta \pi_{ii})^2 T_i + W_i T_i^{-1} W_i \leqslant 0.25 \varepsilon_{ii}^2 T_i + W_i T_i^{-1} W_i \qquad (2.22)$$

由式（2.19）有

$$S_{1i} = K_{ai} V_{1i} - K_{ei} V_{2i}, \quad S_{2i} = -K_{ei} V_{3i}$$

考虑到式（2.22），令 $\overline{W}_i \triangleq V_{1i} W_i V_{1i}$，$\overline{T}_i \triangleq V_{1i} T_i V_{1i}$。根据 Schur 补性质和引理 2.3，

将式（2.3）带入到不等式（2.21），则条件（2.16）和条件（2.17）意味着式（2.8）

式成立，因为 $\Delta \pi_{ij} + \varepsilon_{ij} \geqslant 0$ 对于 $\forall j \neq i \in S$ 均成立。

另一方面，定理 2.1 中的条件（2.9）等价于

$$\begin{bmatrix} P_j & (I + E_{ci}^{-1}(B_i + \Delta B_i)G_i)^{\mathrm{T}} \\ * & P_i^{-1} \end{bmatrix} \geqslant 0 \tag{2.23}$$

式中，$i, j \in S$，$i \neq j$。在不等式（2.23）的左右两边分别乘以矩阵 $\begin{bmatrix} V_{3i}^{\mathrm{T}} & 0 \\ 0 & E_{ci} \end{bmatrix}$ 及其转置，则

$$\begin{bmatrix} -V_{3i}^{\mathrm{T}} P_j V_{3i} & -V_{3i}^{\mathrm{T}} E_{ci}^{\mathrm{T}} - V_{3i}^{\mathrm{T}} G_i^{\mathrm{T}} (B_i + \Delta B_i)^{\mathrm{T}} \\ * & -E_{ci} P_i^{-1} E_{ci}^{\mathrm{T}} \end{bmatrix} \leqslant 0$$

令 $Z_i = G_i V_{3i}$。根据 Schur 补性质和引理 2.3，条件（2.18）意味着式（2.9）成立，因为下列不等式

$$-V_{3i}^{\mathrm{T}} P_j V_{3i} \leqslant -V_{3i}^{\mathrm{T}} - V_{3i} + V_{1j}$$

$$-E_{ci} P_i^{-1} E_{ci}^{\mathrm{T}} \leqslant -E_{ci} V_{3i} - V_{3i}^{\mathrm{T}} E_{ci}^{\mathrm{T}} + V_{3i}^{\mathrm{T}} P_i V_{3i}$$

恒成立。

证毕。

在定理 2.2 中，定理 2.1 的两个条件式（2.8）和式（2.9）被转化成了可行的矩阵不等式条件式（2.16）～（2.18）。从证明过程可以看出，保性能混杂脉冲控制器中比例导数反馈部分和脉冲反馈部分的增益矩阵可以同时被设计出来。而在文献[84-86,88-91,104]中，脉冲反馈的增益矩阵都是提前给定的。因此，本章所给方法能够提供更大的设计自由度，并在某种程度上降低保守性。利用定理 2.2，可以得到比文献[105]更小的性能指标上界。这将体现在下文的例 2.2。

如果控制器（2.5）中不包含脉冲反馈的部分，即 $G_i = 0$，$\forall i \in S$，则由式（2.23）可知，$P_i = P_j$，$i, j \in S$，$i \neq j$。这意味着不确定广义 Markov 跳变系统（2.1）存在一个公共 Lyapunov 函数，且 $\beta_k \equiv 1$，但是这个条件很难得到满足。因此，有必要在保性能控制器中设计脉冲反馈的部分，使得 Lyapunov 函数在每一个切换点处单调非增，进而保证闭环系统的鲁棒随机稳定性。

定理 2.2 以线性矩阵不等式的形式给出了系统（2.1）存在鲁棒正常化保性能混杂脉冲控制器的充分条件，同时给出了一组脉冲比例导数反馈保性能控制器的

参数化表示。但是闭环系统的性能上界依赖于初始模态和保性能控制器的选取。通过求解一个线性凸优化问题，以下定理给出了最优控制器的选取方法，使得相应的闭环系统的性能指标（2.20）具有最小上界。

定理 2.3　考虑不确定广义 Markov 跳变系统（2.1）和性能指标（2.7）。如果以下优化问题

$$\min_{\delta_{1i},\delta_{2i},V_{1i},V_{2i},V_{3i},S_{1i},S_{2i},Z_i,\bar{W}_i,\bar{T}_i,Y,i\in S} \mathrm{tr}(Y)$$

$$\text{s.t.}\quad \text{(a)}\ (2.16),(2.17)\ \text{和}\ (2.18)$$

$$\text{(b)}\ \begin{bmatrix} Y & I \\ I & V_1(r_0) \end{bmatrix} > 0 \qquad\qquad (2.24)$$

有解 $(\tilde{\delta}_{1i} > 0, \tilde{\delta}_{2i} > 0, \tilde{V}_{1i} > 0, \tilde{V}_{2i}, \tilde{V}_{3i}, \tilde{S}_{1i}, \tilde{S}_{2i}, \tilde{Z}_i, \tilde{W}_i = \tilde{W}_i^{\mathrm{T}}, \tilde{T}_i > 0, Y > 0)$，$i \in S$，则混杂脉冲控制器（2.5）是保证系统（2.1）具有最小性能指标上界的最优鲁棒正常化保性能混杂脉冲控制器。

证明　首先，如果 $(\tilde{\delta}_{1i} > 0, \tilde{\delta}_{2i} > 0, \tilde{V}_{1i} > 0, \tilde{V}_{2i}, \tilde{V}_{3i}, \tilde{S}_{1i}, \tilde{S}_{2i}, \tilde{Z}_i, \tilde{W}_i = \tilde{W}_i^{\mathrm{T}}, \tilde{T}_i > 0, Y > 0)$ 是该优化问题的解，则一定是约束条件 (a) 的可行解，故根据定理 2.2，混杂脉冲控制器（2.5）是系统（2.1）的一个鲁棒正常化保性能混杂脉冲控制器。由式（2.24）中的约束条件 (b) 和 Schur 补引理可知，$V_1^{-1}(r_0) < Y$。因此，矩阵 Y 的迹，也就是 $\mathrm{tr}(Y)$ 的最小化将保证 $V_1^{-1}(r_0)$ 的最小化，进而保证式（2.20）中性能指标上界的最小化。需要注意的是，式（2.20）中的最优性能指标上界 J_0 不仅与系统的初始状态 x_0 相关，还依赖于系统的初始模态 r_0。最后，注意到目标函数和约束条件都是决策变量的凸函数，因此该优化问题是一个凸优化问题，从而可以达到全局最小值。

证毕。

下面给出定理 2.2 的几个特例。

首先考虑保性能混杂脉冲控制器中不包含比例反馈的情况。从式（2.19）可以看出，如果 $S_{1i} = S_{2i} \triangleq S_i$，$V_{2i} = V_{3i} \triangleq X_i$，则有 $K_{ai} = (S_{1i} - S_{2i}V_{3i}^{-1}V_{2i})V_{1i}^{-1} = 0$。故可以得到如下结论。

推论 2.1 考虑不确定广义 Markov 跳变系统（2.1）和性能指标（2.7）。系统（2.1）存在一个鲁棒正常化保性能混杂脉冲控制器（2.5），如果存在矩阵 $V_{1i} > 0$，X_i，S_i，Z_i，$\overline{W}_i = \overline{W}_i^{\mathrm{T}}$，$\overline{T}_i > 0$ 以及常数 $\delta_{1i} > 0$，$\delta_{2i} > 0$，使得下列不等式对于所有 $i, j \in S$，$i \neq j$ 成立

$$
\begin{bmatrix}
\tilde{\Theta}_{11i} & \tilde{\Theta}_{12i} & \tilde{\Theta}_{13i} & \tilde{\Theta}_{14i} & \overline{W}_i & V_{1i}^{\mathrm{T}} & X_i^{\mathrm{T}} & S_i^{\mathrm{T}} \\
* & \tilde{\Theta}_{22i} & 0 & \tilde{\Theta}_{24i} & 0 & 0 & X_i^{\mathrm{T}} & S_i^{\mathrm{T}} \\
* & * & \tilde{\Theta}_{33i} & 0 & 0 & 0 & 0 & 0 \\
* & * & * & -\delta_{1i}I & 0 & 0 & 0 & 0 \\
* & * & * & * & -\overline{T}_i & 0 & 0 & 0 \\
* & * & * & * & * & -Q_{1i}^{-1} & 0 & 0 \\
* & * & * & * & * & * & -Q_{2i}^{-1} & 0 \\
* & * & * & * & * & * & * & -R_i^{-1}
\end{bmatrix} < 0 \tag{2.25}
$$

$$
\begin{bmatrix}
-V_{1i} + \overline{W}_i & V_{1i} \\
* & -V_{1j}
\end{bmatrix} \leqslant 0 \tag{2.26}
$$

$$
\begin{bmatrix}
\tilde{\Sigma}_{11ij} & \tilde{\Sigma}_{12i} & \tilde{\Sigma}_{13i} & 0 \\
* & \tilde{\Sigma}_{22i} & \tilde{\Sigma}_{23i} & X_i^{\mathrm{T}} \\
* & * & -\delta_{2i}I & 0 \\
* & * & * & -V_{1i}
\end{bmatrix} \leqslant 0 \tag{2.27}
$$

式中

$$\tilde{\Theta}_{11i} = X_i + X_i^{\mathrm{T}} + 0.25\varepsilon_{ii}^2\overline{T}_i + \varepsilon_{ii}\overline{W}_i + \alpha_{ii}V_{1i}$$

$$\tilde{\Theta}_{12i} = V_{1i}A_i^{\mathrm{T}} - X_i^{\mathrm{T}}E_i^{\mathrm{T}} + X_i + S_i^{\mathrm{T}}B_i^{\mathrm{T}}$$

$$\tilde{\Theta}_{22i} = -E_iX_i - X_i^{\mathrm{T}}E_i^{\mathrm{T}} + B_iS_i + S_i^{\mathrm{T}}B_i^{\mathrm{T}} + \delta_{1i}M_iM_i^{\mathrm{T}}$$

$$\tilde{\Theta}_{13i} = [\sqrt{\alpha_{i1}}V_{1i}, \ldots, \sqrt{\alpha_{i(i-1)}}V_{1i}, \sqrt{\alpha_{i(i+1)}}V_{1i}, \ldots, \sqrt{\alpha_{iN}}V_{1i}]$$

$$\tilde{\Theta}_{33i} = -\mathrm{diag}\{V_{11}, \ldots, V_{1(i-1)}, V_{1(i+1)}, \ldots, V_{1N}\}$$

$$\tilde{\Theta}_{14i} = V_{1i}^{\mathrm{T}}N_{ai}^{\mathrm{T}} - X_i^{\mathrm{T}}N_{ei}^{\mathrm{T}} + S_i^{\mathrm{T}}N_{bi}^{\mathrm{T}}, \quad \tilde{\Theta}_{24i} = -X_i^{\mathrm{T}}N_{ei}^{\mathrm{T}} + S_i^{\mathrm{T}}N_{bi}^{\mathrm{T}}$$

$$\tilde{\Sigma}_{11ij} = -X_i^{\mathrm{T}} - X_i + V_{1j}, \quad \tilde{\Sigma}_{12i} = -X_i^{\mathrm{T}}E_i^{\mathrm{T}} + S_i^{\mathrm{T}}B_i^{\mathrm{T}} - Z_i^{\mathrm{T}}B_i^{\mathrm{T}}$$

$$\tilde{\Sigma}_{22i} = -E_iX_i - X_i^{\mathrm{T}}E_i^{\mathrm{T}} + B_iS_i + S_i^{\mathrm{T}}B_i^{\mathrm{T}} + \delta_{2i}M_iM_i^{\mathrm{T}}$$

$$\tilde{\Sigma}_{13i} = -X_i^{\mathrm{T}}N_{ei}^{\mathrm{T}} + S_i^{\mathrm{T}}N_{bi}^{\mathrm{T}} - Z_i^{\mathrm{T}}N_{bi}^{\mathrm{T}}, \quad \tilde{\Sigma}_{23i} = -X_i^{\mathrm{T}}N_{ei}^{\mathrm{T}} + S_i^{\mathrm{T}}N_{bi}^{\mathrm{T}}$$

其他分块矩阵同定理 2.2。此时，脉冲比例导数反馈保性能控制器（2.5）的增益

矩阵可取为

$$K_{ai} = 0, \quad K_{ei} = -S_i X_i^{-1}, \quad G_i = Z_i X_i^{-1}$$

而相应的性能指标上界为

$$J_0 = x_0^{\mathrm{T}} V_1^{-1}(r_0) x_0$$

当不确定广义 Markov 跳变系统（2.1）退化为一类非奇异 Markov 跳变系统，即导数项矩阵满秩时，可以不再设计控制器（2.5）中的导数反馈部分。这时，控制器（2.5）变为一类脉冲比例状态反馈控制器。从式（2.19）可以看出，$K_{ei} = 0$ 当且仅当 $S_{2i} = 0$。因此，在 $\mathrm{rank}(E(r(t)) + \Delta E(r(t))) = n$ 的情况下，可以得到以下结论。

推论 2.2 考虑不确定广义 Markov 跳变系统（2.1）和性能指标（2.7）。在 $\mathrm{rank}(E(r(t)) + \Delta E(r(t))) = n$（$n$ 为系统维数）的前提下，系统（2.1）存在一个鲁棒正常化保性能混杂脉冲控制器（2.5），如果存在矩阵 $V_{1i} > 0$，V_{2i}，V_{3i}，S_{1i}，Z_i，$\bar{W}_i = \bar{W}_i^{\mathrm{T}}$，$\bar{T}_i > 0$ 以及常数 $\delta_{1i} > 0$，$\delta_{2i} > 0$，使得下列不等式对于所有 $i, j \in S$，$i \neq j$ 成立

$$\begin{bmatrix} \Theta_{11i} & \Theta_{12i} & \Theta_{13i} & \Theta_{14i} & \bar{W}_i & V_{1i}^{\mathrm{T}} & V_{2i}^{\mathrm{T}} & S_{1i}^{\mathrm{T}} \\ * & \hat{\Theta}_{22i} & 0 & \hat{\Theta}_{24i} & 0 & 0 & V_{3i}^{\mathrm{T}} & 0 \\ * & * & \Theta_{33i} & 0 & 0 & 0 & 0 & 0 \\ * & * & * & -\delta_{1i}I & 0 & 0 & 0 & 0 \\ * & * & * & * & -\bar{T}_i & 0 & 0 & 0 \\ * & * & * & * & * & -Q_{1i}^{-1} & 0 & 0 \\ * & * & * & * & * & * & -Q_{2i}^{-1} & 0 \\ * & * & * & * & * & * & * & -R_i^{-1} \end{bmatrix} < 0 \tag{2.28}$$

$$\begin{bmatrix} \Sigma_{11ij} & \hat{\Sigma}_{12i} & \hat{\Sigma}_{13i} & 0 \\ * & \hat{\Sigma}_{22i} & \hat{\Sigma}_{23i} & V_{3i}^{\mathrm{T}} \\ * & * & -\delta_{2i}I & 0 \\ * & * & * & -V_{1i} \end{bmatrix} \leq 0 \tag{2.29}$$

$$\begin{bmatrix} -V_{1i} + \bar{W}_i & V_{1i} \\ * & -V_{1j} \end{bmatrix} \leq 0 \tag{2.30}$$

式中

$$\hat{\Theta}_{22i} = -E_i V_{3i} - V_{3i}^{\mathrm{T}} E_i^{\mathrm{T}} + \delta_{1i} M_i M_i^{\mathrm{T}}, \quad \hat{\Theta}_{24i} = -V_{3i}^{\mathrm{T}} N_{ei}^{\mathrm{T}}$$

$$\hat{\Sigma}_{12i} = -V_{3i}^{\mathrm{T}} E_i^{\mathrm{T}} - Z_i^{\mathrm{T}} B_i^{\mathrm{T}}, \quad \hat{\Sigma}_{22i} = -E_i V_{3i} - V_{3i}^{\mathrm{T}} E_i^{\mathrm{T}} + \delta_{2i} M_i M_i^{\mathrm{T}}$$

$$\hat{\Sigma}_{13i} = -V_{3i}^{\mathrm{T}} N_{ei}^{\mathrm{T}} - Z_i^{\mathrm{T}} N_{bi}^{\mathrm{T}}, \quad \hat{\Sigma}_{23i} = -V_{3i}^{\mathrm{T}} N_{ei}^{\mathrm{T}}$$

其他分块矩阵同定理 2.2。此时，脉冲比例导数反馈保性能控制器（2.5）的增益矩阵可取为

$$K_{ai} = S_{1i} V_{1i}^{-1}, \quad K_{ei} = 0, \quad G_i = Z_i V_{3i}^{-1}$$

而相应的性能指标上界为

$$J_0 = x_0^{\mathrm{T}} V_1^{-1}(r_0) x_0$$

当 $E(r(t)) = I$，$\Delta E(r(t)) = 0$，即 $N_e(r(t)) = 0$ 时，条件 $\mathrm{rank}(E(r(t)) + \Delta E(r(t))) = n$ 显然成立。这时，推论 2.2 即为正常状态空间的相关结果。在这种情况下，不论是否为不确定广义 Markov 跳变系统（2.1）设计导数反馈控制器（$K_{ei} = 0$ 或 $K_{ei} \neq 0$），都能够得到该系统的鲁棒正常化保性能混杂脉冲控制器的参数化表示。

当不确定广义 Markov 跳变系统（2.1）的转移概率矩阵完全已知，即 $\Delta \pi_{ij} = 0$，$\forall i, j \in S$ 时，可以得到如下结论。

推论 2.3 考虑不确定广义 Markov 跳变系统（2.1）和性能指标（2.7）。系统（2.1）存在一个鲁棒正常化保性能混杂脉冲控制器（2.5），如果存在矩阵 $V_{1i} > 0$，V_{2i}，V_{3i}，S_{1i}，Z_i 以及常数 $\delta_{1i} > 0$，$\delta_{2i} > 0$，使得下列不等式对于所有 $i, j \in S$，$i \neq j$ 成立

$$\begin{bmatrix} \bar{\Theta}_{11i} & \Theta_{12i} & \bar{\Theta}_{13i} & \Theta_{14i} & V_{1i}^{\mathrm{T}} & V_{2i}^{\mathrm{T}} & S_{1i}^{\mathrm{T}} \\ * & \Theta_{22i} & 0 & \Theta_{24i} & 0 & V_{3i}^{\mathrm{T}} & S_{2i}^{\mathrm{T}} \\ * & * & \Theta_{33i} & 0 & 0 & 0 & 0 \\ * & * & * & -\delta_{1i} I & 0 & 0 & 0 \\ * & * & * & * & -Q_{1i}^{-1} & 0 & 0 \\ * & * & * & * & * & -Q_{2i}^{-1} & 0 \\ * & * & * & * & * & * & -R_i^{-1} \end{bmatrix} < 0 \qquad (2.31)$$

$$\begin{bmatrix} \varSigma_{11ij} & \varSigma_{12i} & \varSigma_{13i} & 0 \\ * & \varSigma_{22i} & \varSigma_{23i} & V_{3i}^{\mathrm{T}} \\ * & * & -\delta_{2i}I & 0 \\ * & * & * & -V_{1i} \end{bmatrix} \leqslant 0 \qquad (2.32)$$

式中

$$\bar{\varTheta}_{11i} = V_{2i} + V_{2i}^{\mathrm{T}} + \pi_{ii}V_{1i}, \quad \bar{\varTheta}_{13i} = [\sqrt{\pi_{i1}}V_{1i}, \ldots, \sqrt{\pi_{i(i-1)}}V_{1i}, \sqrt{\pi_{i(i+1)}}V_{1i}, \ldots, \sqrt{\pi_{iN}}V_{1i}]$$

其他分块矩阵同定理 2.2。此时，脉冲比例导数反馈保性能控制器（2.5）的增益矩阵可取为

$$K_{ai} = (S_{1i} - S_{2i}V_{3i}^{-1}V_{2i})V_{1i}^{-1}, \quad K_{ei} = -S_{2i}V_{3i}^{-1}, \quad G_i = Z_iV_{3i}^{-1}$$

而相应的性能指标上界为

$$J_0 = x_0^{\mathrm{T}}V_1^{-1}(r_0)x_0$$

2.4 仿真算例

本节利用三个仿真算例来说明保性能混杂脉冲控制器设计方法的有效性和优越性。例 2.2 将本章所提新方法与文献[105]中的方法进行比较。

仿真结果表明，通过混杂脉冲控制策略，能够得到较小的性能指标上界。另外，为了方便比较，我们只考虑导数项矩阵和转移概率矩阵中不包含不确定项的情况。最后将提出的混杂脉冲控制方法应用到一类随机切换 RC 脉冲分压电路，验证了所给方法在实际问题中的可行性。

例 2.1 考虑包含两个子系统的不确定广义 Markov 跳变系统（2.1），其中

$$E_1 = \begin{bmatrix} 1 & 0 & 0 \\ 0 & 1 & 0 \\ 0 & 0 & 0 \end{bmatrix}, \quad A_1 = \begin{bmatrix} 0.2 & -0.3 & 1 \\ 0.7 & -1 & -0.5 \\ 0.1 & 0 & 0.4 \end{bmatrix}, \quad B_1 = \begin{bmatrix} 1 & 0 \\ 0 & 1 \\ -1 & 1 \end{bmatrix}$$

$$E_2 = \begin{bmatrix} 0 & 0 & 0 \\ 0 & 1 & 0 \\ 0 & 0 & 1 \end{bmatrix}, \quad A_2 = \begin{bmatrix} 0.1 & -1 & 0 \\ -0.2 & -1 & 0.4 \\ 0 & 0.3 & 0.1 \end{bmatrix}, \quad B_2 = \begin{bmatrix} 0 & -0.3 \\ -1 & 0 \\ 1 & 1 \end{bmatrix}$$

系统具有范数有界且满足式（2.3）的不确定性，具体参数为

$$M_1 = \begin{bmatrix} 0.3 & 0.4 & 0.3 \end{bmatrix}^T, \ N_{e1} = \begin{bmatrix} 0.7 & 0.7 & 0.2 \end{bmatrix}$$

$$N_{a1} = \begin{bmatrix} 0.2 & 0.4 & 0.3 \end{bmatrix}, \ N_{b1} = \begin{bmatrix} 0.5 & 0.2 \end{bmatrix}$$

$$M_2 = \begin{bmatrix} 0.3 & 0.4 & 0.3 \end{bmatrix}^T, \ N_{e2} = \begin{bmatrix} 0.3 & 0.2 & 0.2 \end{bmatrix}$$

$$N_{a2} = \begin{bmatrix} 0.3 & 0.5 & 0.2 \end{bmatrix}, \ N_{b2} = \begin{bmatrix} 0.3 & 0.3 \end{bmatrix}$$

且不确定时变矩阵为 $F(t) = \sin t$。显然，$\text{rank}(E_i + \Delta E_i) \neq 3$（系统维数），$i = 1,2$，即原系统是一个奇异系统而非正常系统。

对于性能指标（2.7），令 $Q_{11} = Q_{12} = 0.5I$，$Q_{21} = Q_{22} = 0.2I$，$R_1 = R_2 = 0.2I$，其中 I 是具有适当维数的单位阵。假设不确定广义 Markov 跳变系统（2.1）的状态初值为 $x_0 = \begin{bmatrix} -1 & 0 & 1 \end{bmatrix}^T$。模态转移速率为 $\pi_{11} = -5$，$\pi_{22} = -7$，其中的不确定转移速率分别满足 $|\Delta\pi_{12}| \leqslant \varepsilon_{12} \triangleq 0.5\pi_{12}$ 和 $|\Delta\pi_{21}| \leqslant \varepsilon_{21} \triangleq 0.5\pi_{21}$。

通过求解最优化问题（2.24），可以得到最优保性能控制器（2.5）的增益矩阵

$$K_{a1} = \begin{bmatrix} 3.9760 & -2.0638 & 15.4773 \\ -6.9128 & -0.5296 & -12.3787 \end{bmatrix}, \ K_{e1} = \begin{bmatrix} -0.1442 & 0.0088 & -5.4454 \\ 2.6880 & 1.4362 & 4.7213 \end{bmatrix}$$

$$G_1 = \begin{bmatrix} -0.4186 & -0.5085 & 5.4275 \\ -3.4482 & -1.5869 & -4.6958 \end{bmatrix}$$

$$K_{a2} = \begin{bmatrix} 1.7365 & 1.2229 & -1.3160 \\ -5.8694 & 1.9141 & -4.0193 \end{bmatrix}, \ K_{e2} = \begin{bmatrix} -1.3680 & -0.8783 & 0.6468 \\ 2.8445 & -1.3008 & 0.3408 \end{bmatrix}$$

$$G_2 = \begin{bmatrix} 0.5753 & 0.8012 & -0.9255 \\ -3.2307 & 1.5424 & 0.2861 \end{bmatrix}$$

相对应的性能指标最小上界分别为 $J_0 = 0.7976$（$r_0 = 1$）和 $J_0 = 0.8489$（$r_0 = 2$）。

对于任意 $t \in [0, \infty)$，在所设计控制器（2.5）的作用下，闭环系统（2.6）导数项矩阵的秩 $\text{rank}(E_{ci}) = 3$，$i = 1,2$，即闭环系统被正常化。

如果转移概率矩阵 $\tilde{\Pi}$ 完全已知，即 $\Delta\pi_{12} = \Delta\pi_{21} = 0$，则可以通过推论 2.3 求解保性能混杂脉冲控制器（2.5）。此时，最优保性能控制器的增益矩阵为

$$K_{a1} = \begin{bmatrix} 3.9739 & -2.0198 & 15.1048 \\ -6.7569 & -0.5671 & -12.3941 \end{bmatrix}, \ K_{e1} = \begin{bmatrix} -0.1691 & -0.1825 & -6.1487 \\ 2.6476 & 1.5775 & 5.4407 \end{bmatrix}$$

$$G_1 = \begin{bmatrix} -0.4109 & -0.2972 & 6.1316 \\ -3.3860 & -1.7503 & -5.4153 \end{bmatrix}$$

$$K_{a2} = \begin{bmatrix} 1.8929 & 1.0166 & -0.9383 \\ -5.0060 & 1.7076 & -3.0948 \end{bmatrix}, \ K_{e2} = \begin{bmatrix} -1.5176 & -0.7752 & 0.5557 \\ 2.7773 & -1.3325 & 0.2656 \end{bmatrix}$$

$$G_2 = \begin{bmatrix} 0.8271 & 0.7939 & -0.8368 \\ -3.1528 & 1.5172 & 0.2993 \end{bmatrix}$$

相对应的性能指标最小上界分别为 $J_0 = 0.7348$（$r_0 = 1$）和 $J_0 = 0.7722$（$r_0 = 2$）。

系统模态的 Markov 过程如图 2.1 所示。图 2.2 和图 2.3 分别给出了初始状态为 $x_0 = [-1 \ \ 0 \ \ 1]^T$ 时系统的开环状态响应和最优保性能闭环状态响应。仿真结果表明，在脉冲比例导数反馈控制器（2.5）的作用下，闭环系统鲁棒随机稳定。

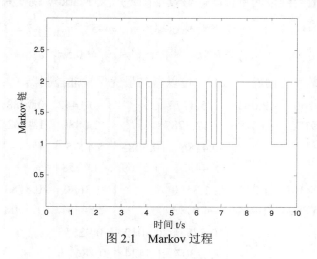

图 2.1　Markov 过程

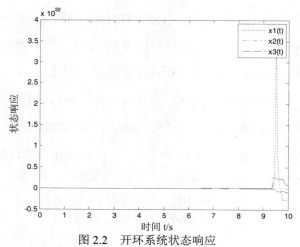

图 2.2　开环系统状态响应

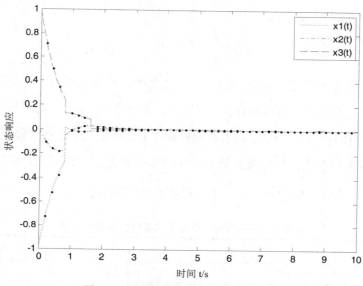

图 2.3 最优保性能闭环系统状态响应

例 2.2 考虑一类不确定广义 Markov 跳变系统（2.1），其中导数项矩阵和转移概率矩阵中不包含不确定项，即 $\Delta E_i = 0$，$\Delta \pi_{ij} = 0$，$\forall i, j \in S = \{1, 2\}$。系统矩阵参数如下：

$$E_1 = \begin{bmatrix} 1 & 0 & 0 \\ 0 & 1 & 0 \\ 0 & 0 & 0 \end{bmatrix}, \ A_1 = \begin{bmatrix} 0.2 & -0.8 & 1 \\ 0.7 & -1 & -0.5 \\ 0.1 & 0 & 0.4 \end{bmatrix}, \ B_1 = \begin{bmatrix} 1 & 0 \\ 0 & 1 \\ -2 & 1 \end{bmatrix}$$

$$M_1 = \begin{bmatrix} 0.3 & 0.4 & 0.3 \end{bmatrix}^T, \ N_{a1} = \begin{bmatrix} 0.2 & 0.4 & 0.3 \end{bmatrix}, \ N_{b1} = \begin{bmatrix} 0.5 & 0.2 \end{bmatrix}$$

$$E_2 = \begin{bmatrix} 0 & 0 & 0 \\ 0 & 1 & 0 \\ 0 & 0 & 1 \end{bmatrix}, \ A_2 = \begin{bmatrix} 0.1 & -1 & 0 \\ -0.2 & -1 & 0.4 \\ 0 & 0.3 & 0.1 \end{bmatrix}, \ B_2 = \begin{bmatrix} 0 & -3 \\ -1 & 0 \\ 1 & 1 \end{bmatrix}$$

$$M_2 = \begin{bmatrix} 0.3 & 0.4 & 0.3 \end{bmatrix}^T, \ N_{a2} = \begin{bmatrix} 0.3 & 0.5 & 0.2 \end{bmatrix}, \ N_{b2} = \begin{bmatrix} 0.3 & 0.3 \end{bmatrix}$$

且不确定时变矩阵为 $F(t) = \sin t$。对于性能指标（2.7），令 $Q_{11} = Q_{12} = I$，$Q_{21} = Q_{22} = 0$，$R_1 = R_2 = I$，其中 I 是具有适当维数的单位阵。假设不确定广义 Markov 跳变系统（2.1）的状态初值为 $x_0 = \begin{bmatrix} -1 & 0 & 1 \end{bmatrix}^T$。为作比较，假定转移概

率矩阵 $\tilde{\Pi}$ 完全已知，即

$$\tilde{\Pi} = \begin{bmatrix} -3 & 3 \\ 6 & -6 \end{bmatrix}$$

我们的设计目标是为系统（2.1）构造一个状态反馈控制器，使得闭环系统鲁棒随机稳定，并且对于所有容许的不确定性，性能指标（2.7）具有最小上界。分别利用文献[105]中的定理 3.2 和本章的推论 2.3 计算系统的最优性能上界。表 2.1 列出了利用两种方法计算出来的最小性能指标上界 J_0。可以看出，利用本章的推论 2.3 计算出来的最优性能上界小于文献[105]的计算结果。

表 2.1   不同方法计算出来的最优性能指标上界

r_0	$r_0 = 1$	$r_0 = 2$
定理 3.2([105])	0.9285	0.7272
推论 2.3	0.3314	0.1750

利用推论 2.3，求解最优化问题（2.24），可以得到最优保性能混杂脉冲控制器（2.5）的增益矩阵

$$K_{a1} = \begin{bmatrix} 32.4739 & 0.3541 & 157.9646 \\ -18.7255 & -1.7980 & -91.3394 \end{bmatrix}, \; K_{e1} = \begin{bmatrix} -0.2660 & -0.0243 & -0.0176 \\ 0.2070 & 0.5514 & 0.0102 \end{bmatrix}$$

$$G_1 = \begin{bmatrix} -0.3795 & -0.4269 & 0.0176 \\ -0.7598 & -1.2592 & -0.0102 \end{bmatrix}$$

$$K_{a2} = \begin{bmatrix} -8.1218 & 0.7888 & -0.5215 \\ 268.5545 & 6.9511 & -0.0398 \end{bmatrix}, \; K_{e2} = \begin{bmatrix} -0.0007 & -0.5182 & 0.1177 \\ -0.0222 & -0.0699 & 0.1047 \end{bmatrix}$$

$$G_2 = \begin{bmatrix} 0.0007 & 1.3829 & -0.2279 \\ -0.0222 & 0.0326 & 0.0231 \end{bmatrix}$$

例 2.3 考虑如图 2.4 所示的随机切换 RC 脉冲分压电路，该电路可以用一个广义 Markov 跳变系统描述。

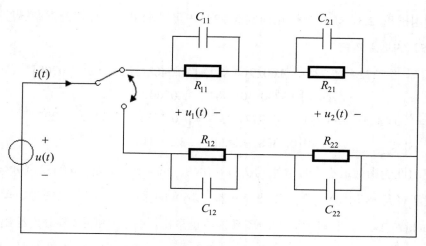

图 2.4　随机切换 RC 脉冲分压电路

从图 2.4 可以看出，电路的开关在两个位置之间随机切换。假定开关的切换模态是一个形如式（2.2）的连续 Markov 链 $\{r_t, t \geqslant 0\}$。则对于此电路，模态 $\{r_t, t \geqslant 0\}$ 在有限区间 $S = \{1, 2\}$ 内取值。对于每一个 $i \in S$，R_{1i}、R_{2i} 和 C_{1i}、C_{2i} 分别代表电阻和电容。$i(t)$ 表示电路电流，$u_1(t)$ 和 $u_2(t)$ 分别表示电阻 R_{1i} 和 R_{2i} 两端的电压。$u(t)$ 表示电源电压，并被选取为系统的控制输入。根据电路基本原理，可以用如下的广义 Markov 跳变系统描述该电路模型

$$\begin{bmatrix} C_1(r_t) & 0 & 0 \\ 0 & C_2(r_t) & 0 \\ 0 & 0 & 0 \end{bmatrix} \begin{bmatrix} \dfrac{\mathrm{d}u_1(t)}{\mathrm{d}t} \\ \dfrac{\mathrm{d}u_2(t)}{\mathrm{d}t} \\ \dfrac{\mathrm{d}i(t)}{\mathrm{d}t} \end{bmatrix} = \begin{bmatrix} -\dfrac{1}{R_1(r_t)} & 0 & 1 \\ 0 & -\dfrac{1}{R_2(r_t)} & 1 \\ -1 & -1 & 0 \end{bmatrix} \begin{bmatrix} u_1(t) \\ u_2(t) \\ i(t) \end{bmatrix} + \begin{bmatrix} 0 \\ 0 \\ 1 \end{bmatrix} u(t)$$

令 $R_{11} = 10$，$R_{12} = 5$，$R_{21} = 5$，$R_{22} = 8$，$C_{11} = 2$，$C_{12} = 4$，$C_{21} = 3$，$C_{22} = 5$，$Q_{11} = Q_{12} = 0.5I$，$Q_{21} = Q_{22} = 0.2I$，$R_1 = R_2 = 0.2I$，其中 I 是具有适当维数的单位阵。显然，开环系统不是正常的并且存在脉冲。假设转移概率矩阵 $\tilde{\Pi}$ 完全已知，即

$$\tilde{\Pi} = \begin{bmatrix} -4 & 4 \\ 5 & -5 \end{bmatrix}$$

利用推论 2.3，求解最优化问题（2.24），可以求出最优保性能混杂脉冲控制器（2.5）的增益矩阵

$$K_{a1} = \begin{bmatrix} -0.7272 & -0.2358 & 3.6029 \end{bmatrix}, \quad K_{e1} = \begin{bmatrix} -0.5408 & -0.6265 & 3.0700 \end{bmatrix}$$
$$G_1 = \begin{bmatrix} 0.3780 & 0.4864 & -3.0700 \end{bmatrix}$$
$$K_{a2} = \begin{bmatrix} -0.4324 & -0.1563 & -3.5977 \end{bmatrix}, \quad K_{e2} = \begin{bmatrix} -0.4554 & -0.5409 & 3.2972 \end{bmatrix}$$
$$G_2 = \begin{bmatrix} 0.3338 & 0.4240 & -3.2971 \end{bmatrix}$$

相对应的性能指标最小上界分别为 $J_0 = 6.1448$（$r_0 = 1$）和 $J_0 = 6.0582$（$r_0 = 2$）。

对于任意 $t \in [0, \infty)$，在所设计控制器（2.5）的作用下，闭环系统导数项矩阵的秩 $\mathrm{rank}(E_{ci}) = 3$，$i = 1, 2$，即闭环系统被正常化。图 2.5 和图 2.6 分别给出了系统模态的 Markov 过程和初始状态为 $x_0 = \begin{bmatrix} 1 & 0.5 & 1 \end{bmatrix}^T$ 时系统的最优保性能闭环状态响应。可以看出，闭环系统鲁棒随机稳定。

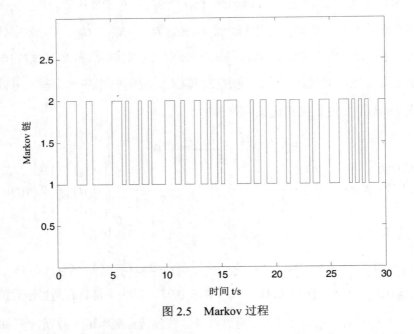

图 2.5　Markov 过程

在例 2.3 中，保性能混杂脉冲控制器中的脉冲反馈部分可以看作一个冲激电源。从图 2.6 可以看出，当开关随机切换时，电路的电流瞬间产生变化。而由于

电容的储能特性，电阻两端的电压在切换时刻并没有发生突变。

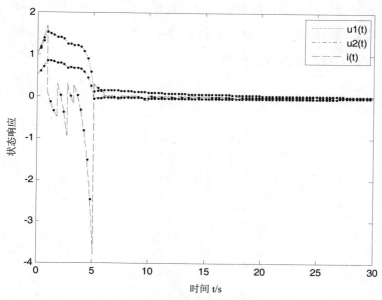

图 2.6　最优保性能闭环系统状态响应

RC 脉冲分压电路在模拟电路、脉冲数字电路中具有广泛的应用。当需要将脉冲信号经电阻分压传到下一级时，可在电阻两端并联一加速电容，这样就组成了一个 RC 脉冲分压器。当电路中输入脉冲信号时，RC 脉冲分压器可以避免输出波形前沿变坏、失真。

2.5　本章小结

本章考虑了一类不确定广义 Markov 跳变系统的鲁棒正常化和最优保性能控制器设计问题。系统同时存在结构不确定性和未知的转移概率矩阵。提出了一种新的混杂脉冲控制器，使得闭环系统能够正常化、鲁棒随机稳定并且二次性能指标具有最小上界。基于合同变换、自由权矩阵和线性矩阵不等式技术，得到了脉冲比例导数状态反馈控制器的参数化表示。通过求解一类凸优化问题，给出了最优保性能混杂脉冲控制器的设计方法。与已有方法相比，本章所提方法具有较大的设计自由度和较小的保守性。仿真算例说明，本章所提方法具有明显的有效性，同时在处理实际问题时也具有可行性。

第 3 章 不确定广义 Markov 跳变系统的耗散脉冲控制

3.1 引言

耗散性理论在系统稳定性研究中起着重要的作用。其本质含义是存在一个非负的能量函数（即存储函数），使得系统的能量损耗小于能量的供给[117]。耗散理论提出了一种控制系统设计与分析的思想，即从能量的角度，以输入输出的方式描述。自 20 世纪 70 年代提出以来，耗散性系统理论成为电路、系统及控制理论中十分重要的概念[118-124]。事实上，耗散系统理论是无源理论、界实引理、卡尔曼-雅柯鲍维奇引理（Kalman-Yacubovitch）和圆判据定理的广义化[125]。近二十多年来，基于 H_∞ 性能和正实性的鲁棒控制理论得到了广泛的研究[30,126-130]。研究基于耗散性的控制理论，不但可以提供解决 H_∞ 控制和正实控制问题的统一框架，而且能揭示很多更深刻的内容。

文献[121]基于多存储函数和多供给率函数，对一类非线性切换系统进行了耗散性理论分析；利用交叉供给率函数，得到了子系统能量交换和系统稳定性之间的关联，同时给出了系统无源和 L_2 增益性能的相关结果。文献[122]研究了一类切换随机系统的耗散性和滑模控制问题。文献[123]以矩阵不等式的形式给出了线性广义系统耗散的充分必要条件，并根据线性矩阵不等式技术，求解系统状态反馈控制器的增益矩阵。文献[124]解决了一类不确定线性广义系统的鲁棒严格 (Q,S,R) 耗散控制问题。文献[126]为一类线性 Markov 跳变系统设计了不依赖于模态的 H_∞ 滤波器。针对内分泌干扰物己烯雌酚在人体内转移的生理过程，文献[34]首先建立了一个广义生物混杂系统模型，并探讨了这个模型的无源控制和最优控制问题。文献[128]研究并解决了一类带有广义结构的混杂脉冲切换系统的无源控制问题。在执行器可能发生故障的情况下，文献[90]对一类带有 Markov 跳变、参数不确定性和脉冲效应的随机切换系统进行了可靠耗散性分析，同时给出了线性状态反馈控制器和脉冲控制器的设计方法，使得闭环系统鲁棒随机稳定且严格 (Q, S, R) 耗散。然而，目前还没有利用混杂脉冲控制策略对不确定广义 Markov 跳变系统进行耗散控制的相关文献，这激发了作者的研究兴趣。

本章将研究一类不确定广义 Markov 跳变系统的严格 (Q, S, R) 耗散混杂脉冲控制问题。系统的不确定性同时存在于导数项矩阵、状态矩阵、输入矩阵和系统模态的转移速率矩阵。当导数项矩阵具有结构不确定性时，系统的奇异性和正则性可能会发生变化，进而影响系统的稳定性[45]。同时，由若干个广义子系统随机切换引起的不相容初始状态跳变也可能会导致系统崩溃[100,101]。考虑到以上因素并延续上一章的思想，本章利用脉冲比例导数状态反馈控制策略，使得闭环系统对所有容许的不确定性能够正常化、鲁棒随机稳定并且严格 (Q, S, R) 耗散。利用合同变换、自由权矩阵和矩阵不等式放缩技术，给出了严格 (Q, S, R) 耗散混杂脉冲控制器的存在条件和脉冲比例导数状态反馈控制器的参数化表示。当矩阵 Q、S、R 取特定值时，可以得到 H_∞ 性能和严格无源（正实）的相关结果。由于控制器中的导数反馈和脉冲反馈部分可以作为参数变量在设计方法中同步求解，本章所提的方法具有更大的设计自由度和较小的保守性。

本章第二节对所研究的问题进行描述并给出鲁棒正常化严格 (Q, S, R) 耗散混杂脉冲控制器的定义。第三节给出了严格耗散混杂脉冲控制器存在的判别条件，并将该条件转化为可行的线性矩阵不等式。利用 LMI 工具箱，可以同时求解出比例反馈、导数反馈和脉冲反馈三部分的增益矩阵。第四节首先利用一个数值算例验证了本章所提方法的有效性。接下来就 H_∞ 控制问题，利用所得结论与文献[90]中的控制方法进行比较。仿真结果显示，脉冲反馈控制器的参数化能够更有效地抑制外部扰动对系统输出的影响。最后将混杂脉冲控制方法应用到一类带有外部扰动的随机切换 RC 脉冲分压电路中，说明了本章所提方法的可行性。

3.2　问题描述

考虑一类不确定广义 Markov 跳变系统

$$
\begin{cases}
(E(r(t)) + \Delta E(r(t)))\dot{x}(t) = (A(r(t)) + \Delta A(r(t)))x(t) \\
\qquad\qquad\qquad + (B(r(t)) + \Delta B(r(t)))u(t) + B_\omega(r(t))\omega(t) \\
z(t) = C(r(t))x(t) + D(r(t))\omega(t) \\
x(t_0) = x_0, \quad r(t_0) = r_0
\end{cases}
\tag{3.1}
$$

式中，$x(t) \in \mathbb{R}^n$ 为系统状态向量；$u(t) \in \mathbb{R}^m$ 为控制输入；$\omega(t) \in \mathbb{R}^q$ 为外部扰动输入；$z(t) \in \mathbb{R}^l$ 为测量输出；矩阵 $E(r(t)) \in \mathbb{R}^{n \times n}$ 可能是奇异矩阵，即 $\text{rank}[E(r(t))] = n_{r(t)} \leqslant n$；$A(r(t))$、$B(r(t))$、$B_\omega(r(t))$、$C(r(t))$ 和 $D(r(t))$ 是具有适当维数的已知矩阵；$\Delta E(r(t))$、$\Delta A(r(t))$ 和 $\Delta B(r(t))$ 是未知时变矩阵，用来表示系统的不确定性；x_0 和 r_0 分别表示系统的初始状态和初始模态。模态 $\{r(t), t \geqslant 0\}$（也记作 $\{r_t, t \geqslant 0\}$）是取值于有限集合 $S = \{1, 2, \cdots, N\}$ 的右连续 Markov 过程，且具有以下转移概率

$$
Pr[r(t + \Delta) = j \,|\, r(t) = i] =
\begin{cases}
\tilde{\pi}_{ij}\Delta + o(\Delta), & i \neq j \\
1 + \tilde{\pi}_{ii}\Delta + o(\Delta), & i = j
\end{cases}
\tag{3.2}
$$

式中，$\Delta > 0$，$\lim\limits_{\Delta \to 0} o(\Delta)/\Delta = 0$；$\tilde{\pi}_{ij} \geqslant 0$，$i, j \in S$，$i \neq j$ 表示从 t 时刻的模态 i 转移到 $t + \Delta$ 时刻的模态 j 的转移速率，并且 $\tilde{\pi}_{ii} = -\sum\limits_{j=1, j \neq i}^{N} \tilde{\pi}_{ij}$。为了方便起见，对每一个 $r(t) = i \in S$，将矩阵 $\mathcal{M}(r(t))$ 简记为 $\mathcal{M}_i$。

在本章中，对于每一个 $r(t) = i \in S$，不失一般性，假定上述不确定矩阵具有如下结构

$$
\begin{bmatrix} \Delta E_i & \Delta A_i & \Delta B_i \end{bmatrix} = M_i F(t) \begin{bmatrix} N_{ei} & N_{ai} & N_{bi} \end{bmatrix}
\tag{3.3}
$$

式中，M_i、N_{ei}、N_{ai} 和 N_{bi} 是具有适当维数的已知实常数矩阵，而 $F(t)$ 是一个未知的时变矩阵，且满足 $F^{\mathrm{T}}(t)F(t) \leqslant I$。

式（3.2）中的转移速率矩阵 $\tilde{\Pi} = (\tilde{\pi}_{ij})$ 并不能精确得到。类似于文献[46]和文献[59]，假设该转移速率矩阵具有以下不确定形式

$$\tilde{\Pi} = \Pi + \Delta\Pi, |\Delta\pi_{ij}| \leqslant \varepsilon_{ij}, \varepsilon_{ij} \geqslant 0, \ j \neq i \tag{3.4}$$

在式（3.4）中，矩阵 $\Pi \triangleq (\pi_{ij})$ 是转移速率矩阵 $\tilde{\Pi}$ 的已知常值估计，其中

$\pi_{ij} \geqslant 0$，$j \neq i$，$\pi_{ii} = -\sum\limits_{j=1,j\neq i}^{N} \pi_{ij}$。定义 $\Delta\Pi \triangleq (\Delta\pi_{ij})$，其中，$\Delta\pi_{ij} = \tilde{\pi}_{ij} - \pi_{ij}$ 表示 $\tilde{\pi}_{ij}$

和 π_{ij} 之间的估计误差。由此可知，$\Delta\pi_{ii}$ 也可以用 $\Delta\pi_{ii} = -\sum\limits_{j=1,j\neq i}^{N} \Delta\pi_{ij}$ 表示。假定

$\Delta\pi_{ij}(j \neq i)$ 取值于 $\left[-\varepsilon_{ij}, \varepsilon_{ij}\right]$，并定义 $\alpha_{ij} \triangleq \pi_{ij} - \varepsilon_{ij}$，则有 $|\Delta\pi_{ii}| \leqslant -\varepsilon_{ii}$，其中，

$\varepsilon_{ii} \triangleq -\sum\limits_{j=1,j\neq i}^{N} \varepsilon_{ij}$ 且 $\alpha_{ii} \triangleq \pi_{ii} - \varepsilon_{ii}$。

令 $\{t_k, \ k = 1, 2, \cdots\}$ 表示满足 $t_1 < t_2 < \ldots < t_k < t_{k+1} < \cdots$ 的时间序列，其中，$t_k > 0$ 是系统的第 k 次切换时刻，即从模态 $r(t_k^-) = j$ 转移到模态 $r(t_k^+) = i$ 的切换时刻，

$t_k^+ = \lim\limits_{\Delta \to 0}(t_k + \Delta)$，$\forall k > 0$。

本章的目的是为不确定广义 Markov 跳变系统（3.1）设计以下形式的脉冲比例导数状态反馈控制器

$$\begin{cases} u(t) = u_1(t) + u_2(t) \\ u_1(t) = K_a(r(t))x(t) - K_e(r(t))\dot{x}(t) \\ u_2(t) = \sum\limits_{k=1}^{\infty} G(r(t_k^+))x(t)\delta(t - t_k) \end{cases} \tag{3.5}$$

式中，$u_1(t)$ 是依赖于模态的比例导数状态反馈控制器，而 $u_2(t)$ 是一个脉冲控制器。$K_a(r(t))$、$K_e(r(t))$ 和 $G(r(t_k^+))$ 是需要设计的具有适当维数的增益矩阵。$\delta(\cdot)$ 为带有不连续脉冲时刻 $t_1 < t_2 < \cdots < t_k < \cdots$，$\lim\limits_{k \to \infty} t_k = \infty$ 的狄拉克脉冲函数，其中，$t_1 > t_0$

且 $x(t_k) = x(t_k^-) = \lim_{h \to 0^+} x(t_k - h)$, $x(t_k^+) = \lim_{h \to 0^+} x(t_k + h)$ 。为了方便起见，定义

$e_x(t_k) \triangleq x(t_k^+) - x(t_k^-)$ 。

假定当 $t \in (t_k, t_{k+1}]$ 时，$r(t) = i$ ，即第 i 个子系统处于激活状态。将控制器（3.5）代入到系统（3.1），可得

$$E_{ci}[x(t_k + h) - x(t_k)] = \int_{t_k}^{t_k + h} E_{ci} \dot{x}(s) \mathrm{d}s$$

$$= \int_{t_k}^{t_k + h} [A_{ci} x(s) + (B_i + \Delta B_i) u_2(s) + B_{\omega i} \omega(s)] \mathrm{d}s$$

式中

$$E_{ci} = E_i + \Delta E_i + (B_i + \Delta B_i) k_{ei}$$
$$A_{ci} = A_i + \Delta A_i + (B_i + \Delta B_i) k_{ai}$$

当 $h \to 0^+$ 时，有

$$E_{ci} e_x(t_k) = \lim_{h \to 0^+} E_{ci}[x(t_k + h) - x(t_k)] = (B_i + \Delta B_i) G_i x(t_k)$$

在控制器（3.5）的作用下，系统（3.1）变为一类脉冲不确定广义 Markov 跳变系统，形式如下

$$E_c(r(t))\dot{x}(t) = A_c(r(t))x(t) + B_\omega(r(t))\omega(t), \quad t \in (t_k, t_{k+1}]$$
$$E_c(r(t))e_x(t_k) = (B(r(t)) + \Delta B(r(t)))G(r(t_k^+))x(t_k), \quad t = t_k$$
$$z(t) = C(r(t))x(t) + D(r(t))\omega(t) \tag{3.6}$$
$$x(t_0) = x_0, r(t_0) = r_0$$

式中

$$E_c(r(t)) = E(r(t)) + \Delta E(r(t)) + (B(r(t)) + \Delta B(r(t)))K_e(r(t))$$
$$A_c(r(t)) = A(r(t)) + \Delta A(r(t)) + (B(r(t)) + \Delta B(r(t)))K_a(r(t))$$

从式（3.5）可以看出，本章设计的混杂脉冲控制器由两部分组成：比例导数状态反馈控制器和脉冲反馈控制器。设计导数反馈部分的目的在于正常化原系统，而脉冲反馈是用来改变闭环系统在每一个切换时刻的状态值。

下面介绍本章将要用到的几个定义。

定义 3.1 当 $\omega(t) = 0$ 时，如果对于任意的 $x_0 \in \mathbb{R}^n$ 和 $r_0 \in S$ ，存在一个常数 $M(x_0, r_0) > 0$ 使得

$$\mathbb{E}\left[\int_{t_0}^{\infty}\|x(t)\|^2 \mathrm{d}t \mid x_0, r_0\right] \leqslant M(x_0, r_0)$$

对所有容许的不确定性成立，则称系统（3.6）鲁棒随机稳定。

系统（3.1）的二次型供给率定义如下

$$\Psi(\omega, z, T) = \mathbb{E}\langle z, Qz\rangle_T + 2\mathbb{E}\langle z, S\omega\rangle_T + \mathbb{E}\langle \omega, R\omega\rangle_T \tag{3.7}$$

式中，$\langle \omega, z\rangle_T = \int_0^T \omega^{\mathrm{T}} z \mathrm{d}t$，$Q$、$R$ 为给定对称矩阵，S 为给定的适当维数实矩阵。

定义 3.2 如果存在一个标量 $\alpha > 0$，在零初始条件下，使得耗散不等式

$$\Psi(\omega, z, T) \geqslant \alpha \mathbb{E}\langle \omega, \omega\rangle_T$$

对于所有的 $T \geqslant 0$，任意的输入信号 $\omega(t) \in \mathcal{L}_2[0, T]$ 和所有容许的不确定性成立，则称系统（3.1）（$u(t) = 0$ 时）严格 (Q, S, R) 耗散。

由定义 3.2 可以发现，(Q, S, R) 耗散性提供了解决 H_∞ 控制和无源控制问题的统一框架，也就是说，H_∞ 性能和无源性能是耗散性的特殊情形。当 $Q = -I$，$S = 0$，$R = \gamma^2 I$ 时，系统的严格 (Q, S, R) 耗散性退化为系统的 H_∞ 性能。当 $Q = 0$、$S = I$、$R = 0$，此时系统的严格耗散性便成为系统的无源性能。

一般来说，对 Q、S、R 的选取有如下假设[124]。

假设 3.1 $Q \leqslant 0$。

假设 3.2 $R + D_i^{\mathrm{T}} S + S^{\mathrm{T}} D_i + D_i^{\mathrm{T}} Q D_i > 0, \ i \in S$。

可以看出假设 3.1 能够满足上述的两种情形，故该假设是可行的。

系统（3.1）鲁棒正常化严格 (Q, S, R) 耗散混杂脉冲控制器的定义如下。

定义 3.3 对于不确定广义 Markov 跳变系统（3.1）和二次型供给率（3.7），如果存在一个控制器（3.5），使得对于所有容许的不确定性，闭环系统（3.6）能够正常化（即导数项矩阵 E_{ci}，$\forall i \in S$ 可逆）、鲁棒随机稳定且严格 (Q, S, R) 耗散，则称控制器（3.5）为系统（3.1）的一个鲁棒正常化严格 (Q, S, R) 耗散混杂脉冲控制器。

3.3 严格(Q,S,R)耗散混杂脉冲控制器的设计

在这一节，考虑在混杂脉冲控制器（3.5）的作用下，系统（3.1）的鲁棒正常化和严格 (Q,S,R) 耗散控制问题。首先，给出系统（3.1）存在鲁棒正常化严格 (Q,S,R) 耗散混杂脉冲控制器的判别条件。其次，给出混杂脉冲控制器的设计程序，并同时求解比例反馈、导数反馈和脉冲反馈三部分的增益矩阵，使得闭环系统对所有容许的不确定性是正常的、鲁棒随机稳定并且严格 (Q,S,R) 耗散。

3.3.1 严格(Q,S,R)耗散混杂脉冲控制器的存在条件

基于 Lyapunov 理论，本小节给出了系统（3.1）存在鲁棒正常化严格 (Q,S,R) 耗散混杂脉冲控制器的充分条件。主要结果如下：

定理 3.1 给定实矩阵 Q、S、R 且 Q、R 对称，如果存在矩阵 $P_i > 0$ 使得闭环系统（3.6）中的导数项矩阵 E_{ci}，$\forall i \in S$ 可逆，并且下列不等式对于每一个 $i \in S$ 和 $k = 1,2,\cdots$ 成立

$$\Omega_i = \begin{bmatrix} \Omega_{11i} & \Omega_{12i} \\ * & \Omega_{22i} \end{bmatrix} < 0 \tag{3.8}$$

$$0 < \beta_k \leqslant 1 \tag{3.9}$$

则控制器（3.5）是系统（3.1）的一个鲁棒正常化严格 (Q,S,R) 耗散混杂脉冲控制器。其中

$$\Omega_{11i} = A_{ci}^{\mathrm{T}} E_{ci}^{-\mathrm{T}} P_i + P_i E_{ci}^{-1} A_{ci} + \sum_{j=1}^{N} \tilde{\pi}_{ij} P_j - C_i^{\mathrm{T}} Q C_i$$

$$\Omega_{12i} = P_i E_{ci}^{-1} B_{\omega i} - C_i^{\mathrm{T}} Q D_i - C_i^{\mathrm{T}} S, \quad \Omega_{22i} = -R - D_i^{\mathrm{T}} S - S^{\mathrm{T}} D_i - D_i^{\mathrm{T}} Q D_i$$

$$\beta_k = \lambda_{\max} \{ P^{-1}(r(t_k^-))[I + E_{ci}^{-1}(B_i + \Delta B_i)G_i]^{\mathrm{T}} P(r(t_k))[I + E_{ci}^{-1}(B_i + \Delta B_i)G_i] \}$$

证明 定理的证明主要分为两个部分。第一部分证明系统（3.1）在控制器（3.5）的作用下能够正常化并且鲁棒随机稳定。第二部分证明闭环系统（3.6）严格 (Q,S,R) 耗散。

假定存在矩阵 $P_i > 0$ 和控制器（3.5），使得闭环系统（3.6）中的导数项矩阵 E_{ci} 可逆且不等式（3.8）成立。首先，为系统（3.6）选取随机 Lyapunov 函数

$$V(x(t), r(t)) = x^{\mathrm{T}}(t)P(r(t))x(t)$$

对于 $t \in (t_k, t_{k+1}]$，假设 $r(t) = i$，$i \in S$。令 $\mathbb{L}$ 表示随机过程 $\{(x(t), r(t)), \ t \geqslant 0\}$ 的弱无穷小算子。沿闭环系统（3.6）的任意轨线，有

$$\mathbb{L}V(x(t), i) - z^{\mathrm{T}}(t)Qz(t) - 2z^{\mathrm{T}}(t)S\omega(t) - \omega^{\mathrm{T}}(t)R\omega(t)$$

$$= 2x^{\mathrm{T}}(t)P_i\dot{x}(t) + \sum_{j=1}^{N} \tilde{\pi}_{ij}x^{\mathrm{T}}(t)P_j x(t) - z^{\mathrm{T}}(t)Qz(t) - 2z^{\mathrm{T}}(t)S\omega(t) - \omega^{\mathrm{T}}(t)R\omega(t) \quad (3.10)$$

$$= \zeta^{\mathrm{T}}(t)\Omega\zeta(t)$$

式中，$\zeta(t) = [x^{\mathrm{T}}(t) \quad \omega^{\mathrm{T}}(t)]^{\mathrm{T}}$。由不等式（3.10）和 $Q \leqslant 0$ 可知，当 $\omega(t) = 0$ 时，对于 $t \in (t_k, t_{k+1}]$ 和所有容许的不确定性，有

$$\mathbb{L}V(x(t), i) < 0 \quad (3.11)$$

进而，一定存在常数 $\lambda_i > 0$，使得

$$\mathbb{L}V(x(t), i) \leqslant -\lambda_i x^{\mathrm{T}}(t)x(t) \quad (3.12)$$

接下来考虑脉冲不确定广义 Markov 跳变系统（3.6）在切换点 t_k 处的情况。由方程（3.6）可知，在混杂脉冲控制器（3.5）的作用下，系统（3.1）的状态 $x(t)$ 在 t_k 时刻由 $x(t_k^-)$ 跳变到了 $x(t_k^+)$。根据引理 2.2，有

$$\begin{aligned}
V(t_k^+) &= x^{\mathrm{T}}(t_k^+)P(r(t_k))x(t_k^+) \\
&= x^{\mathrm{T}}(t_k)[I + E_{ci}^{-1}(B_i + \Delta B_i)G_i]^{\mathrm{T}} P(r(t_k))[I + E_{ci}^{-1}(i)(B_i + \Delta B_i)G_i]x(t_k) \\
&\leqslant \lambda_{\max}\{P^{-1}(r(t_k^-))[I + E_{ci}^{-1}(i)(B_i + \Delta B_i)G_i]^{\mathrm{T}} P(r(t_k)) \times \\
&\quad [I + E_{ci}^{-1}(i)(B_i + \Delta B_i)G_i]\}x^{\mathrm{T}}(t_k)P(r(t_k^-))x(t_k) \\
&= \beta_k V(t_k^-)
\end{aligned} \quad (3.13)$$

根据 Dynkin 公式，对于 $T \in (t_k, t_{k+1}]$，有

$$\begin{aligned}
\mathbb{E}\left[\int_{t_0}^{T} \mathbb{L}V(x(t), r(t))\mathrm{d}t\right] &= \mathbb{E}\left[\int_{t_0^+}^{t_1} \mathbb{L}V(x(t), r(t))\mathrm{d}t\right] + \mathbb{E}\left[\int_{t_1^+}^{t_2} \mathbb{L}V(x(t), r(t))\mathrm{d}t\right] \\
&\quad + \cdots + \mathbb{E}\left[\int_{t_k^+}^{T} \mathbb{L}V(x(t), r(t))\mathrm{d}t\right] \\
&= \mathbb{E}[V(t_1) - V(t_0^+) + V(t_2) - V(t_1^+) + \cdots + V(T) - V(t_k^+)] \\
&= \mathbb{E}\left[-V(t_0^+) + \sum_{j=1}^{k}(V(t_j^-) - V(t_j^+)) + V(T)\right] \\
&\geqslant \mathbb{E}\left[-V(t_0^+) + \sum_{j=1}^{k}(1 - \beta_j)V(t_j^-) + V(T)\right]
\end{aligned}$$

$$(3.14)$$

进而，由式（3.9）、式（3.12）和式（3.13），可得

$$\lim_{T \to \infty} V(T) = 0 \tag{3.15}$$

由于对于所有的 $k = 1, 2, \cdots$，$0 < \beta_k \leqslant 1$，有

$$\lim_{k \to \infty} \sum_{j=1}^{k} (1 - \beta_j) V(t_j^-) \geqslant 0$$

结合式（3.12）和式（3.15），有

$$\lim_{T \to \infty} \min_{i \in S} \{\lambda_i\} \mathbb{E}\left[\int_{t_0}^{T} x^{\mathrm{T}}(s) x(s) \mathrm{d}s \mid x_0, r_0 \right] \leqslant \mathbb{E}[V(x_0, r_0)]$$

从而

$$\mathbb{E}\left[\int_{t_0}^{\infty} \| x(t) \|^2 \, \mathrm{d}t \mid x_0, r_0 \right] \leqslant M(x_0, r_0)$$

其中，$M(x_0, r_0) = \mathbb{E}[V(x_0, r_0)] / \min_{i \in S} \{\lambda_i\}$，故系统（3.6）鲁棒随机稳定。

另一方面，定义

$$J(\tau) = \mathbb{E}\left\{ \int_0^{\tau} [z^{\mathrm{T}}(t) Q z(t) + 2 z^{\mathrm{T}}(t) S \omega(t) + \omega^{\mathrm{T}}(t) R \omega(t)] \right\} \mathrm{d}t$$

由式（3.10）可知

$$\mathbb{L}V(x(t), r(t)) - z^{\mathrm{T}}(t) Q z(t) - 2 z^{\mathrm{T}}(t) S \omega(t) - \omega^{\mathrm{T}}(t) R \omega(t) < 0 \tag{3.16}$$

类似于上面的证明过程，在零初始条件下，即 $x_0 = 0$ 时，有 $J(\tau) > 0$。进而，存在一个足够小的常数 $\alpha > 0$，使得

$$J(\tau) \geqslant \alpha \mathbb{E}\left\{ \int_0^{\tau} \omega^{\mathrm{T}}(t) R \omega(t) \mathrm{d}t \right\}$$

根据定义 3.2，闭环系统（3.6）严格 (Q, S, R) 耗散。

证毕。

从定理 3.1 的证明过程可以看出，在混杂脉冲控制器（3.5）的作用下，依赖于系统模态的 Lyapunov 函数在每个子系统被激活的区间单调递减，并且在切换点处单调非增。因此，闭环系统的鲁棒随机稳定性和严格 (Q, S, R) 耗散性得到了保证。与第二章相同的是，本章提出的混杂脉冲比例导数状态反馈方法不仅可以应用于不确定广义 Markov 跳变系统，也可以应用到一类更广泛的切换广义系统。当系统依赖于时间在若干个广义子系统之间切换时，本章的控制方法可以平行推广到这类切换广义系统中。

3.3.2 严格(Q,S,R)耗散混杂脉冲控制器的设计

接下来将着手系统（3.1）严格 (Q,S,R) 耗散混杂脉冲控制器的设计。由定理 3.1 很难得到求解鲁棒正常化严格 (Q,S,R) 耗散混杂脉冲控制器（3.5）的可行方法。通过引入适当的合同变换和自由权矩阵方法，可以得到定理 3.1 的等价结果。

定理 3.2 给定实矩阵 Q、S、R 且 Q、R 对称，如果存在矩阵 $X_i > 0$，H_i、Y_i、Z_i、L_i、$\overline{W}_i = \overline{W}_i^{\mathrm{T}}$、$\overline{T}_i > 0$、$V_i > 0$ 和常数 $\delta_{1i} > 0$、$\delta_{2i} > 0$，使得下列不等式对于所有 $i,j \in S$ 和 $i \neq j$ 成立

$$\begin{bmatrix} \Omega_{11i} + \delta_{1i}M_iM_i^{\mathrm{T}} & \Omega_{12i} & \Omega_{13i} & \Omega_{14i} & \Omega_{15i} \\ * & \Omega_{22i} & 0 & 0 & \Omega_{25i} \\ * & * & \Omega_{33i} & 0 & \Omega_{35i} \\ * & * & * & \Omega_{44i} & \Omega_{45i} \\ * & * & * & * & -\delta_{1i}I \end{bmatrix} < 0 \qquad (3.17)$$

$$\begin{bmatrix} \Theta_{11i} & \Theta_{12i} & \overline{W}_i & X_iC_i^{\mathrm{T}}Q_-^{\frac{1}{2}} \\ * & \Theta_{22i} & 0 & 0 \\ * & * & -\overline{T}_i & 0 \\ * & * & * & -I \end{bmatrix} < 0 \qquad (3.18)$$

$$\begin{bmatrix} -X_i + \overline{W}_i & X_i \\ * & -X_j \end{bmatrix} \leqslant 0 \qquad (3.19)$$

$$\begin{bmatrix} \Phi_{11i} & \Phi_{12i} & \Phi_{13i} \\ * & \Phi_{22i} + \delta_{2i}M_iM_i^{\mathrm{T}} & \Phi_{23i} \\ * & * & -\delta_{2i}I \end{bmatrix} \leqslant 0 \qquad (3.20)$$

则控制器（3.5）是系统（3.1）的一个鲁棒正常化严格 (Q,S,R) 耗散混杂脉冲控制器。其中

$$\Omega_{11i} = A_iH_i + B_iY_i + (A_iH_i + B_iY_i)^{\mathrm{T}}$$

$$\Omega_{12i} = A_iH_i + B_iY_i + E_iX_i + B_iZ_i - H_i^{\mathrm{T}}$$

$$\Omega_{13i} = B_{\omega i} - (E_iX_i + B_iZ_i)C_i^{\mathrm{T}}S - (E_iX_i + B_iZ_i)C_i^{\mathrm{T}}QD_i$$

$$\Omega_{14i} = E_i X_i + B_i Z_i, \quad \Omega_{15i} = (N_{ai} H_i + N_{bi} Y_i)^{\mathrm{T}}, \quad \Omega_{22i} = -H_i - H_i^{\mathrm{T}}$$

$$\Omega_{25i} = (N_{ai} H_i + N_{bi} Y_i + N_{ei} X_i + N_{bi} Z_i)^{\mathrm{T}}$$

$$\Omega_{33i} = -R - D_i^{\mathrm{T}} S - S^{\mathrm{T}} D_i - D_i^{\mathrm{T}} Q D_i$$

$$\Omega_{35i} = -S^{\mathrm{T}} C_i (N_{ei} X_i + N_{bi} Z_i)^{\mathrm{T}} - D_i^{\mathrm{T}} Q C_i (N_{ei} X_i + N_{bi} Z_i)^{\mathrm{T}}$$

$$\Omega_{44i} = -X_i - X_i^{\mathrm{T}} + V_i, \quad \Omega_{45i} = (N_{ei} X_i + N_{bi} Z_i)^{\mathrm{T}}$$

$$\Theta_{11i} = -V_i + 0.25 \varepsilon_{ii}^2 \overline{T}_i + \varepsilon_{ii} \overline{W}_i + \alpha_{ii} X_i$$

$$\Theta_{12i} = [\sqrt{\alpha_{i1}} X_i \cdots \sqrt{\alpha_{i(i-1)}} X_i \sqrt{\alpha_{i(i+1)}} X_i \cdots \sqrt{\alpha_{iN}} X_i]$$

$$\Theta_{22i} = -\mathrm{diag}\{X_1, \cdots, X_{i-1}, X_{i+1}, \cdots, X_N\}$$

$$\Phi_{11i} = -X_i - X_i^{\mathrm{T}} + X_j, \quad \Phi_{12i} = -(E_i X_i + B_i Z_i + B_i L_i)^{\mathrm{T}}$$

$$\Phi_{13i} = -(N_{ei} X_i + N_{bi} Z_i + N_{bi} L_i)^{\mathrm{T}}$$

$$\Phi_{22i} = -(E_i X_i + B_i Z_i) - (E_i X_i + B_i Z_i)^{\mathrm{T}} + X_i, \quad \Phi_{23i} = -(N_{ei} X_i + N_{bi} Z_i)^{\mathrm{T}}$$

此时，脉冲比例导数反馈严格耗散控制器（3.5）的增益矩阵可取为

$$K_{ai} = Y_i H_i^{-1}, \quad K_{ei} = Z_i X_i^{-1}, \quad G_i = L_i X_i^{-1} \tag{3.21}$$

证明 由定理 3.1 可知，系统（3.1）存在一个鲁棒正常化严格 (Q, S, R) 耗散混杂脉冲控制器（3.5）的充分条件是存在矩阵 $P_i > 0$，使得闭环系统（3.6）中的导数项矩阵 E_{ci} 可逆且不等式（3.8）和不等式（3.9）对于每一个 $i \in S$ 和 $k = 1, 2, \cdots$ 成立。令 $X_i = P_i^{-1}$，则不等式（3.8）等价于

$$\begin{bmatrix} E_{ci} X_i A_{ci}^{\mathrm{T}} + A_{ci} X_i E_{ci}^{\mathrm{T}} + E_{ci} X_i (X_i V_i^{-1} X_i)^{-1} X_i E_{ci}^{\mathrm{T}} & B_{\omega i} - E_{ci} X_i (C_i^{\mathrm{T}} S + C_i^{\mathrm{T}} Q D_i) \\ * & -R - D_i^{\mathrm{T}} S - S^{\mathrm{T}} D_i - D_i^{\mathrm{T}} Q D_i \end{bmatrix} < 0 \tag{3.22}$$

$$X_i \sum_{j=1}^{N} \tilde{\pi}_{ij} P_j X_i - X_i C_i^{\mathrm{T}} Q C_i X_i - V_i \leqslant 0 \tag{3.23}$$

由不等式（3.22）和 $V_i > 0$ 可得，矩阵 E_{ci} 可逆。在不等式

$$\begin{bmatrix} A_{ci} H_i + H_i^{\mathrm{T}} A_{ci}^{\mathrm{T}} & A_{ci} H_i + E_{ci} X_i - H_i^{\mathrm{T}} & B_{\omega i} - E_{ci} X_i (C_i^{\mathrm{T}} S + C_i^{\mathrm{T}} Q D_i) & E_{ci} X_i \\ * & -H_i - H_i^{\mathrm{T}} & 0 & 0 \\ * & * & -R - D_i^{\mathrm{T}} S - S^{\mathrm{T}} D_i - D_i^{\mathrm{T}} Q D_i & 0 \\ * & * & * & -X_i V_i^{-1} X_i \end{bmatrix} < 0$$

$$\tag{3.24}$$

的左右两边分别乘以矩阵 $\begin{bmatrix} I & A_{ci} & 0 & 0 \\ 0 & 0 & I & 0 \\ 0 & 0 & 0 & I \end{bmatrix}$ 及其转置，则不等式（3.22）成立。由

式（3.21），显然有

$$Y_i = K_{ai}H_i, \quad Z_i = K_{ei}X_i \tag{3.25}$$

根据 Schur 补性质和引理 2.3，考虑到式（3.25）并将式（3.3）代入到不等式（3.24），则条件式（3.17）意味着式（3.24）成立，因为

$$-X_i V_i^{-1} X_i \leqslant -X_i - X_i^{\mathrm{T}} + V_i$$

恒成立。

从式（3.23）可以看出，$X_i \sum\limits_{j=1}^{N} \tilde{\pi}_{ij} P_j X_i$ 是含有未知转移概率的非线性项，无法直接利用矩阵不等式技术求解。接下来处理模态转移速率中的不确定项。

在条件（3.4）的前提下，类似于文献[60]，对于任意适当的对称矩阵 $W_i = W_i^{\mathrm{T}}$，总有

$$\sum_{j=1}^{N} (\Delta\pi_{ij} + \varepsilon_{ij}) W_i \equiv 0$$

进而

$$X_i \sum_{j=1}^{N} \tilde{\pi}_{ij} P_j X_i = \alpha_{ii} X_i + \varepsilon_{ii} X_i W_i X_i + \Delta\pi_{ii} X_i W_i X_i + X_i \sum_{j=1, j\neq i}^{N} \alpha_{ij} P_j X_i +$$

$$\sum_{j=1, j\neq i}^{N} (\Delta\pi_{ij} + \varepsilon_{ij}) X_i (P_j - P_i + W_i) X_i$$

注意到对于任意正定矩阵 $T_i > 0$，有

$$\Delta\pi_{ii} W_i \leqslant 0.25(\Delta\pi_{ii})^2 T_i + W_i T_i^{-1} W_i \leqslant 0.25\varepsilon_{ii}^2 T_i + W_i T_i^{-1} W_i \tag{3.26}$$

考虑到式（3.26），令 $\overline{W}_i \triangleq X_i W_i X_i$，$\overline{T}_i \triangleq X_i T_i X_i$。根据 Schur 补引理，条件（3.18）和条件（3.19）意味着不等式（3.23）成立，因为 $\Delta\pi_{ij} + \varepsilon_{ij} \geqslant 0$ 对于 $\forall j \neq i \in S$ 均成立。

另一方面，定理 3.1 中的条件（3.9）等价于

$$\begin{bmatrix} P_j & (I + E_{ci}^{-1}(B_i + \Delta B_i)G_i)^{\mathrm{T}} \\ * & P_i^{-1} \end{bmatrix} \geqslant 0 \tag{3.27}$$

式中，$i, j \in S$, $i \neq j$。在不等式（3.27）的左右两边分别乘以矩阵 $\begin{bmatrix} X_i^{\mathrm{T}} & 0 \\ 0 & E_{ci} \end{bmatrix}$ 及其

转置，则

$$\begin{bmatrix} -X_i^{\mathrm{T}} P_j X_i & -X_i^{\mathrm{T}} E_{ci}^{\mathrm{T}} - X_i^{\mathrm{T}} G_i^{\mathrm{T}} (B_i + \Delta B_i)^{\mathrm{T}} \\ * & -E_{ci} X_i E_{ci}^{\mathrm{T}} \end{bmatrix} \leqslant 0 \qquad (3.28)$$

令 $L_i = G_i X_i$，根据 Schur 补性质和引理 2.3，并将式（3.3）代入到不等式（3.28），则条件（3.20）意味着式（3.9）成立，因为下列不等式

$$-X_i^{\mathrm{T}} P_j X_i \leqslant -X_i^{\mathrm{T}} - X_i + X_j$$

$$-E_{ci} X_i E_{ci}^{\mathrm{T}} \leqslant -E_{ci} X_i - X_i^{\mathrm{T}} E_{ci}^{\mathrm{T}} + X_i$$

恒成立。

证毕。

在定理 3.2 中，定理 3.1 的两个条件式（3.8）和式（3.9）被转化成了可行的矩阵不等式条件（3.17）～（3.20）。从证明过程中可以看出，严格 (Q, S, R) 耗散混杂脉冲控制器中比例导数反馈部分和脉冲反馈部分的增益矩阵可以同时被设计出来。而在文献[84-86,88-91]中，脉冲反馈的增益矩阵都是提前给定的。因此，本章所给的方法能够提供更大的设计自由度，并在某种程度上降低保守性。

当 $Q = -I$、$S = 0$、$R = \gamma^2 I$ 时，定理 3.2 退化为不确定广义 Markov 系统（3.1）H_∞ 性能的相关结果。利用定理 3.2，可以得到比文献[90]更小的 H_∞ 性能指标下界。不仅如此，当系统矩阵中的参数值很大时，本章所提方法仍然有效。这将体现在下文的例 3.2 中。

下面给出定理 3.2 的几个特例。首先考虑严格 (Q, S, R) 耗散混杂脉冲控制器中不包含比例反馈的情况。

从式（3.21）可以看出，如果 $Y_i = 0$，则有 $K_{ai} = 0$。故可以得到如下结论。

推论 3.1 给定实矩阵 Q、S、R 且 Q、R 对称，如果存在矩阵 $X_i > 0$，H_i、Z_i、L_i、$\bar{W}_i = \bar{W}_i^{\mathrm{T}}$、$\bar{T}_i > 0$、$V_i > 0$ 和常数 $\delta_{1i} > 0$、$\delta_{2i} > 0$，使得下列不等式对于所有 $i, j \in S$ 和 $i \neq j$ 成立

$$\begin{bmatrix} \tilde{\Omega}_{11i} + \delta_{1i} M_i M_i^{\mathrm{T}} & \tilde{\Omega}_{12i} & \Omega_{13i} & \Omega_{14i} & \tilde{\Omega}_{15i} \\ * & \Omega_{22i} & 0 & 0 & \tilde{\Omega}_{25i} \\ * & * & \Omega_{33i} & 0 & \Omega_{35i} \\ * & * & * & \Omega_{44i} & \Omega_{45i} \\ * & * & * & * & -\delta_{1i} I \end{bmatrix} < 0 \qquad (3.29)$$

$$\begin{bmatrix} \Theta_{11i} & \Theta_{12i} & \overline{W}_i & X_i C_i^{\mathrm{T}} Q_-^{\frac{1}{2}} \\ * & \Theta_{22i} & 0 & 0 \\ * & * & -\overline{T}_i & 0 \\ * & * & * & -I \end{bmatrix} < 0 \qquad (3.30)$$

$$\begin{bmatrix} -X_i + \overline{W}_i & X_i \\ * & -X_j \end{bmatrix} \leqslant 0 \qquad (3.31)$$

$$\begin{bmatrix} \Phi_{11i} & \Phi_{12i} & \Phi_{13i} \\ * & \Phi_{22i} + \delta_{2i} M_i M_i^{\mathrm{T}} & \Phi_{23i} \\ * & * & -\delta_{2i} I \end{bmatrix} \leqslant 0 \qquad (3.32)$$

则控制器（3.5）是系统（3.1）的一个鲁棒正常化严格 (Q,S,R) 耗散混杂脉冲控制器。其中

$$\tilde{\Omega}_{11i} = A_i H_i + H_i^{\mathrm{T}} A_i^{\mathrm{T}}, \quad \tilde{\Omega}_{12i} = A_i H_i + E_i X_i + B_i Z_i - H_i^{\mathrm{T}}$$

$$\tilde{\Omega}_{15i} = H_i^{\mathrm{T}} N_{ai}^{\mathrm{T}}, \quad \tilde{\Omega}_{25i} = (N_{ai} H_i + N_{ei} X_i + N_{bi} Z_i)^{\mathrm{T}}$$

其他分块矩阵同定理 3.2。此时，脉冲比例导数反馈严格耗散控制器（3.5）的增益矩阵可取为

$$K_{ai} = 0, \quad K_{ei} = Z_i X_i^{-1}, \quad G_i = L_i X_i^{-1}$$

当不确定广义 Markov 跳变系统（3.1）的导数项矩阵满秩时，无需再设计混杂脉冲控制器（3.5）中的导数反馈部分。这时，控制器（3.5）变为一类脉冲比例状态反馈控制器。

从式（3.21）可以看出，$K_{ei} = 0$ 当且仅当 $Z_i = 0$。因此，在 $\mathrm{rank}(E(r(t)) + \Delta E(r(t))) = n$ 的情况下，可以得到以下结论。

推论 3.2 给定实矩阵 Q、S、R 且 Q、R 对称，在 $\mathrm{rank}(E(r(t)) + \Delta E(r(t))) = n$（$n$ 为系统维数）的前提下，如果存在矩阵 $X_i > 0$，Y_i、H_i、L_i、$\overline{W}_i = \overline{W}_i^{\mathrm{T}}$、$\overline{T}_i > 0$、

$V_i > 0$ 和常数 $\delta_{1i} > 0$、$\delta_{2i} > 0$，使得下列不等式对于所有 $i, j \in S$ 和 $i \neq j$ 成立

$$\begin{bmatrix} \Omega_{11i} + \delta_{1i}M_iM_i^{\mathrm{T}} & \hat{\Omega}_{12i} & \hat{\Omega}_{13i} & \hat{\Omega}_{14i} & \Omega_{15i} \\ * & \Omega_{22i} & 0 & 0 & \hat{\Omega}_{25i} \\ * & * & \Omega_{33i} & 0 & \hat{\Omega}_{35i} \\ * & * & * & \Omega_{44i} & \hat{\Omega}_{45i} \\ * & * & * & * & -\delta_{1i}I \end{bmatrix} < 0 \tag{3.33}$$

$$\begin{bmatrix} \Theta_{11i} & \Theta_{12i} & \overline{W}_i & X_iC_i^{\mathrm{T}}Q^{\frac{1}{2}} \\ * & \Theta_{22i} & 0 & 0 \\ * & * & -\overline{T}_i & 0 \\ * & * & * & -I \end{bmatrix} < 0 \tag{3.34}$$

$$\begin{bmatrix} -X_i + \overline{W}_i & X_i \\ * & -X_j \end{bmatrix} \leqslant 0 \tag{3.35}$$

$$\begin{bmatrix} \Phi_{11i} & \hat{\Phi}_{12i} & \hat{\Phi}_{13i} \\ * & \hat{\Phi}_{22i} + \delta_{2i}M_iM_i^{\mathrm{T}} & \hat{\Phi}_{23i} \\ * & * & -\delta_{2i}I \end{bmatrix} \leqslant 0 \tag{3.36}$$

则控制器（3.5）是系统（3.1）的一个鲁棒正常化严格 (Q, S, R) 耗散混杂脉冲控制器。其中

$$\hat{\Omega}_{12i} = A_iH_i + B_iY_i + E_iX_i - H_i^{\mathrm{T}}, \quad \hat{\Omega}_{13i} = B_{\omega i} - E_iX_iC_i^{\mathrm{T}}S - E_iX_iC_i^{\mathrm{T}}QD_i$$

$$\hat{\Omega}_{14i} = E_iX_i, \quad \hat{\Omega}_{25i} = (N_{ai}H_i + N_{bi}Y_i + N_{ei}X_i)^{\mathrm{T}}$$

$$\hat{\Omega}_{35i} = -S^{\mathrm{T}}C_iX_iN_{ei}^{\mathrm{T}} - D_i^{\mathrm{T}}QC_iX_iN_{ei}^{\mathrm{T}}, \quad \hat{\Omega}_{45i} = X_iN_{ei}^{\mathrm{T}}$$

$$\hat{\Phi}_{12i} = -(E_iX_i + B_iL_i)^{\mathrm{T}}, \quad \hat{\Phi}_{13i} = -(N_{ei}X_i + N_{bi}L_i)^{\mathrm{T}}$$

$$\hat{\Phi}_{22i} = -E_iX_i - X_iE_i^{\mathrm{T}} + X_i, \quad \hat{\Phi}_{23i} = -X_iN_{ei}^{\mathrm{T}}$$

其他分块矩阵同定理 3.2。此时，脉冲比例导数反馈严格耗散控制器（3.5）的增益矩阵可取为

$$K_{ai} = Y_iH_i^{-1}, \quad K_{ei} = 0, \quad G_i = L_iX_i^{-1}$$

当 $E(r(t)) = I$、$\Delta E(r(t)) = 0$，即 $N_e(r(t)) = 0$ 时，条件 $\mathrm{rank}(E(r(t)) + \Delta E(r(t)))$ $= n$ 显然成立。这时，推论 3.2 即为正常状态空间的相关结果。对于非奇异 Markov 跳变系统，不论混杂脉冲控制器（3.5）中是否包含导数反馈部分都能

使得闭环系统正常化（即 $K_{ei} \neq 0$ 或 $K_{ei} = 0$）。值得指出的是，如果在控制器（3.5）中添加导数反馈部分，H_∞ 性能指标的下界 γ_{min} 将会减小。这将体现在下一节的例 3.2 中。

当不确定广义 Markov 跳变系统（3.1）的转移概率矩阵完全已知，即 $\Delta\pi_{ij} = 0$（$\forall i, j \in S$）时，可以得到如下结论。

推论 3.3 给定实矩阵 Q、S、R 且 Q、R 对称，如果存在矩阵 $X_i > 0$，H_i、Y_i、Z_i、L_i、$V_i > 0$ 和常数 $\delta_{1i} > 0$、$\delta_{2i} > 0$，使得下列不等式对于所有 $i, j \in S$ 和 $i \neq j$ 成立

$$
\begin{bmatrix}
\Omega_{11i} + \delta_{1i} M_i M_i^{\mathrm{T}} & \Omega_{12i} & \Omega_{13i} & \Omega_{14i} & \Omega_{15i} \\
* & \Omega_{22i} & 0 & 0 & \Omega_{25i} \\
* & * & \Omega_{33i} & 0 & \Omega_{35i} \\
* & * & * & \Omega_{44i} & \Omega_{45i} \\
* & * & * & * & -\delta_{1i} I
\end{bmatrix} < 0 \tag{3.37}
$$

$$
\begin{bmatrix}
\overline{\Theta}_{11i} & \overline{\Theta}_{12i} & X_i C_i^{\mathrm{T}} Q_-^{\frac{1}{2}} \\
* & \Theta_{22i} & 0 \\
* & * & -I
\end{bmatrix} < 0 \tag{3.38}
$$

$$
\begin{bmatrix}
\Phi_{11i} & \Phi_{12i} & \Phi_{13i} \\
* & \Phi_{22i} + \delta_{2i} M_i M_i^{\mathrm{T}} & \Phi_{23i} \\
* & * & -\delta_{2i} I
\end{bmatrix} \leqslant 0 \tag{3.39}
$$

则控制器（3.5）是系统（3.1）的一个鲁棒正常化严格 (Q, S, R) 耗散混杂脉冲控制器。其中

$$
\overline{\Theta}_{11i} = -V_i + \pi_{ii} X_i
$$

$$
\overline{\Theta}_{12i} = [\sqrt{\pi_{i1}} X_i \cdots \sqrt{\pi_{i(i-1)}} X_i \sqrt{\pi_{i(i+1)}} X_i \cdots \sqrt{\pi_{iN}} X_i]
$$

其他分块矩阵同定理 3.2。此时，脉冲比例导数反馈严格耗散控制器（3.5）的增益矩阵可取为

$$
K_{ai} = Y_i H_i^{-1}, \quad K_{ei} = Z_i X_i^{-1}, \quad G_i = L_i X_i^{-1}
$$

3.4 仿真算例

本节利用三个仿真算例来说明本章所提严格 (Q, S, R) 耗散混杂脉冲控制器设计方法的有效性，并将所提的新方法与文献[90]中的方法进行比较。利用仿真结果说明利用混杂脉冲控制策略能够得到较小的 H_∞ 性能指标下界。最后将提出的混杂脉冲控制策略应用到一类随机切换 RC 脉冲分压电路中，验证其在实际问题中的可行性。

例 3.1 考虑在两个子系统之间随机切换的不确定广义 Markov 跳变系统（3.1），其中

$$E_1 = \begin{bmatrix} 1 & 0 & 0 \\ 0 & 1 & 0 \\ 0 & 0 & 0 \end{bmatrix}, \ A_1 = \begin{bmatrix} -2.4 & 0.3 & 0 \\ 1 & -2 & -0.1 \\ 1.2 & 2.5 & -1 \end{bmatrix}, \ B_1 = \begin{bmatrix} 0.5 & 0 \\ 0 & 1 \\ 1 & -0.2 \end{bmatrix}$$

$$B_{\omega 1} = \begin{bmatrix} 1 & 0.3 \\ 0.2 & 2 \\ 0 & -0.5 \end{bmatrix}, \ C_1 = \begin{bmatrix} 1 & 0.2 & 0 \\ 0 & 0.1 & 0.5 \end{bmatrix}, \ D_1 = \begin{bmatrix} 0.7 & 0 \\ 0 & 0.1 \end{bmatrix}$$

$$E_2 = \begin{bmatrix} 0 & 0 & 0 \\ 0 & 1 & 0 \\ 0 & 0 & 1 \end{bmatrix}, \ A_2 = \begin{bmatrix} -1 & 0.8 & 0 \\ -0.3 & -1.5 & -0.5 \\ 0.1 & 0 & 1.2 \end{bmatrix}, \ B_2 = \begin{bmatrix} 1 & 0 \\ 0 & 0.5 \\ -1 & -0.7 \end{bmatrix}$$

$$B_{\omega 2} = \begin{bmatrix} 0.1 & -1 \\ 0.5 & 1 \\ 0.1 & 0 \end{bmatrix}, \ C_2 = \begin{bmatrix} 0.1 & 0 & 1 \\ -1 & 0 & 0.3 \end{bmatrix}, \ D_2 = \begin{bmatrix} 0.1 & 0 \\ 0 & 0.2 \end{bmatrix}$$

系统具有范数有界且满足式（3.3）的不确定性，具体参数为

$$M_1 = \begin{bmatrix} 0.3 & 0.4 & 0.3 \end{bmatrix}^{\mathrm{T}}, \ N_{e1} = \begin{bmatrix} 0.7 & 0.7 & 0.2 \end{bmatrix}$$

$$N_{a1} = \begin{bmatrix} 0.2 & 0.4 & 0.3 \end{bmatrix}, \ N_{b1} = \begin{bmatrix} 0.5 & 0.2 \end{bmatrix}$$

$$M_2 = \begin{bmatrix} 0.3 & 0.4 & 0.3 \end{bmatrix}^{\mathrm{T}}, \ N_{e2} = \begin{bmatrix} 0.3 & 0.2 & 0.2 \end{bmatrix}$$

$$N_{a2} = \begin{bmatrix} 0.3 & 0.5 & 0.2 \end{bmatrix}, \ N_{b2} = \begin{bmatrix} 0.3 & 0.3 \end{bmatrix}$$

且不确定时变矩阵为 $F(t) = \sin t$。显然，$\mathrm{rank}(E_i + \Delta E_i) \neq 3$（3 为系统维数）($i = 1, 2$)，即原系统是一个奇异系统而非正常系统。模态转移速率为 $\pi_{11} = -5$，$\pi_{22} = -7$，其中的不确定转移速率分别满足式 $|\Delta\pi_{12}| \leqslant \varepsilon_{12} \triangleq 0.5\pi_{12}$ 和式 $|\Delta\pi_{21}| \leqslant \varepsilon_{21} \triangleq 0.5\pi_{21}$。

接下来为上述系统设计一个鲁棒正常化严格 (Q,S,R) 耗散混杂脉冲控制器。当二次型供给率（3.7）中的矩阵 Q、S、R 取不同值时，可以分别得到系统严格 (Q,S,R) 耗散、无源和 H_∞ 性能的相关结论。

（1）当 $Q = -\begin{bmatrix} 0.25 & 0 \\ 0 & 0.25 \end{bmatrix}$、$S = \begin{bmatrix} 0.5 & 0.3 \\ 0.4 & 0.6 \end{bmatrix}$、$R = \begin{bmatrix} 4 & 0 \\ 0 & 4 \end{bmatrix}$ 时，定理 3.2 为不确定广义 Markov 跳变系统（3.1）严格 (Q,S,R) 耗散的相关结论。通过求解定理 3.2 中的矩阵不等式（3.17）～（3.20），能够得到系统（3.1）的一个鲁棒正常化严格 (Q,S,R) 耗散混杂脉冲控制器。此时，控制器（3.5）的增益矩阵为

$$K_{a1} = \begin{bmatrix} -33.2828 & -13.9154 & -1.1899 \\ 13.9184 & 6.2929 & 0.7381 \end{bmatrix}, \quad K_{e1} = \begin{bmatrix} -0.0407 & -0.3504 & -2.2598 \\ -1.1444 & 0.3240 & 3.6032 \end{bmatrix}$$

$$G_1 = \begin{bmatrix} -0.1331 & 0.2925 & 2.4314 \\ 1.2273 & -0.3687 & -2.2782 \end{bmatrix}$$

$$K_{a2} = \begin{bmatrix} -0.5849 & -0.8253 & 2.9985 \\ 0.9213 & 1.1796 & -0.7385 \end{bmatrix}, \quad K_{e2} = \begin{bmatrix} -1.9148 & 0.0524 & 2.1357 \\ 2.8564 & 0.1112 & -1.5360 \end{bmatrix}$$

$$G_2 = \begin{bmatrix} 1.4853 & -0.1131 & -1.8612 \\ -1.3213 & 0.1481 & 2.0138 \end{bmatrix}$$

（2）当 $Q = \begin{bmatrix} 0 & 0 \\ 0 & 0 \end{bmatrix}$，$S = \begin{bmatrix} 1 & 0 \\ 0 & 1 \end{bmatrix}$，$R = \begin{bmatrix} 0 & 0 \\ 0 & 0 \end{bmatrix}$ 时，定理 3.2 退化为不确定广义 Markov 跳变系统（3.1）无源性的相关结论。通过求解定理 3.2 中的矩阵不等式（3.17）～（3.20），能够得到系统（3.1）的一个鲁棒正常化无源混杂脉冲控制器。此时，控制器（3.5）的增益矩阵为

$$K_{a1} = \begin{bmatrix} -7.9214 & -3.4321 & -1.7951 \\ 4.3550 & 2.0304 & 1.4676 \end{bmatrix}, \quad K_{e1} = \begin{bmatrix} -0.2595 & 0.2294 & -1.4956 \\ 0.1604 & -1.0342 & -0.9236 \end{bmatrix}$$

$$G_1 = \begin{bmatrix} 0.4638 & -0.2352 & 2.1533 \\ -2.5020 & 0.5358 & 1.7436 \end{bmatrix}$$

$$K_{a2} = \begin{bmatrix} -0.4952 & -0.6454 & 2.3214 \\ 0.7892 & 0.9411 & 0.1132 \end{bmatrix}, \quad K_{e2} = \begin{bmatrix} -1.6779 & -0.0534 & -1.2032 \\ 2.3873 & 0.1223 & 1.2495 \end{bmatrix}$$

$$G_2 = \begin{bmatrix} 1.2688 & -0.0887 & 2.6902 \\ -1.6182 & 0.0665 & -2.6722 \end{bmatrix}$$

（3）当 $Q = -\begin{bmatrix} 1 & 0 \\ 0 & 1 \end{bmatrix}$，$S = \begin{bmatrix} 0 & 0 \\ 0 & 0 \end{bmatrix}$，$R = \gamma^2 \begin{bmatrix} 1 & 0 \\ 0 & 1 \end{bmatrix}$ 时，定理 3.2 退化为不确定广义 Markov 跳变系统（3.1）H_∞ 性能的相关结论。通过求解定理 3.2 中的矩阵不等式（3.17）～（3.20），能够得到系统（3.1）的一个鲁棒正常化 H_∞ 混杂脉冲控制器。此时，H_∞ 性能指标的下界为 $\gamma_{\min} = 2.4201$，控制器（3.5）的增益矩阵为

$$K_{a1} = \begin{bmatrix} -38.5936 & -15.7569 & -1.7498 \\ 17.0684 & 7.4069 & 1.1101 \end{bmatrix}, \quad K_{e1} = \begin{bmatrix} 0.0021 & -0.3840 & -2.6045 \\ -1.0814 & 0.4344 & 4.6426 \end{bmatrix}$$

$$G_1 = \begin{bmatrix} 0.0480 & 0.2981 & 2.7602 \\ 0.5877 & -0.3881 & -3.3363 \end{bmatrix}$$

$$K_{a2} = \begin{bmatrix} -0.5133 & -0.6656 & 2.4296 \\ 0.8377 & 0.9613 & -0.1386 \end{bmatrix}, \quad K_{e2} = \begin{bmatrix} -2.2643 & 0.1738 & 2.9931 \\ 3.3867 & -0.0168 & -2.6657 \end{bmatrix}$$

$$G_2 = \begin{bmatrix} 1.2721 & -0.2121 & -2.0723 \\ -0.7613 & 0.2215 & 1.7328 \end{bmatrix}$$

（4）如果转移概率矩阵 $\tilde{\Pi}$ 完全已知，即 $\Delta\pi_{12} = \Delta\pi_{21} = 0$，则可以利用推论

3.3 求解严格 (Q, S, R) 耗散混杂脉冲控制器（3.5）。当 $Q = -\begin{bmatrix} 0.25 & 0 \\ 0 & 0.25 \end{bmatrix}$，

$S = \begin{bmatrix} 0.5 & 0.3 \\ 0.4 & 0.6 \end{bmatrix}$，$R = \begin{bmatrix} 4 & 0 \\ 0 & 4 \end{bmatrix}$ 时，可以计算出控制器（3.5）的增益矩阵

$$K_{a1} = \begin{bmatrix} -13.2887 & -4.4116 & -0.8934 \\ 0.4821 & 0.0671 & 0.3870 \end{bmatrix}, \quad K_{e1} = \begin{bmatrix} -0.1549 & -0.3150 & -1.9487 \\ -0.8221 & 0.2037 & 2.7388 \end{bmatrix}$$

$$G_1 = \begin{bmatrix} -0.0529 & 0.2632 & 2.1267 \\ 0.8997 & -0.3646 & -1.5506 \end{bmatrix}$$

$$K_{a2} = \begin{bmatrix} -0.6192 & -1.1280 & 2.0506 \\ 1.1197 & 1.6305 & 1.6277 \end{bmatrix}, \quad K_{e2} = \begin{bmatrix} -1.5475 & -0.0863 & 0.4236 \\ 2.3913 & 0.2396 & 0.3789 \end{bmatrix}$$

$$G_2 = \begin{bmatrix} 1.1887 & 0.0101 & -0.3541 \\ -1.2967 & 0.0303 & 0.8676 \end{bmatrix}$$

对于任意 $t \in [0, \infty)$，在上述控制器的作用下，闭环系统（3.6）导数项矩阵的秩 $\mathrm{rank}(E_{ci}) = 3$（$i = 1, 2$），即闭环系统被正常化。

系统模态的 Markov 过程如图 3.1 所示。图 3.2 和图 3.3 分别给出了初始状态为 $x_0 = \begin{bmatrix} -1 & 0 & 1 \end{bmatrix}^T$ 时系统的开环状态响应（$\omega(t) = 0$）和闭环状态响应。仿真结果表明，在脉冲比例导数反馈控制器（3.5）的作用下，闭环系统鲁棒随机稳定。

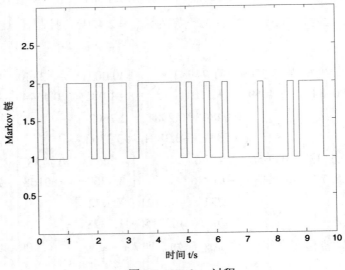

图 3.1　Markov 过程

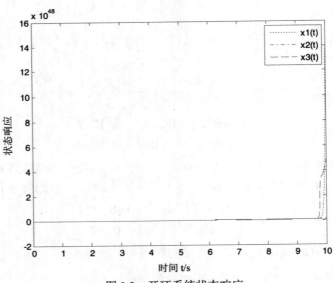

图 3.2　开环系统状态响应

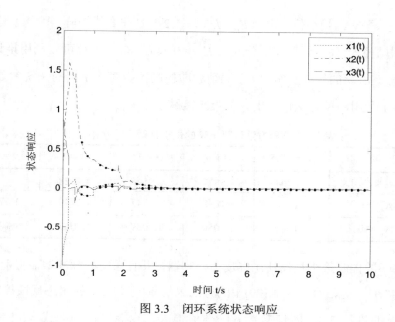

图 3.3 闭环系统状态响应

例 3.2 考虑一类只在系统状态矩阵中存在结构不确定性的广义 Markov 跳变系统（3.1），其中 $E_i = I$，$E_i = I$，$N_{ei} = N_{bi} = 0$，$i = 1,2$。系统其他参数如下

$$A_1 = \begin{bmatrix} \rho & 0 \\ 3 & -10 \end{bmatrix}, \ B_1 = \begin{bmatrix} 0.6 & 0.1 \\ 0.2 & 0.4 \end{bmatrix}, \ B_{\omega 1} = \begin{bmatrix} 0.1 & 1 \\ 0.5 & 1 \end{bmatrix}, \ C_1 = \begin{bmatrix} 1 & 2 \\ 0 & 0.5 \end{bmatrix}$$

$$M_1 = \begin{bmatrix} 0.1 & 0.2 \end{bmatrix}^{\mathrm{T}}, \ N_{a1} = \begin{bmatrix} 0.5 & 1 \end{bmatrix}$$

$$A_2 = \begin{bmatrix} -5 & 0 \\ 2 & -1 \end{bmatrix}, \ B_2 = \begin{bmatrix} 0.3 & 0.2 \\ 0.2 & 0.1 \end{bmatrix}, \ B_{\omega 2} = \begin{bmatrix} 0.1 & 1 \\ 0.5 & 1 \end{bmatrix}, \ C_2 = \begin{bmatrix} 1 & 0.2 \\ 0 & 1 \end{bmatrix}$$

$$M_2 = \begin{bmatrix} 0.1 & 0.2 \end{bmatrix}^{\mathrm{T}}, \ N_{a2} = \begin{bmatrix} 1 & 0.1 \end{bmatrix}$$

其中，ρ 为矩阵 A_1 中的可变参数且不确定时变矩阵为 $F(t) = \sin t$。为进行比较，假定转移概率矩阵 $\tilde{\Pi}$ 完全已知，即

$$\tilde{\Pi} = \begin{bmatrix} -4 & 4 \\ 3 & -3 \end{bmatrix}$$

我们的目的是为系统（3.1）设计一个状态反馈控制器，使得闭环系统（当 $\omega(t) = 0$ 时）鲁棒随机稳定，并且具有 H_∞ 性能。令 $Q = -I$、$S = 0$、$R = \gamma^2 I$。分别利用文献[90]中的定理 10（在执行器没有失效的情况下）和本章的推论 3.3 计

算扰动衰减水平 γ 的最小值。由于 $E_i = I$（$i=1,2$）是非奇异矩阵，因此不论控制器（3.5）中是否包含导数反馈部分（即 $K_{ei} \neq 0$ 或 $K_{ei} = 0$），都可以利用推论 3.3 求解出系统（3.1）的鲁棒正常化 H_∞ 混杂脉冲控制器。对于不同的系统参数 ρ，表 3.1 列出了利用两种方法计算出来的最小衰减水平 $\gamma_{\min}$。

表 3.1 不同方法计算出来的最小扰动衰减水平

$\gamma_{\min}$	$\rho = -0.5$	$\rho = 0$	$\rho = 0.5$	$\rho = 1$	$\rho = 1.5$
定理 10（[文献 90]）	1.2704	1.5821	2.2548	4.4628	—
推论 3.3（$K_{ei} = 0$）	1.1724	1.1738	1.1743	1.1749	1.1753
推论 3.3（$K_{ei} \neq 0$）	1.1040	1.1050	1.1059	1.1067	1.1074

文献[90]的控制策略是设计比例反馈控制器，并且系统的脉冲增益提前给定。当 $\rho \geq 1.449$ 时，无法利用文献[90]中的方法求解系统（3.1）的状态反馈控制器。而利用本章的推论 3.3，即使参数 ρ 的数值很大，也能够得到如式（3.5）所示的脉冲比例导数反馈控制器。从表 3.1 可以看出，不论 K_{ei} 是否为 0，利用本章推论 3.3 计算出来的最小扰动衰减水平 $\gamma_{\min}$ 都小于文献[90]的计算结果。值得指出的是，由于导数反馈控制器的引入，扰动衰减水平 γ 的下界也随之减小。

当 $\rho = 10$ 时，根据推论 3.3，可得 H_∞ 性能指标的下界 $\gamma_{\min} = 1.1150$。此时，控制器（3.5）的增益矩阵为

$$K_{a1} = \begin{bmatrix} -20.5838 & -6.9998 \\ 2.6261 & 19.8940 \end{bmatrix}, \quad K_{e1} = \begin{bmatrix} 0.0309 & -2.0420 \\ 0.8763 & 2.7273 \end{bmatrix}$$

$$G_1 = \begin{bmatrix} -1.8491 & 2.4965 \\ 0.0327 & -5.4546 \end{bmatrix}$$

$$K_{a2} = \begin{bmatrix} 484.9956 & -64.1671 \\ -805.8319 & 105.8191 \end{bmatrix}, \quad K_{e2} = \begin{bmatrix} -2.6975 & -16.2779 \\ 1.3970 & 12.8993 \end{bmatrix}$$

$$G_2 = \begin{bmatrix} 12.6975 & -3.7221 \\ -21.3970 & 17.1007 \end{bmatrix}$$

例 3.3 考虑如图 3.4 所示的随机切换 RC 脉冲分压电路。

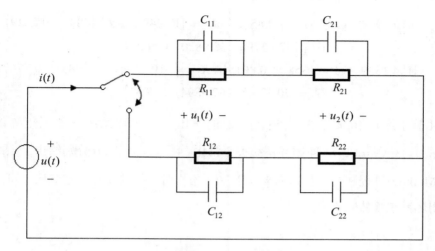

图 3.4   随机切换 RC 脉冲分压电路

由第 2 章的例 2.3 可知，该电路模型可以用一个广义 Markov 跳变系统描述。由于测量误差的存在，在系统的输出中难免会存在外部扰动 $\omega(t)$。如果以电路中的电流 $i(t)$ 作为系统的控制输出，则可以用以下的广义 Markov 跳变系统模型描述该脉冲分压电路

$$
\begin{bmatrix} C_1(r_t) & 0 & 0 \\ 0 & C_2(r_t) & 0 \\ 0 & 0 & 0 \end{bmatrix} \begin{bmatrix} \dfrac{\mathrm{d}u_1(t)}{\mathrm{d}t} \\ \dfrac{\mathrm{d}u_2(t)}{\mathrm{d}t} \\ \dfrac{\mathrm{d}i(t)}{\mathrm{d}t} \end{bmatrix} = \begin{bmatrix} -\dfrac{1}{R_1(r_t)} & 0 & 1 \\ 0 & -\dfrac{1}{R_2(r_t)} & 1 \\ -1 & -1 & 0 \end{bmatrix} \begin{bmatrix} u_1(t) \\ u_2(t) \\ i(t) \end{bmatrix} + \begin{bmatrix} 0 \\ 0 \\ 1 \end{bmatrix} u(t)
$$

$$
z(t) = i(t) + \omega(t)
$$

系统建模过程和状态方程的详细介绍可以参见第 2 章中的例 2.3。

令 $R_{11}=3$，$R_{12}=5$，$R_{21}=4$，$R_{22}=6$，$C_{11}=2$，$C_{12}=4$，$C_{21}=3$，$C_{22}=5$，$Q=-1$，$S=0$，$R=1.01$。显然，开环系统不是正常的且存在脉冲。假设转移概率矩阵 $\tilde{\Pi}$ 完全已知，即

$$
\tilde{\Pi} = \begin{bmatrix} -4 & 4 \\ 5 & -5 \end{bmatrix}
$$

利用推论 3.3，可以求出严格 (Q,S,R) 耗散混杂脉冲控制器（3.5）的增益矩阵

$$K_{a1} = \begin{bmatrix} 19.2978 & -28.7812 & -0.8512 \end{bmatrix}, \; K_{e1} = \begin{bmatrix} 18.0493 & -27.4084 & -0.5629 \end{bmatrix}$$
$$G_1 = \begin{bmatrix} -26.3790 & 38.9820 & 0.5627 \end{bmatrix}$$
$$K_{a2} = \begin{bmatrix} 144.1839 & -180.1358 & -0.8015 \end{bmatrix}, \; K_{e2} = \begin{bmatrix} -19.5304 & 31.9083 & -0.7767 \end{bmatrix}$$
$$G_2 = \begin{bmatrix} 40.3261 & -67.9894 & 0.7752 \end{bmatrix}$$

对于任意 $t \in [0, \infty)$，在上述控制器的作用下，闭环系统导数项矩阵的秩 $\mathrm{rank}(E_{ci}) = 3$（$i = 1, 2$），即闭环系统被正常化。图 3.5 和图 3.6 分别给出了系统模态的 Markov 过程和初始状态为 $x_0 = \begin{bmatrix} 1 & 0.5 & 1 \end{bmatrix}^{\mathrm{T}}$ 时系统的闭环状态响应。可以看出，闭环系统鲁棒随机稳定。

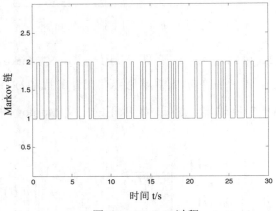

图 3.5　Markov 过程

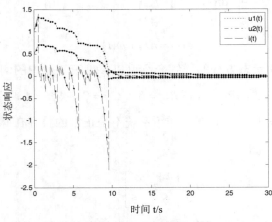

图 3.6　闭环系统状态响应

3.5 本章小结

本章考虑了一类不确定广义 Markov 跳变系统的鲁棒正常化和严格 (Q,S,R) 耗散控制问题。系统同时存在结构不确定性和未知的转移概率矩阵。提出了一种新的混杂脉冲控制器，使得闭环系统能够正常化、鲁棒随机稳定并且严格 (Q,S,R) 耗散。基于合同变换、自由权矩阵和线性矩阵不等式技术，得到了脉冲比例导数状态反馈控制器的参数化表示。所得结论提供了解决相关系统 H_∞ 控制和正实控制问题的统一框架。同时，利用仿真算例说明了所提方法的有效性和优越性。

第 4 章　非线性不确定广义 Markov 跳变系统的可靠脉冲控制

4.1　引言

在工业系统中，各个元件（主要是传感器和执行器）往往会随着控制系统运行时间的不断增加而出现损坏或失效，从而导致整个系统失稳或性能变差。为了让控制系统在某些元件出现失效时仍然具有稳定性和一定的性能指标，必须寻找一种技术途径，切实保证系统的可靠性与安全性。Šiljak 于 1980 年最先提出了可靠控制的概念[131]，随后许多学者对其进行了深入研究，一些可靠控制的方法相继提出[132-135]。可靠控制是指在系统的设计过程中，将系统可能发生的故障考虑在内。这样，虽然系统中的部件发生故障，但闭环系统仍能具有稳定性，并仍具有较理想的性能指标。可靠控制处理问题的本质是在设计系统控制时，使系统存在抵御故障的冗余，这种冗余只提高系统的性能指标，而不影响系统的稳定性。

近年来，可靠控制已经成为控制科学的研究热点之一，并被广泛应用到各类复杂系统的控制问题中[90,136-139]。文献[136]研究了一类随机切换非线性系统在异步切换情况下的鲁棒可靠镇定问题。针对一类广义 Markov 跳变系统，文献[137]分析了系统的可靠无源性和无源化问题。对于一类带有 Markov 切换和乘性噪声的不确定随机时滞系统，文献[138]给出了可靠性耗散控制的相关结论。利用矩阵分解和不等式放缩技术，文献[139]得到了一类线性广义 Markov 系统在执行器失效时的可靠性耗散控制策略，并给出了相应状态反馈控制器的设计方法。通过分类镇定执行器和可能失效的冗余执行器，文献[90]对一类具有脉冲效应的随机切换系统进行了可靠耗散性分析，控制器的存在条件和具体形式也一并给出。然而，在执行器失效的情况下，利用混杂脉冲控制策略对非线性广义 Markov 跳变系统进行可靠性耗散控制的问题，还未见有文献报道。

本章将研究执行器失效情况下，一类非线性不确定广义 Markov 跳变系统的可靠性耗散混杂脉冲控制问题。系统的不确定性同时存在于导数项矩阵和系统模态的转移速率矩阵中，且非线性项满足全局 Lipschitz 条件。考虑到导数项矩阵中的结构不确定性和切换点处的状态跳变对系统正则性和稳定性的影响[45,100,101]，本章仍然沿用前两章中提出的混杂脉冲反馈策略。当执行器可能失效时，利用给出的脉冲比例导数状态反馈控制器，使得闭环系统对所有容许的不确定性能够正常化、鲁棒随机稳定并且严格 (Q, S, R) 耗散。首先利用线性化方法，给出了可靠性耗散混杂脉冲控制器的存在条件。接下来运用合同变换、自由权矩阵和矩阵不等式放缩技术，进一步得到了脉冲比例导数状态反馈控制器的参数化表示。本章结论同时具备 H_∞ 性能和无源（正实）性能。脉冲控制增益的参数化使得本章所提方法具有较小的保守性和更大的设计自由度。

本章第二节对所研究问题进行描述并给出鲁棒正常化可靠性耗散混杂脉冲控制器的定义。第三节给出了可靠性耗散混杂脉冲控制器存在的判别条件，并将该条件转化为可行的线性矩阵不等式，利用 LMI 工具箱可以同时求解出比例反馈、导数反馈和脉冲反馈三部分的增益矩阵。第四节首先利用一个数值算例验证了本章所提方法的有效性，并将所得结果推广到了可靠性 H_∞ 控制和可靠性无源控制问题中，接下来分别在执行器正常工作和部分失效的情况下，就 H_∞ 控制问题，利用所得结论与文献[90]中的控制方法进行比较。仿真结果表明，导数反馈控制器和脉冲反馈控制器的参数化能够使得闭环系统具有更优越的性能指标。

4.2　问题描述

考虑一类非线性不确定广义 Markov 跳变系统

$$\begin{cases} (E(r(t)) + \Delta E(r(t)))\dot{x}(t) = A(r(t))x(t) + B_f(r(t))f(x(t)) \\ \qquad\qquad\qquad\qquad + B(r(t))u(t) + B_\omega(r(t))\omega(t) \\ z(t) = C(r(t))x(t) + D(r(t))\omega(t) \\ x(t_0) = x_0, r(t_0) = r_0 \end{cases} \tag{4.1}$$

式中，$x(t) \in \mathbb{R}^n$ 为系统状态向量；$u(t) \in \mathbb{R}^m$ 为控制输入；$\omega(t) \in \mathbb{R}^q$ 为外部扰动输入；$z(t) \in \mathbb{R}^l$ 为测量输出；矩阵 $E(r(t)) \in \mathbb{R}^{n \times n}$ 可能是奇异矩阵，即 $\mathrm{rank}[E(r(t))] = n_{r(t)} \leqslant n$；$A(r(t))$、$B_f(r(t))$、$B(r(t))$、$B_\omega(r(t))$、$C(r(t))$ 和 $D(r(t))$ 是具有适当维数的已知矩阵。$\Delta E(r(t))$ 是未知时变矩阵，表示系统的不确定性。非线性项 $f(x(t))$ 满足全局 Lipschitz 条件，即存在常数 $\eta > 0$，使得 $\| f(x(t)) \| \leqslant \eta \| x(t) \|$。模态 $\{r(t), t \geqslant 0\}$（也记作 $\{r_t, t \geqslant 0\}$）是取值于有限集合 $S = \{1, 2, \cdots, N\}$ 的右连续 Markov 过程，且具有以下转移概率

$$Pr\big[r(t+\Delta) = j \,|\, r(t) = i\big] = \begin{cases} \tilde{\pi}_{ij}\Delta + o(\Delta), & i \neq j \\ 1 + \tilde{\pi}_{ii}\Delta + o(\Delta), & i = j \end{cases} \tag{4.2}$$

式中，$\Delta > 0$，$\lim\limits_{\Delta \to 0} o(\Delta)/\Delta = 0$。$\tilde{\pi}_{ij} \geqslant 0$，$i, j \in S$，$i \neq j$ 表示从 t 时刻的模态 i 转移到 $t + \Delta$ 时刻的模态 j 的转移速率，并且 $\tilde{\pi}_{ii} = -\sum\limits_{j=1, j \neq i}^{N} \tilde{\pi}_{ij}$；$x_0$ 和 r_0 分别表示系统的初始状态和初始模态。为方便起见，对每一个 $r(t) = i \in S$，将矩阵 $\mathcal{M}(r(t))$ 简记为 $\mathcal{M}_i$。

在本章中，对于每一个 $r(t) = i \in S$，不失一般性，假定上述不确定矩阵具有如下结构

$$\Delta E_i = M_i F(t) N_{ei} \tag{4.3}$$

式中，M_i 和 N_{ei} 是具有适当维数的已知实常数矩阵；$F(t)$ 是一个未知的时变矩阵，且满足 $F^{\mathrm{T}}(t)F(t) \leqslant I$。

式（4.2）中的转移速率矩阵 $\tilde{\Pi} = (\tilde{\pi}_{ij})$ 并不能精确得到。类似于文献[46,59]，假设该转移速率矩阵具有如下的不确定形式

$$\tilde{\Pi} = \Pi + \Delta\Pi, \quad |\Delta\pi_{ij}| \leqslant \varepsilon_{ij}, \quad \varepsilon_{ij} \geqslant 0, \; j \neq i \tag{4.4}$$

在式（4.4）中，矩阵 $\Pi \triangleq (\pi_{ij})$ 是转移速率矩阵 $\tilde{\Pi}$ 的已知常值估计，其中 $\pi_{ij} \geqslant 0$，$j \neq i$，$\pi_{ii} = -\sum_{j=1,j\neq i}^{N} \pi_{ij}$。定义 $\Delta \Pi \triangleq (\Delta \pi_{ij})$，其中 $\Delta \pi_{ij} = \tilde{\pi}_{ij} - \pi_{ij}$ 表示 $\tilde{\pi}_{ij}$ 和 π_{ij} 之间的估计误差。由此可知，$\Delta \pi_{ii}$ 也可以用 $\Delta \pi_{ii} = -\sum_{j=1,j\neq i}^{N} \Delta \pi_{ij}$ 表示。假定 $\Delta \pi_{ij}, j \neq i$ 取值于 $\left[-\varepsilon_{ij}, \varepsilon_{ij} \right]$，并定义 $\alpha_{ij} \triangleq \pi_{ij} - \varepsilon_{ij}$，则有 $| \Delta \pi_{ii} | \leqslant -\varepsilon_{ii}$，其中 $\varepsilon_{ii} \triangleq -\sum_{j=1,j\neq i}^{N} \varepsilon_{ij}$ 且 $\alpha_{ii} \triangleq \pi_{ii} - \varepsilon_{ii}$。

令 $\{ t_k, k = 1, 2, \cdots \}$ 表示满足 $t_1 < t_2 < \cdots < t_k < t_{k+1} < \cdots$ 的时间序列，其中 $t_k > 0$ 是系统的第 k 次切换时刻，即从模态 $r(t_k^-) = j$ 转移到模态 $r(t_k^+) = i$ 的切换时刻，$t_k^+ = \lim_{\Delta \to 0} (t_k + \Delta)$，$\forall k > 0$。

本章的目的是为非线性不确定广义 Markov 跳变系统（4.1）设计如下形式的脉冲比例导数状态反馈控制器

$$\begin{cases} u(t) = u_1(t) + u_2(t) \\ u_1(t) = K_a(r(t))x(t) - K_e(r(t))\dot{x}(t) \\ u_2(t) = \sum_{k=1}^{\infty} G(r(t_k^+))x(t)\delta(t - t_k) \end{cases} \tag{4.5}$$

式中，$u_1(t)$ 是依赖于模态的比例导数状态反馈控制器，而 $u_2(t)$ 是一个脉冲控制器；$K_a(r(t))$、$K_e(r(t))$ 和 $G(r(t_k^+))$ 是需要设计的具有适当维数的增益矩阵；$\delta(\cdot)$ 为带有不连续脉冲时刻 $t_1 < t_2 < \cdots < t_k < \cdots$，$\lim_{k \to \infty} t_k = \infty$ 的狄拉克脉冲函数，其中 $t_1 > t_0$，且 $x(t_k) = x(t_k^-) = \lim_{h \to 0^+} x(t_k - h)$，$x(t_k^+) = \lim_{h \to 0^+} x(t_k + h)$。为了方便起见，定义 $e_x(t_k) \triangleq x(t_k^+) - x(t_k^-)$。

对于控制输入 $u(t)$ 的第 i 个分量 $u_i(t)$，$i = 1, 2, \cdots, m$，令 $u_i^F(t)$ 表示可能出现故障的执行器信号。本章采用以下连续故障模型

$$u_i^F(t) = \alpha_{ai} u_i(t), \quad i = 1, 2, \cdots, m \tag{4.6}$$

式中

$$0 \leqslant \underline{\alpha}_{ai} \leqslant \alpha_{ai} \leqslant \bar{\alpha}_{ai}, \quad i = 1, 2, \cdots, m$$

且 $\underline{\alpha}_{ai} \leqslant 1 \leqslant \bar{\alpha}_{ai}$，则带有执行器失效的系统输入信号可由下式表示

$$u^F(t) = \alpha_a u(t) \tag{4.7}$$

式中

$$\alpha_a = \mathrm{diag}\{\alpha_{a1}, \alpha_{a2}, \cdots, \alpha_{am}\}$$

在上述执行器故障模型中，α_{ai} 表示执行器输出信号故障程度的比例系数。当 $\alpha_{ai} = 0$ 时，表示第 i 个执行器完全失效；当 $\underline{\alpha}_{ai} = \bar{\alpha}_{ai} = \alpha_{ai} = 1$ 时，表示第 i 个执行器正常工作；当 $0 < \alpha_{ai} < 1$ 时，表示第 i 个执行器部分失效。所谓部分失效，具体是指由于部件老化和干扰等原因使部件输出信号偏离准确值。定义

$$\bar{\alpha}_a = \mathrm{diag}\{\bar{\alpha}_{a1}, \bar{\alpha}_{a2}, \cdots, \bar{\alpha}_{am}\}$$
$$\underline{\alpha}_a = \mathrm{diag}\{\underline{\alpha}_{a1}, \underline{\alpha}_{a2}, \cdots, \underline{\alpha}_{am}\}$$
$$\beta_{a0} = \mathrm{diag}\{\beta_{a01}, \beta_{a02}, \cdots, \beta_{a0m}\}$$
$$\beta = \mathrm{diag}\{\beta_1, \beta_2, \cdots, \beta_m\}$$
$$\Delta_a = \mathrm{diag}\{\Delta_{a1}, \Delta_{a2}, \cdots, \Delta_{am}\}$$

由于 $\beta_{a0i} = \dfrac{\bar{\alpha}_{ai} + \underline{\alpha}_{ai}}{2}$，$\beta_i = \dfrac{\bar{\alpha}_{ai} - \underline{\alpha}_{ai}}{\bar{\alpha}_{ai} + \underline{\alpha}_{ai}}$，$\Delta_{ai} = \dfrac{\alpha_{ai} - \beta_{a0i}}{\beta_{a0i}}$，则有

$$\alpha_a = (I + \Delta_a)\beta_{a0} \tag{4.8}$$
$$\mathrm{diag}\{|\Delta_{a1}|, |\Delta_{a2}|, \ldots, |\Delta_{am}|\} \leqslant \beta \leqslant I$$

假定当 $t \in (t_k, t_{k+1})$ 时，$r(t) = i$，即第 i 个子系统处于激活状态。将控制器 (4.5) 代入到系统 (4.1)，可得

$$E_{ci}[x(t_k + h) - x(t_k)] = \int_{t_k}^{t_k + h} E_{ci}\dot{x}(s)\mathrm{d}s$$
$$= \int_{t_k}^{t_k + h} [A_{ci}x(s) + B_{fi}f(x(s)) + B_i u_2^F(s) + B_{\omega i}\omega(t)]\mathrm{d}s$$

式中

$$E_{ci} = E_i + \Delta E_i + B_i \alpha_a k_{ei}$$
$$A_{ci} = A_i + B_i \alpha_a k_{ai}$$

当 $h \to 0^+$ 时，有

$$E_{ci}e_x(t_k) = \lim_{h \to 0^+} E_{ci}[x(t_k + h) - x(t_k)] = B_i\alpha_a G_i x(t_k)$$

在控制器（4.5）的作用下，系统（4.1）变为一类脉冲不确定非线性广义 Markov 跳变系统，形式如下

$$\begin{cases} E_c(r(t))\dot{x}(t) = A_c(r(t))x(t) + B_f(r(t))f(x(t)) + B_\omega(r(t))\omega(t), & t \in (t_k, t_{k+1}] \\ E_c(r(t))e_x(t_k) = B(r(t))\alpha_a G(r(t_k^+))x(t_k), & t = t_k \\ z(t) = C(r(t))x(t) + D(r(t))\omega(t) \\ x(t_0) = x_0, \quad r(t_0) = r_0 \end{cases} \quad (4.9)$$

式中

$$\begin{cases} E_c(r(t)) = E(r(t)) + \Delta E(r(t)) + B(r(t))\alpha_a K_e(r(t)) \\ A_c(r(t)) = A(r(t)) + B(r(t))\alpha_a K_a(r(t)) \end{cases} \quad (4.10)$$

从式（4.5）可以看出，本章设计的混杂脉冲控制器由两部分组成：比例导数状态反馈控制器和脉冲反馈控制器。设计导数反馈部分的目的在于正常化原系统，而脉冲反馈是用来改变闭环系统在每一个切换时刻的状态值。

下面介绍本章将要用到的几个定义。

定义 4.1 当 $\omega(t) = 0$ 时，如果对于任意的 $x_0 \in \mathbb{R}^n$ 和 $r_0 \in S$，存在一个常数 $M(x_0, r_0) > 0$，使得

$$\mathbb{E}\left[\int_{t_0}^{\infty} \|x(t)\|^2 \mathrm{d}t \mid x_0, r_0\right] \leqslant M(x_0, r_0)$$

对所有容许的不确定性成立，则称系统（4.9）鲁棒随机稳定。

系统（4.1）的二次型供给率定义如下

$$\Psi(\omega, z, T) = \mathbb{E}\langle z, Qz \rangle_T + 2\mathbb{E}\langle z, S\omega \rangle_T + \mathbb{E}\langle \omega, R\omega \rangle_T \quad (4.11)$$

式中，$\langle \omega, z \rangle_T = \int_0^T \omega^{\mathrm{T}} z \mathrm{d}t$；$Q$、$R$ 为给定对称矩阵；S 为给定的适当维数实矩阵。

定义 4.2 如果存在一个标量 $\alpha > 0$，在零初始条件下，使得耗散不等式

$$\Psi(\omega, z, T) \geqslant \alpha\mathbb{E}\langle \omega, \omega \rangle_T$$

对于所有的 $T \geqslant 0$，任意的输入信号 $\omega(t) \in \mathcal{L}_2[0, T]$ 和所有容许的不确定性成立，则称系统（4.1）（$u(t) = 0$ 时）严格 (Q, S, R) 耗散。

由定义 4.2 可以发现，(Q,S,R) 耗散性提供了解决 H_∞ 控制和无源控制问题的统一框架。也就是说，H_∞ 性能和无源性能是耗散性的特殊情形。当 $Q=-I$，$S=0$，$R=\gamma^2 I$ 时，系统的严格 (Q,S,R) 耗散性退化为系统的 H_∞ 性能。当 $Q=0$，$S=I$，$R=0$ 时，系统的严格耗散性便成为系统的无源性能。

一般来说，对 Q,S,R 的选取有如下假设[124]。

假设 4.1　$Q \leqslant 0$。

假设 4.2　$R+D_i^{\mathrm{T}}S+S^{\mathrm{T}}D_i+D_i^{\mathrm{T}}QD_i>0$，$i \in S$。

可以看出，假设 4.1 能够同时满足系统 H_∞ 性能和无源性能的要求，故该假设是可行的。

系统（4.1）鲁棒正常化可靠性耗散混杂脉冲控制器的定义如下。

定义 4.3　对于非线性不确定广义 Markov 跳变系统（4.1）和二次型供给率（4.11），在执行器可能失效的情况下，如果存在一个控制器（4.5），使得对于所有容许的不确定性，闭环系统（4.9）能够正常化（即导数项矩阵 E_{ci}，$\forall i \in S$ 可逆）、鲁棒随机稳定且严格 (Q,S,R) 耗散，则称控制器（4.5）为系统（4.1）的一个鲁棒正常化可靠性耗散混杂脉冲控制器。

4.3　可靠性耗散混杂脉冲控制器的设计

在这一节，我们来考虑执行器失效时在混杂脉冲控制器（4.5）的作用下非线性不确定广义 Markov 跳变系统（4.1）的鲁棒正常化和可靠性耗散控制问题。首先，给出系统（4.1）存在鲁棒正常化可靠性耗散混杂脉冲控制器的判别条件。然后，给出混杂脉冲控制器的设计程序，并同时求解比例反馈、导数反馈和脉冲反馈三部分的增益矩阵，使得闭环系统对所有容许的不确定性是正常的、鲁棒随机稳定并且严格 (Q,S,R) 耗散。

4.3.1 可靠性耗散混杂脉冲控制器的存在条件

基于 Lyapunov 理论和矩阵不等式放缩技术，本小节给出了执行器可能发生故障时，系统（4.1）存在鲁棒正常化可靠性耗散混杂脉冲控制器的充分条件。

定理 4.1 给定实矩阵 Q,S,R 且 Q,R 对称，如果存在矩阵 $P_i>0$ 使得闭环系统（4.9）中的导数项矩阵 E_{ci}, $\forall i \in S$ 可逆，并且下列不等式对于每一个 $i \in S$ 和 $k=1,2,\cdots$ 成立

$$\Omega_i = \begin{bmatrix} \Omega_{11i} & \Omega_{12i} \\ * & \Omega_{22i} \end{bmatrix} < 0 \tag{4.12}$$

$$0 < \mu_k \leqslant 1 \tag{4.13}$$

则控制器（4.5）是系统（4.1）的一个鲁棒正常化可靠性耗散混杂脉冲控制器。其中

$$\Omega_{11i} = A_{ci}^{\mathrm{T}} E_{ci}^{-\mathrm{T}} P_i + P_i E_{ci}^{-1} A_{ci} + P_i E_{ci}^{-1} B_{fi} B_{fi}^{\mathrm{T}} E_{ci}^{-\mathrm{T}} P_i + \eta^2 I + \sum_{j=1}^{N} \tilde{\pi}_{ij} P_j - C_i^{\mathrm{T}} Q C_i$$

$$\Omega_{12i} = P_i E_{ci}^{-1} B_{\omega i} - C_i^{\mathrm{T}} Q D_i - C_i^{\mathrm{T}} S$$

$$\Omega_{22i} = -R - D_i^{\mathrm{T}} S - S^{\mathrm{T}} D_i - D_i^{\mathrm{T}} Q D_i$$

$$\mu_k = \lambda_{\max}\{P^{-1}(r(t_k^-))[I + E_{ci}^{-1} B_i \alpha_a G_i]^{\mathrm{T}} P(r(t_k))[I + E_{ci}^{-1} B_i \alpha_a G_i]\}$$

证明 定理的证明主要分为两部分。第一部分证明系统（4.1）在控制器（4.5）的作用下能够正常化并且鲁棒随机稳定。第二部分证明闭环系统（4.9）严格 (Q,S,R) 耗散。

假定存在矩阵 $P_i>0$ 以及脉冲比例导数状态反馈控制器（4.5），使得闭环系统（4.9）中的导数项矩阵 E_{ci} 可逆且不等式（4.12）成立。首先，为系统（4.9）选取随机 Lyapunov 函数

$$V(x(t),r(t)) = x^{\mathrm{T}}(t) P(r(t)) x(t)$$

对于 $t \in (t_k, t_{k+1}]$，假设 $r(t) = i$, $i \in S$。令 $\mathbb{L}$ 表示随机过程 $\{(x(t),r(t)),t \geqslant 0\}$ 的弱无穷小算子。沿闭环系统（4.9）的任意轨线，有

$$\mathbb{L}V(x(t),i) - z^{\mathrm{T}}(t)Qz(t) - 2z^{\mathrm{T}}(t)S\omega(t) - \omega^{\mathrm{T}}(t)R\omega(t)$$

$$= 2x^{\mathrm{T}}(t)P_i\dot{x}(t) + \sum_{j=1}^{N}\tilde{\pi}_{ij}x^{\mathrm{T}}(t)P_jx(t) - z^{\mathrm{T}}(t)Qz(t) - 2z^{\mathrm{T}}(t)S\omega(t) - \omega^{\mathrm{T}}(t)R\omega(t)$$

$$= x^{\mathrm{T}}(t)(A_{ci}^{\mathrm{T}}E_{ci}^{-\mathrm{T}}P_i + P_iE_{ci}^{-1}A_{ci})x(t) + x^{\mathrm{T}}(t)P_iE_{ci}^{-1}B_{fi}f(x(t)) + f^{\mathrm{T}}(x(t))B_{fi}^{\mathrm{T}}E_{ci}^{-\mathrm{T}}P_ix(t)$$

$$+ \sum_{j=1}^{N}\tilde{\pi}_{ij}x^{\mathrm{T}}(t)P_jx(t) - z^{\mathrm{T}}(t)Qz(t) - 2z^{\mathrm{T}}(t)S\omega(t) - \omega^{\mathrm{T}}(t)R\omega(t)$$

$$\leqslant x^{\mathrm{T}}(t)(A_{ci}^{\mathrm{T}}E_{ci}^{-\mathrm{T}}P_i + P_iE_{ci}^{-1}A_{ci})x(t) + x^{\mathrm{T}}(t)P_iE_{ci}^{-1}B_{fi}B_{fi}^{\mathrm{T}}E_{ci}^{-\mathrm{T}}P_ix(t) + f^{\mathrm{T}}(x(t))f(x(t))$$

$$+ \sum_{j=1}^{N}\tilde{\pi}_{ij}x^{\mathrm{T}}(t)P_jx(t) - z^{\mathrm{T}}(t)Qz(t) - 2z^{\mathrm{T}}(t)S\omega(t) - \omega^{\mathrm{T}}(t)R\omega(t)$$

$$\leqslant \zeta^{\mathrm{T}}(t)\Omega_i\zeta(t) \tag{4.14}$$

式中，$\zeta(t) = [x^{\mathrm{T}}(t) \quad \omega^{\mathrm{T}}(t)]^{\mathrm{T}}$。由不等式（4.14）和 $Q \leqslant 0$ 可知，当 $\omega(t) = 0$ 时，对于 $t \in (t_k, t_{k+1}]$ 和所有容许的不确定性

$$\mathbb{L}V(x(t),i) < 0 \tag{4.15}$$

进而，一定存在常数 $\lambda_i > 0$，使得

$$\mathbb{L}V(x(t),i) \leqslant -\lambda_i x^{\mathrm{T}}(t)x(t) \tag{4.16}$$

接下来，考虑脉冲不确定非线性广义 Markov 跳变系统（4.9）在切换点 t_k 处的情况。由方程（4.9）和引理 2.2 可知

$$V(t_k^+) = x^{\mathrm{T}}(t_k^+)P(r(t_k))x(t_k^+)$$

$$= x^{\mathrm{T}}(t_k)[I + E_{ci}^{-1}B_i\alpha_a G_i]^{\mathrm{T}}P(r(t_k))[I + E_{ci}^{-1}(i)B_i\alpha_a G_i]x(t_k)$$

$$\leqslant \lambda_{\max}\{P^{-1}(r(t_k^-))[I + E_{ci}^{-1}B_i\alpha_a G_i]^{\mathrm{T}}P(r(t_k)) \tag{4.17}$$

$$\times [I + E_{ci}^{-1}(i)B_i\alpha_a G_i]\}x^{\mathrm{T}}(t_k)P(r(t_k^-))x(t_k)$$

$$= \mu_k V(t_k^-)$$

根据 Dynkin 公式，对于 $T \in (t_k, t_{k+1}]$

$$\mathbb{E}\left[\int_{t_0}^{T}\mathbb{L}V(x(t),r(t))\mathrm{d}t\right]$$

$$= \mathbb{E}\left[\int_{t_0^+}^{t_1}\mathbb{L}V(x(t),r(t))\mathrm{d}t\right] + \mathbb{E}\left[\int_{t_1^+}^{t_2}\mathbb{L}V(x(t),r(t))\mathrm{d}t\right] + \cdots + \mathbb{E}\left[\int_{t_k^+}^{T}\mathbb{L}V(x(t),r(t))\mathrm{d}t\right]$$

$$= \mathbb{E}[V(t_1) - V(t_0^+) + V(t_2) - V(t_1^+) + \cdots + V(T) - V(t_k^+)]$$

$$= \mathbb{E}[-V(t_0^+) + \sum_{j=1}^{k}(V(t_j^-) - V(t_j^+)) + V(T)] \tag{4.18}$$

$$\geqslant \mathbb{E}[-V(t_0^+) + \sum_{j=1}^{k}(1 - \mu_j)V(t_j^-) + V(T)]$$

进而，由式（4.13）、式（4.15）和式（4.17），可得

$$\lim_{T \to \infty} V(T) = 0 \tag{4.19}$$

由于对于所有的 $k = 1, 2, \cdots$，$0 < \mu_k \leqslant 1$，则

$$\lim_{k \to \infty} \sum_{j=1}^{k} (1 - \mu_j) V(t_j^-) \geqslant 0$$

结合式（4.16）和式（4.19），有

$$\lim_{T \to \infty} \min_{i \in S} \{\lambda_i\} \mathbb{E} \left[\int_{t_0}^{T} x^{\mathrm{T}}(s) x(s) \mathrm{d}s \,|\, x_0, r_0 \right] \leqslant \mathbb{E} V(x_0, r_0)$$

从而

$$\mathbb{E} \left[\int_{t_0}^{\infty} \| x(t) \|^2 \, \mathrm{d}t \,|\, x_0, r_0 \right] \leqslant M(x_0, r_0)$$

其中，$M(x_0, r_0) = \mathbb{E} V(x_0, r_0) / \min_{i \in S} \{\lambda_i\}$。故系统（4.9）鲁棒随机稳定。

另一方面，定义

$$J(\tau) = \mathbb{E} \left\{ \int_0^{\tau} [z^{\mathrm{T}}(t) Q z(t) + 2 z^{\mathrm{T}}(t) S \omega(t) + \omega^{\mathrm{T}}(t) R \omega(t)] \mathrm{d}t \right\}$$

由式（4.14）可知

$$\mathbb{L} V(x(t), r(t)) - z^{\mathrm{T}}(t) Q z(t) - 2 z^{\mathrm{T}}(t) S \omega(t) - \omega^{\mathrm{T}}(t) R \omega(t) < 0 \tag{4.20}$$

类似于上面的证明过程，在零初始条件下，即 $x_0 = 0$ 时，有 $J(\tau) > 0$。进而，存在一个足够小的常数 $\alpha > 0$，使得

$$J(\tau) \geqslant \alpha \mathbb{E} \left[\int_0^{\tau} \omega^{\mathrm{T}}(t) R \omega(t) \mathrm{d}t \right]$$

根据定义 4.2，闭环系统（4.9）严格 (Q, S, R) 耗散。

证毕。

从定理 4.1 的证明过程可以看出，当执行器元件的输出信号发生偏离时，在混杂脉冲控制器（4.5）的作用下，依赖于系统模态的 Lyapunov 函数在每个子系统被激活的区间单调递减，并且在切换点处单调非增。因此，在执行器元件可能发生故障的情况下，闭环系统的鲁棒随机稳定性和严格 (Q, S, R) 耗散性仍然能够得到保证。

本章提出的混杂脉冲比例导数状态反馈方法不仅可以应用于非线性不确定广

义 Markov 跳变系统，也可以应用于一类更广泛的非线性切换广义系统。当系统依赖于时间在若干个广义子系统之间切换时，本章的控制方法可以平行推广到这类切换广义系统中。

4.3.2 可靠性耗散混杂脉冲控制器的设计

接下来，将着手系统（4.1）可靠性耗散混杂脉冲控制器的设计。由定理 4.1 很难得到求解鲁棒正常化可靠性耗散混杂脉冲控制器（4.5）的可行方法。通过引入适当的合同变换和自由权矩阵方法，可以得到定理 4.1 的等价结果。

定理 4.2 给定实矩阵 Q, S, R 且 Q, R 对称，如果存在矩阵 $X_i > 0$，H_i，Y_i，Z_i，L_i，$\overline{W}_i = \overline{W}_i^{\mathrm{T}}$，$\overline{T}_i > 0$，$V_i > 0$，对角矩阵 $U_1 > 0$，$U_2 > 0$ 以及常数 $\delta_{1i} > 0$，$\delta_{2i} > 0$，使得下列不等式对于所有 $i, j \in S$，$i \neq j$ 成立

$$
\begin{bmatrix}
\Omega_{11i} + \delta_{1i}M_iM_i^{\mathrm{T}} & \Omega_{12i} & \Omega_{13i} & \Omega_{14i} & \Omega_{15i} & 0 & \Omega_{17i} \\
* & \Omega_{22i} & 0 & 0 & 0 & \Omega_{26i} & \Omega_{27i} \\
* & * & \Omega_{33i} & 0 & 0 & \Omega_{36i} & \Omega_{37i} \\
* & * & * & \Omega_{44i} & 0 & \Omega_{46i} & \Omega_{47i} \\
* & * & * & * & -I & \Omega_{56i} & \Omega_{57i} \\
* & * & * & * & * & -\delta_{1i}I & 0 \\
* & * & * & * & * & * & -U_1
\end{bmatrix} < 0 \tag{4.21}
$$

$$
\begin{bmatrix}
\Theta_{11i} & \Theta_{12i} & \overline{W}_i & X_iC_i^{\mathrm{T}}Q^{\frac{1}{2}} \\
* & \Theta_{22i} & 0 & 0 \\
* & * & -\overline{T}_i & 0 \\
* & * & * & -I
\end{bmatrix} < 0 \tag{4.22}
$$

$$
\begin{bmatrix}
-X_i + \overline{W}_i & X_i \\
* & -X_j
\end{bmatrix} \leqslant 0 \tag{4.23}
$$

$$
\begin{bmatrix}
\Phi_{11ij} & \Phi_{12i} & \Phi_{13i} & \Phi_{14i} \\
* & \Phi_{22i} + \delta_{2i}M_iM_i^{\mathrm{T}} & \Phi_{23i} & \Phi_{24i} \\
* & * & -\delta_{2i}I & 0 \\
* & * & * & -U_2
\end{bmatrix} \leqslant 0 \tag{4.24}
$$

则控制器（4.5）是系统（4.1）的一个鲁棒正常化可靠性耗散混杂脉冲控制器。

其中

$$\Omega_{11i} = A_iH_i + B_i\beta_{a0}Y_i + (A_iH_i + B_i\beta_{a0}Y_i)^\mathrm{T} + B_{fi}B_{fi}^\mathrm{T} + B_iU_1B_i^\mathrm{T}$$

$$\Omega_{12i} = A_iH_i + B_i\beta_{a0}Y_i + E_iX_i + B_i\beta_{a0}Z_i - H_i^\mathrm{T}$$

$$\Omega_{13i} = B_{\omega i} - (E_iX_i + B_i\beta_{a0}Z_i)C_i^\mathrm{T}S - (E_iX_i + B_i\beta_{a0}Z_i)C_i^\mathrm{T}QD_i$$

$$\Omega_{14i} = E_iX_i + B_i\beta_{a0}Z_i, \quad \Omega_{15i} = \eta E_iX_i + \eta B_i\beta_{a0}Z_i, \quad \Omega_{17i} = Y_i^\mathrm{T}\beta_{a0}\beta$$

$$\Omega_{22i} = -H_i - H_i^\mathrm{T}, \quad \Omega_{26i} = X_iN_{ei}^\mathrm{T}, \quad \Omega_{27i} = Y_i^\mathrm{T}\beta_{a0}\beta + Z_i^\mathrm{T}\beta_{a0}\beta$$

$$\Omega_{33i} = -R - D_i^\mathrm{T}S - S^\mathrm{T}D_i - D_i^\mathrm{T}QD_i$$

$$\Omega_{36i} = -S^\mathrm{T}C_iX_iN_{ei}^\mathrm{T} - D_i^\mathrm{T}QC_iX_iN_{ei}^\mathrm{T}$$

$$\Omega_{37i} = -S^\mathrm{T}C_iZ_i^\mathrm{T}\beta_{a0}\beta - D_i^\mathrm{T}QC_iZ_i^\mathrm{T}\beta_{a0}\beta$$

$$\Omega_{44i} = -X_i - X_i^\mathrm{T} + V_i, \quad \Omega_{46i} = X_iN_{ei}^\mathrm{T}, \quad \Omega_{47i} = Z_i^\mathrm{T}\beta_{a0}\beta$$

$$\Omega_{56i} = \eta X_iN_{ei}^\mathrm{T}, \quad \Omega_{57i} = \eta Z_i^\mathrm{T}\beta_{a0}\beta$$

$$\Theta_{11i} = -V_i + 0.25\varepsilon_{ii}^2\overline{T}_i + \varepsilon_{ii}\overline{W}_i + \alpha_{ii}X_i$$

$$\Theta_{12i} = [\sqrt{\alpha_{i1}}X_i \cdots \sqrt{\alpha_{i(i-1)}}X_i \sqrt{\alpha_{i(i+1)}}X_i \cdots \sqrt{\alpha_{iN}}X_i]$$

$$\Theta_{22i} = -\mathrm{diag}\{X_1, \cdots, X_{i-1}, X_{i+1}, \cdots, X_N\}$$

$$\Phi_{11ij} = -X_i - X_i^\mathrm{T} + X_j, \quad \Phi_{12i} = -(E_iX_i + B_i\beta_{a0}Z_i + B_i\beta_{a0}L_i)^\mathrm{T}$$

$$\Phi_{13i} = X_iN_{ei}^\mathrm{T}, \quad \Phi_{14i} = Z_i^\mathrm{T}\beta_{a0}\beta + L_i^\mathrm{T}\beta_{a0}\beta$$

$$\Phi_{22i} = -(E_iX_i + B_i\beta_{a0}Z_i) - (E_iX_i + B_i\beta_{a0}Z_i)^\mathrm{T} + X_i + B_iU_2B_i^\mathrm{T}$$

$$\Phi_{23i} = X_iN_{ei}^\mathrm{T}, \quad \Phi_{24i} = Z_i^\mathrm{T}\beta_{a0}\beta$$

此时，脉冲比例导数反馈可靠性耗散控制器（4.5）的增益矩阵可取为

$$K_{ai} = Y_iH_i^{-1}, \quad K_{ei} = Z_iX_i^{-1}, \quad G_i = L_iX_i^{-1} \tag{4.25}$$

证明　由定理 4.1 可知，系统（4.1）存在一个鲁棒正常化可靠性耗散混杂脉冲控制器（4.5）的充分条件是存在矩阵 $P_i > 0$，使得闭环系统（4.9）中的导数项矩阵 E_{ci} 可逆且不等式（4.12）和不等式（4.13）对于每一个 $i \in S$ 和 $k = 1, 2, \cdots$ 成立。令 $X_i = P_i^{-1}$，则不等式（4.12）等价于

$$\begin{bmatrix} \Psi_{11i} & B_{\omega i} - E_{ci}X_i(C_i^\mathrm{T}S + C_i^\mathrm{T}QD_i) \\ * & -R - D_i^\mathrm{T}S - S^\mathrm{T}D_i - D_i^\mathrm{T}QD_i \end{bmatrix} < 0 \tag{4.26}$$

$$X_i\sum_{j=1}^N \tilde{\pi}_{ij}P_jX_i - X_iC_i^\mathrm{T}QC_iX_i - V_i \leqslant 0 \tag{4.27}$$

其中

$$\Psi_{11i} = E_{ci}X_iA_{ci}^{\mathrm{T}} + A_{ci}X_iE_{ci}^{\mathrm{T}} + B_{fi}B_{fi}^{\mathrm{T}} + \eta^2 E_{ci}X_iX_iE_{ci}^{\mathrm{T}} + E_{ci}X_i(X_iV_i^{-1}X_i)^{-1}X_iE_{ci}^{\mathrm{T}}$$

由不等式（4.26）和 $V_i > 0$ 可得，矩阵 E_{ci} 可逆。在下列不等式

$$\begin{bmatrix} A_{ci}H_i + H_i^{\mathrm{T}}A_{ci}^{\mathrm{T}} + B_{fi}B_{fi}^{\mathrm{T}} & A_{ci}H_i + E_{ci}X_i - H_i^{\mathrm{T}} & \bar{\Psi}_{13i} & E_{ci}X_i & \eta E_{ci}X_i \\ * & -H_i - H_i^{\mathrm{T}} & 0 & 0 & 0 \\ * & * & \bar{\Psi}_{33i} & 0 & 0 \\ * & * & * & -X_iV_i^{-1}X_i & 0 \\ * & * & * & * & -I \end{bmatrix} < 0$$

$$(4.28)$$

的左右两边分别乘以矩阵 $\begin{bmatrix} I & A_{ci} & 0 & 0 & 0 \\ 0 & 0 & I & 0 & 0 \\ 0 & 0 & 0 & I & 0 \\ 0 & 0 & 0 & 0 & I \end{bmatrix}$ 及其转置，即为不等式（4.26）。其中

$$\bar{\Psi}_{13i} = B_{\omega i} - E_{ci}X_i(C_i^{\mathrm{T}}S + C_i^{\mathrm{T}}QD_i)$$
$$\bar{\Psi}_{33i} = -R - D_i^{\mathrm{T}}S - S^{\mathrm{T}}D_i - D_i^{\mathrm{T}}QD_i$$

由式（4.25），显然

$$Y_i = K_{ai}H_i, \quad Z_i = K_{ei}X_i \tag{4.29}$$

考虑到式（4.29）并将式（4.3）和式（4.10）代入到不等式（4.28），有

$$\begin{bmatrix} \hat{\Psi}_{11i} & \hat{\Psi}_{12i} & \hat{\Psi}_{13i} & \hat{\Psi}_{14i} & \hat{\Psi}_{15i} \\ * & -H_i - H_i^{\mathrm{T}} & 0 & 0 & 0 \\ * & * & \hat{\Psi}_{33i} & 0 & 0 \\ * & * & * & -X_iV_i^{-1}X_i & 0 \\ * & * & * & * & -I \end{bmatrix} + \tag{4.30}$$

$$\mathcal{X}^{\mathrm{T}}F(t)\mathcal{Y} + \mathcal{Y}^{\mathrm{T}}F^{\mathrm{T}}(t)\mathcal{X} + \mathcal{M}^{\mathrm{T}}\Delta_a\mathcal{N} + \mathcal{N}^{\mathrm{T}}\Delta_a^{\mathrm{T}}(t)\mathcal{M} < 0$$

式中

$$\hat{\Psi}_{11i} = A_iH_i + B_i\beta_{a0}Y_i + (A_iH_i + B_i\beta_{a0}Y_i)^{\mathrm{T}} + B_{fi}B_{fi}^{\mathrm{T}}$$
$$\hat{\Psi}_{12i} = A_iH_i + B_i\beta_{a0}Y_i + E_iX_i + B_i\beta_{a0}Z_i - H_i^{\mathrm{T}}$$
$$\hat{\Psi}_{13i} = B_{\omega i} - (E_iX_i + B_i\beta_{a0}Z_i)(C_i^{\mathrm{T}}S + C_i^{\mathrm{T}}QD_i)$$
$$\hat{\Psi}_{14i} = E_iX_i + B_i\beta_{a0}Z_i, \quad \hat{\Psi}_{15i} = \eta E_iX_i + \eta B_i\beta_{a0}Z_i$$
$$\hat{\Psi}_{33i} = -R - D_i^{\mathrm{T}}S - S^{\mathrm{T}}D_i - D_i^{\mathrm{T}}QD_i$$

$$\mathcal{X} = \begin{bmatrix} M_i^{\mathrm{T}} & 0 & 0 & 0 & 0 \end{bmatrix}$$

$$\mathcal{Y} = \begin{bmatrix} 0 & N_{ei}X_i & -N_{ei}X_i(C_i^{\mathrm{T}}S + C_i^{\mathrm{T}}QD_i) & N_{ei}X_i & \eta N_{ei}X_i \end{bmatrix}$$

$$\mathcal{M} = \begin{bmatrix} B_i^{\mathrm{T}} & 0 & 0 & 0 & 0 \end{bmatrix}$$

$$\mathcal{N} = \begin{bmatrix} \beta_{a0}Y_i & \beta_{a0}Y_i + \beta_{a0}Z_i & -\beta_{a0}Z_i(C_i^{\mathrm{T}}S + C_i^{\mathrm{T}}QD_i) & \beta_{a0}Z_i & \eta\beta_{a0}Z_i \end{bmatrix}$$

根据式（4.8）和基本不等式 $x^{\mathrm{T}}y + y^{\mathrm{T}}x \leqslant \varepsilon x^{\mathrm{T}}x + \varepsilon^{-1}y^{\mathrm{T}}y$，以及 Schur 补性质和引理 2.3，条件（4.21）意味着不等式（4.30）成立，因为

$$-X_iV_i^{-1}X_i \leqslant -X_i - X_i^{\mathrm{T}} + V_i$$

恒成立。进而不等式（4.26）成立。

从式（4.27）可以看出，$X_i\sum\limits_{j=1}^{N}\tilde{\pi}_{ij}P_jX_i$ 是含有未知转移概率的非线性项，无法直接利用矩阵不等式技术求解。接下来处理模态转移速率中的不确定项。

在条件（4.4）的前提下，类似于文献[60]，对于任意适当的对称矩阵 $W_i = W_i^{\mathrm{T}}$，总有

$$\sum_{j=1}^{N}(\Delta\pi_{ij} + \varepsilon_{ij})W_i \equiv 0$$

进而

$$X_i\sum_{j=1}^{N}\tilde{\pi}_{ij}P_jX_i = \alpha_{ii}X_i + \varepsilon_{ii}X_iW_iX_i + \Delta\pi_{ii}X_iW_iX_i + X_i\sum_{j=1,j\neq i}^{N}\alpha_{ij}P_jX_i$$

$$+ \sum_{j=1,j\neq i}^{N}(\Delta\pi_{ij} + \varepsilon_{ij})X_i(P_j - P_i + W_i)X_i$$

注意到对于任意正定矩阵 $T_i > 0$，有

$$\Delta\pi_{ii}W_i \leqslant 0.25(\Delta\pi_{ii})^2 T_i + W_iT_i^{-1}W_i \leqslant 0.25\varepsilon_{ii}^2 T_i + W_iT_i^{-1}W_i \qquad (4.31)$$

考虑到式（4.31），令 $\overline{W}_i \triangleq X_iW_iX_i$，$\overline{T}_i \triangleq X_iT_iX_i$。根据 Schur 补引理，条件（4.22）和条件（4.23）意味着不等式（4.27）成立，因为 $\Delta\pi_{ij} + \varepsilon_{ij} \geqslant 0$ 对于任意 $j \neq i \in S$ 均成立。

另一方面，定理 4.1 中的条件（4.13）等价于

$$\begin{bmatrix} P_j & (I + E_{ci}^{-1}B_i\alpha_a G_i)^{\mathrm{T}} \\ * & P_i^{-1} \end{bmatrix} \geqslant 0 \qquad (4.32)$$

其中 $i, j \in S, i \neq j$。在不等式（4.32）的左右两边分别乘以矩阵 $\begin{bmatrix} X_i^{\mathrm{T}} & 0 \\ 0 & E_{ci} \end{bmatrix}$ 及其转

置，则

$$\begin{bmatrix} -X_i^{\mathrm{T}} P_j X_i & -X_i^{\mathrm{T}} E_{ci}^{\mathrm{T}} - X_i^{\mathrm{T}} G_i^{\mathrm{T}} \alpha_a B_i^{\mathrm{T}} \\ * & -E_{ci} X_i E_{ci}^{\mathrm{T}} \end{bmatrix} \leqslant 0 \qquad (4.33)$$

令 $L_i = G_i X_i$，并将式（4.3）和式（4.10）代入到不等式（4.33），则

$$\begin{bmatrix} \widetilde{\varPsi}_{11i} & \widetilde{\varPsi}_{12i} \\ * & \widetilde{\varPsi}_{22i} \end{bmatrix} + \widetilde{\mathcal{X}}^{\mathrm{T}} F(t) \widetilde{\mathcal{Y}} + \widetilde{\mathcal{Y}}^{\mathrm{T}} F^{\mathrm{T}}(t) \widetilde{\mathcal{X}} + \widetilde{\mathcal{M}}^{\mathrm{T}} \Delta_a \widetilde{\mathcal{N}} + \widetilde{\mathcal{N}}^{\mathrm{T}} \Delta_a^{\mathrm{T}}(t) \widetilde{\mathcal{M}} \leqslant 0 \quad (4.34)$$

意味着不等式（4.33）成立，因为下列不等式

$$-X_i^{\mathrm{T}} P_j X_i \leqslant -X_i^{\mathrm{T}} - X_i + X_j$$

$$-E_{ci} X_i E_{ci}^{\mathrm{T}} \leqslant -E_{ci} X_i - X_i^{\mathrm{T}} E_{ci}^{\mathrm{T}} + X_i$$

恒成立。其中

$$\widetilde{\varPsi}_{11i} = -X_i - X_i^{\mathrm{T}} + X_j, \quad \widetilde{\varPsi}_{12i} = -(E_i X_i + B_i \beta_{a0} Z_i + B_i \beta_{a0} L_i)^{\mathrm{T}}$$

$$\widetilde{\varPsi}_{22i} = -(E_i X_i + B_i \beta_{a0} Z_i) - (E_i X_i + B_i \beta_{a0} Z_i)^{\mathrm{T}} + X_i$$

$$\widetilde{\mathcal{X}} = \begin{bmatrix} 0 & -M_i^{\mathrm{T}} \end{bmatrix}, \quad \widetilde{\mathcal{Y}} = \begin{bmatrix} N_{ei} X_i & N_{ei} X_i \end{bmatrix}$$

$$\widetilde{\mathcal{M}} = \begin{bmatrix} 0 & -B_i^{\mathrm{T}} \end{bmatrix}, \quad \widetilde{\mathcal{N}} = \begin{bmatrix} \beta_{a0} Z_i + \beta_{a0} L_i & \beta_{a0} Z_i \end{bmatrix}$$

根据式（4.8）和基本不等式 $x^{\mathrm{T}} y + y^{\mathrm{T}} x \leqslant \varepsilon x^{\mathrm{T}} x + \varepsilon^{-1} y^{\mathrm{T}} y$，以及 Schur 补性质和引理 2.3，条件（4.24）意味着不等式（4.34）成立。

证毕。

在定理 4.2 中，定理 4.1 的两个条件式（4.12）和式（4.13）被转化成了可行的矩阵不等式条件（4.21）～（4.24）。从证明过程可以看出，可靠性耗散混杂脉冲控制器中比例导数反馈部分和脉冲反馈部分的增益矩阵可以同时被设计出来。而在文献[84-86,88-91]中，脉冲反馈的增益矩阵都是提前给定的。因此，本章所给方法能够提供更大的设计自由度，并在某种程度上降低保守性。

当系统（4.1）退化为一类线性不确定广义 Markov 跳变系统，即非线性项 $f(x(t), t) = 0$ 时，显然 Lipschitz 系数 $\eta = 0$。此时，只需将定理 4.2 中的 Ω_{11i} 改写为 $\bar{\Omega}_{11i} = A_i H_i + B_i \beta_{a0} Y_i + (A_i H_i + B_i \beta_{a0} Y_i)^{\mathrm{T}} + B_i U_1 B_i^{\mathrm{T}}$ 并将常数 η 取为零，就可以得

到线性不确定广义 Markov 跳变系统可靠性耗散混杂脉冲控制的相关结果。详细内容不再赘述。

当 $Q = -I$ ， $S = 0$ ， $R = \gamma^2 I$ 时，定理 4.2 退化为非线性不确定广义 Markov 系统（4.1）可靠 H_∞ 性能的相关结果。在执行器正常工作和发生故障两种情况下，利用定理 4.2，可以得到比文献[90]更小的 H_∞ 性能指标下界。不仅如此，本章所提方法仍然适用于系统矩阵中参数值较大的情形。这将体现在下文的例 4.2 中。

下面给出定理 4.2 的几个特例。

首先考虑执行器正常工作的情况，即 $\bar{\alpha}_a = \underline{\alpha}_a = \alpha_a = \mathrm{diag}\{1,1,\dots,1\}$ 。此时， $\beta_{a0} = \mathrm{diag}\{1,1,\dots,1\}$ 且 $\Delta_a = \mathrm{diag}\{0,0,\dots,0\}$ 。类似于定理 4.2 的证明过程，可以得到如下推论。

推论 4.1 给定实矩阵 Q, S, R 且 Q, R 对称，如果存在矩阵 $X_i > 0$ ， H_i ， Y_i ， Z_i ， L_i ， $\bar{W}_i = \bar{W}_i^{\mathrm{T}}$ ， $\bar{T}_i > 0$ ， $V_i > 0$ 以及常数 $\delta_{1i} > 0$ ， $\delta_{2i} > 0$ ，使得下列不等式对于所有 $i, j \in S$ ， $i \neq j$ 成立

$$\begin{bmatrix} \breve{\Omega}_{11i} + \delta_{1i} M_i M_i^{\mathrm{T}} & \breve{\Omega}_{12i} & \breve{\Omega}_{13i} & \breve{\Omega}_{14i} & \breve{\Omega}_{15i} & 0 \\ * & \Omega_{22i} & 0 & 0 & 0 & \Omega_{26i} \\ * & * & \Omega_{33i} & 0 & 0 & \Omega_{36i} \\ * & * & * & \Omega_{44i} & 0 & \Omega_{46i} \\ * & * & * & * & -I & \Omega_{56i} \\ * & * & * & * & * & -\delta_{1i} I \end{bmatrix} < 0 \qquad (4.35)$$

$$\begin{bmatrix} \Theta_{11i} & \Theta_{12i} & \bar{W}_i & X_i C_i^{\mathrm{T}} Q_-^{\frac{1}{2}} \\ * & \Theta_{22i} & 0 & 0 \\ * & * & -\bar{T}_i & 0 \\ * & * & * & -I \end{bmatrix} < 0 \qquad (4.36)$$

$$\begin{bmatrix} -X_i + \bar{W}_i & X_i \\ * & -X_j \end{bmatrix} \leqslant 0 \qquad (4.37)$$

$$\begin{bmatrix} \Phi_{11ij} & \breve{\Phi}_{12i} & \Phi_{13i} \\ * & \breve{\Phi}_{22i} + \delta_{2i} M_i M_i^{\mathrm{T}} & \Phi_{23i} \\ * & * & -\delta_{2i} I \end{bmatrix} \leqslant 0 \qquad (4.38)$$

则控制器（4.5）是系统（4.1）的一个鲁棒正常化可靠性耗散混杂脉冲控制器。
式中

$$\breve{\Omega}_{11i} = A_i H_i + B_i Y_i + (A_i H_i + B_i Y_i)^{\mathrm{T}} + B_{fi} B_{fi}^{\mathrm{T}}$$

$$\breve{\Omega}_{12i} = A_i H_i + B_i Y_i + E_i X_i + B_i Z_i - H_i^{\mathrm{T}}$$

$$\breve{\Omega}_{13i} = B_{\omega i} - (E_i X_i + B_i Z_i) C_i^{\mathrm{T}} S - (E_i X_i + B_i Z_i) C_i^{\mathrm{T}} Q D_i$$

$$\breve{\Omega}_{14i} = E_i X_i + B_i Z_i, \quad \breve{\Omega}_{15i} = \eta E_i X_i + \eta B_i Z_i, \quad \breve{\Phi}_{12i} = -(E_i X_i + B_i Z_i + B_i L_i)^{\mathrm{T}}$$

$$\breve{\Phi}_{22i} = -(E_i X_i + B_i Z_i) - (E_i X_i + B_i Z_i)^{\mathrm{T}} + X_i$$

其他分块矩阵同定理 4.2。此时，脉冲比例导数可靠性耗散反馈控制器（4.5）的
增益矩阵可取为

$$K_{ai} = Y_i H_i^{-1}, \quad K_{ei} = Z_i X_i^{-1}, \quad G_i = L_i X_i^{-1}$$

接下来考虑执行器工作时发生故障的情形。

考虑可靠性耗散混杂脉冲控制器（4.5）中不包含比例反馈的情况。从式（4.25）
可以看出，如果 $Y_i = 0$，则有 $K_{ai} = 0$。故可以得到如下结论。

推论 4.2 给定实矩阵 Q,S,R 且 Q,R 对称，如果存在矩阵 $X_i > 0$，H_i，Z_i，
L_i，$\overline{W}_i = \overline{W}_i^{\mathrm{T}}$，$\overline{T}_i > 0$，$V_i > 0$，对角矩阵 $U_1 > 0$，$U_2 > 0$ 以及常数 $\delta_{1i} > 0$，$\delta_{2i} > 0$，
使得下列不等式对于所有 $i,j \in S$，$i \neq j$ 成立

$$\begin{bmatrix} \tilde{\Omega}_{11i} + \delta_{1i} M_i M_i^{\mathrm{T}} & \tilde{\Omega}_{12i} & \Omega_{13i} & \Omega_{14i} & \Omega_{15i} & 0 & 0 \\ * & \Omega_{22i} & 0 & 0 & 0 & \Omega_{26i} & \tilde{\Omega}_{27i} \\ * & * & \Omega_{33i} & 0 & 0 & \Omega_{36i} & \Omega_{37i} \\ * & * & * & \Omega_{44i} & 0 & \Omega_{46i} & \Omega_{47i} \\ * & * & * & * & -I & \Omega_{56i} & \Omega_{57i} \\ * & * & * & * & * & -\delta_{1i} I & 0 \\ * & * & * & * & * & * & -U_1 \end{bmatrix} < 0 \quad （4.39）$$

$$\begin{bmatrix} \Theta_{11i} & \Theta_{12i} & \overline{W}_i & X_i C_i^{\mathrm{T}} Q_-^{\frac{1}{2}} \\ * & \Theta_{22i} & 0 & 0 \\ * & * & -\overline{T}_i & 0 \\ * & * & * & -I \end{bmatrix} < 0 \quad （4.40）$$

$$\begin{bmatrix} -X_i + \overline{W}_i & X_i \\ * & -X_j \end{bmatrix} \leqslant 0 \quad （4.41）$$

$$\begin{bmatrix} \Phi_{11ij} & \Phi_{12i} & \Phi_{13i} & \Phi_{14i} \\ * & \Phi_{22i} + \delta_{2i}M_iM_i^{\mathrm{T}} & \Phi_{23i} & \Phi_{24i} \\ * & * & -\delta_{2i}I & 0 \\ * & * & * & -U_2 \end{bmatrix} \leqslant 0 \qquad (4.42)$$

则控制器（4.5）是系统（4.1）的一个鲁棒正常化可靠性耗散混杂脉冲控制器。
式中

$$\tilde{\Omega}_{11i} = A_iH_i + H_i^{\mathrm{T}}A_i^{\mathrm{T}} + B_{fi}B_{fi}^{\mathrm{T}} + B_iU_1B_i^{\mathrm{T}}$$

$$\tilde{\Omega}_{12i} = A_iH_i + E_iX_i + B_i\beta_{a0}Z_i - H_i^{\mathrm{T}}, \quad \tilde{\Omega}_{27i} = Z_i^{\mathrm{T}}\beta_{a0}\beta$$

其他分块矩阵同定理 4.2。此时，脉冲比例导数可靠性耗散反馈控制器（4.5）的
增益矩阵可取为

$$K_{ai} = 0, \quad K_{ei} = Z_iX_i^{-1}, \quad G_i = L_iX_i^{-1}$$

当非线性不确定广义 Markov 跳变系统（4.1）的导数项矩阵满秩时，无需再
设计控制器（4.5）中的导数反馈部分。这时，控制器（4.5）变为一类脉冲比例状
态反馈控制器。从式（4.25）可以看出，当且仅当 $Z_i = 0$ 时 $K_{ei} = 0$。因此，在
$\mathrm{rank}(E(r(t)) + \Delta E(r(t))) = n$ 的情况下，可以得到以下推论。

推论 4.3 给定实矩阵 Q,S,R 且 Q,R 对称，在 $\mathrm{rank}(E(r(t)) + \Delta E(r(t))) = n$（$n$ 为
系统维数）的前提下，如果存在矩阵 $X_i > 0$，H_i，Y_i，L_i，$\bar{W}_i = \bar{W}_i^{\mathrm{T}}$，$\bar{T}_i > 0$，$V_i > 0$，
对角矩阵 $U_1 > 0$，$U_2 > 0$ 以及常数 $\delta_{1i} > 0$，$\delta_{2i} > 0$，使得下列不等式对于所有
$i, j \in S$，$i \neq j$ 成立

$$\begin{bmatrix} \Omega_{11i} + \delta_{1i}M_iM_i^{\mathrm{T}} & \hat{\Omega}_{12i} & \hat{\Omega}_{13i} & \hat{\Omega}_{14i} & \hat{\Omega}_{15i} & 0 & \Omega_{17i} \\ * & \Omega_{22i} & 0 & 0 & 0 & \Omega_{26i} & \hat{\Omega}_{27i} \\ * & * & \Omega_{33i} & 0 & 0 & \Omega_{36i} & 0 \\ * & * & * & \Omega_{44i} & 0 & \Omega_{46i} & 0 \\ * & * & * & * & -I & \Omega_{56i} & 0 \\ * & * & * & * & * & -\delta_{1i}I & 0 \\ * & * & * & * & * & * & -U_1 \end{bmatrix} < 0 \qquad (4.43)$$

$$\begin{bmatrix} \Theta_{11i} & \Theta_{12i} & \overline{W}_i & X_i C_i^T Q^{\frac{1}{2}} \\ * & \Theta_{22i} & 0 & 0 \\ * & * & -\overline{T}_i & 0 \\ * & * & * & -I \end{bmatrix} < 0 \tag{4.44}$$

$$\begin{bmatrix} -X_i + \overline{W}_i & X_i \\ * & -X_j \end{bmatrix} \leqslant 0 \tag{4.45}$$

$$\begin{bmatrix} \Phi_{11ij} & \hat{\Phi}_{12i} & \Phi_{13i} & \hat{\Phi}_{14i} \\ * & \hat{\Phi}_{22i} + \delta_{2i} M_i M_i^T & \Phi_{23i} & 0 \\ * & * & -\delta_{2i}I & 0 \\ * & * & * & -U_2 \end{bmatrix} \leqslant 0 \tag{4.46}$$

则控制器（4.5）是系统（4.1）的一个鲁棒正常化可靠性耗散混杂脉冲控制器。式中

$$\hat{\Omega}_{12i} = A_i H_i + B_i \beta_{a0} Y_i + E_i X_i - H_i^T, \quad \hat{\Omega}_{13i} = B_{\omega i} - E_i X_i C_i^T S - E_i X_i C_i^T Q D_i$$

$$\hat{\Omega}_{14i} = E_i X_i, \quad \hat{\Omega}_{15i} = \eta E_i X_i, \quad \hat{\Omega}_{27i} = Y_i^T \beta_{a0} \beta, \quad \hat{\Phi}_{12i} = -(E_i X_i + B_i \beta_{a0} L_i)^T$$

$$\hat{\Phi}_{14i} = L_i^T \beta_{a0} \beta, \quad \hat{\Phi}_{22i} = -E_i X_i - X_i E_i^T + X_i + B_i U_2 B_i^T$$

其他分块矩阵同定理 4.2。此时，脉冲比例导数可靠性耗散反馈控制器（4.5）的增益矩阵可取为

$$K_{ai} = Y_i H_i^{-1}, \quad K_{ei} = 0, \quad G_i = L_i X_i^{-1}$$

当 $E(r(t)) = I$，$\Delta E(r(t)) = 0$，即 $N_e(r(t)) = 0$ 时，条件 $\text{rank}(E(r(t)) + \Delta E(r(t))) = n$ 显然成立。这时，推论 4.3 即为正常状态空间的相关结果。对于非奇异 Markov 跳变系统，如果在控制器（4.5）中添加导数反馈部分，H_∞ 性能指标的下界 $\gamma_{\min}$ 将会减小。这将体现在下文的例 4.2 中。

当非线性不确定广义 Markov 跳变系统（4.1）的转移概率矩阵完全已知，即 $\Delta \pi_{ij} = 0$，$\forall i, j \in S$ 时，可以得到如下结论。

推论 4.4 给定实矩阵 Q, S, R 且 Q, R 对称，如果存在矩阵 $X_i > 0$，H_i，Y_i，Z_i，L_i，$V_i > 0$，对角矩阵 $U_1 > 0$，$U_2 > 0$ 以及常数 $\delta_{1i} > 0$，$\delta_{2i} > 0$，使得下列不等式对于所有 $i, j \in S$，$i \neq j$ 成立

$$
\begin{bmatrix}
\Omega_{11i} + \delta_{1i} M_i M_i^{\mathrm{T}} & \Omega_{12i} & \Omega_{13i} & \Omega_{14i} & \Omega_{15i} & 0 & \Omega_{17i} \\
* & \Omega_{22i} & 0 & 0 & 0 & \Omega_{26i} & \Omega_{27i} \\
* & * & \Omega_{33i} & 0 & 0 & \Omega_{36i} & \Omega_{37i} \\
* & * & * & \Omega_{44i} & 0 & \Omega_{46i} & \Omega_{47i} \\
* & * & * & * & -I & \Omega_{56i} & \Omega_{57i} \\
* & * & * & * & * & -\delta_{1i} I & 0 \\
* & * & * & * & * & * & -U_1
\end{bmatrix} < 0 \tag{4.47}
$$

$$
\begin{bmatrix}
\overline{\Theta}_{11i} & \overline{\Theta}_{12i} & X_i C_i^{\mathrm{T}} Q_-^{\frac{1}{2}} \\
* & \Theta_{22i} & 0 \\
* & * & -I
\end{bmatrix} < 0 \tag{4.48}
$$

$$
\begin{bmatrix}
\Phi_{11ij} & \Phi_{12i} & \Phi_{13i} & \Phi_{14i} \\
* & \Phi_{22i} + \delta_{2i} M_i M_i^{\mathrm{T}} & \Phi_{23i} & \Phi_{24i} \\
* & * & -\delta_{2i} I & 0 \\
* & * & * & -U_2
\end{bmatrix} \leqslant 0 \tag{4.49}
$$

则控制器（4.5）是系统（4.1）的一个鲁棒正常化可靠性耗散混杂脉冲控制器。式中

$$
\overline{\Theta}_{11i} = -V_i + \pi_{ii} X_i, \quad \overline{\Theta}_{12i} = [\sqrt{\pi_{i1}} X_i \cdots \sqrt{\pi_{i(i-1)}} X_i \sqrt{\pi_{i(i+1)}} X_i \cdots \sqrt{\pi_{iN}} X_i]
$$

其他分块矩阵同定理 4.2。此时，脉冲比例导数可靠性耗散反馈控制器（4.5）的增益矩阵可取为

$$
K_{ai} = Y_i H_i^{-1}, \quad K_{ei} = Z_i X_i^{-1}, \quad G_i = L_i X_i^{-1}
$$

4.4 仿真算例

本节利用两个仿真算例来说明本章所提可靠性耗散混杂脉冲控制器设计方法的有效性。在执行器正常工作和失效两种情况下，将所提新方法与文献[90]中的方法进行了比较。仿真结果表明，利用混杂脉冲控制策略，能够得到较小的 H_∞ 性能指标下界。不仅如此，本章所提方法还具有较广泛的适用性。

例 4.1 考虑在两个子系统之间随机切换的非线性不确定广义 Markov 跳变系

统（4.1），其中

$$E_1 = \begin{bmatrix} 1 & 0 & 0 \\ 0 & 1 & 0 \\ 0 & 0 & 0 \end{bmatrix}, \quad A_1 = \begin{bmatrix} -2.4 & 0.3 & 0 \\ 1 & -2 & -0.1 \\ 1.2 & 2.5 & -1 \end{bmatrix}, \quad B_1 = \begin{bmatrix} 0.5 & 0 \\ 0 & 1 \\ 1 & -0.2 \end{bmatrix}$$

$$B_{f1} = \begin{bmatrix} 0.1 \\ 0 \\ 0.3 \end{bmatrix}, \quad B_{\omega 1} = \begin{bmatrix} 1 & 0.3 \\ 0.2 & 2 \\ 0 & -0.5 \end{bmatrix}, \quad C_1 = \begin{bmatrix} 1 & 0.2 & 0 \\ 0 & 0.1 & 0.5 \end{bmatrix}, \quad D_1 = \begin{bmatrix} 0.7 & 0 \\ 0 & 0.1 \end{bmatrix}$$

$$E_2 = \begin{bmatrix} 0 & 0 & 0 \\ 0 & 1 & 0 \\ 0 & 0 & 1 \end{bmatrix}, \quad A_2 = \begin{bmatrix} -1 & 0.8 & 0 \\ -0.3 & -1.5 & -0.5 \\ 0.1 & 0 & 1.2 \end{bmatrix}, \quad B_2 = \begin{bmatrix} 1 & 0 \\ 0 & 0.5 \\ -1 & -0.7 \end{bmatrix}$$

$$B_{f2} = \begin{bmatrix} 0.2 \\ 0.1 \\ 0 \end{bmatrix}, \quad B_{\omega 2} = \begin{bmatrix} 0.1 & -1 \\ 0.5 & 1 \\ 0.1 & 0 \end{bmatrix}, \quad C_2 = \begin{bmatrix} 0.1 & 0 & 1 \\ -1 & 0 & 0.3 \end{bmatrix}, \quad D_2 = \begin{bmatrix} 0.1 & 0 \\ 0 & 0.2 \end{bmatrix}$$

系统具有范数有界且满足式（4.3）的不确定性，具体参数为

$$M_1 = \begin{bmatrix} 0.3 & 0.4 & 0.3 \end{bmatrix}^T, \quad N_{e1} = \begin{bmatrix} 0.7 & 0.7 & 0.2 \end{bmatrix}$$

$$M_2 = \begin{bmatrix} 0.3 & 0.4 & 0.3 \end{bmatrix}^T, \quad N_{e2} = \begin{bmatrix} 0.3 & 0.2 & 0.2 \end{bmatrix}$$

且不确定时变矩阵为 $F(t) = \sin t$。显然，$\mathrm{rank}(E_i + \Delta E_i) \neq 3$（3 为系统维数），$i = 1,2$，即原系统是一个奇异系统而非正常系统。非线性项 $f(x(t),t) = 0.1\sin x_1(t)$。模态转移速率为 $\pi_{11} = -1.4$，$\pi_{22} = -1.1$，其中的不确定转移速率分别满足 $|\Delta \pi_{12}| \leqslant \varepsilon_{12} \triangleq 0.5\pi_{12}$ 和 $|\Delta \pi_{21}| \leqslant \varepsilon_{21} \triangleq 0.5\pi_{21}$。假定控制输入存在执行器失效，故障系数矩阵为 $\bar{\alpha}_a = \mathrm{diag}\{1.1,1.2\}$，$\underline{\alpha}_a = \mathrm{diag}\{0.8,0.9\}$。

接下来为上述系统设计一个鲁棒正常化可靠性耗散混杂脉冲控制器。当二次型供给率（4.11）中的矩阵 Q,S,R 取不同值时，可以分别得到执行器失效时系统可靠性耗散、无源以及 H_∞ 性能的相关结论。

（1）当 $Q = -\begin{bmatrix} 1 & 0 \\ 0 & 1 \end{bmatrix}$，$S = \begin{bmatrix} 0.5 & 0.2 \\ 0.1 & 0.6 \end{bmatrix}$，$R = \begin{bmatrix} 4 & 0 \\ 0 & 4 \end{bmatrix}$ 时，定理 4.2 为非线性不确定广义 Markov 跳变系统（4.1）可靠性耗散的相关结论。通过求解定理 4.2 中的矩阵不等式（4.21）～（4.24），能够得到系统（4.1）的一个鲁棒正常化可靠性

耗散混杂脉冲控制器。此时，控制器（4.5）的增益矩阵为

$$K_{a1} = \begin{bmatrix} 1.0341 & -0.9482 & 0.0811 \\ 0.5361 & -0.6906 & 0.0928 \end{bmatrix}, \quad K_{e1} = \begin{bmatrix} 0.5647 & -0.0327 & -2.0672 \\ -0.5793 & -0.4130 & -0.7485 \end{bmatrix}$$

$$G_1 = \begin{bmatrix} -1.1775 & 0.0273 & 2.3615 \\ 0.0312 & -0.0350 & 0.6541 \end{bmatrix}$$

$$K_{a2} = \begin{bmatrix} -0.1731 & -0.2184 & 1.7643 \\ 0.3014 & 0.3808 & 1.4173 \end{bmatrix}, \quad K_{e2} = \begin{bmatrix} -1.2741 & -0.2500 & 0.8231 \\ 1.6221 & 0.3266 & -0.2241 \end{bmatrix}$$

$$G_2 = \begin{bmatrix} 1.3238 & 0.4655 & -0.7333 \\ -1.5797 & -0.6883 & 1.3112 \end{bmatrix}$$

（2）当 $Q = \begin{bmatrix} 0 & 0 \\ 0 & 0 \end{bmatrix}$，$S = \begin{bmatrix} 1 & 0 \\ 0 & 1 \end{bmatrix}$，$R = \begin{bmatrix} 0 & 0 \\ 0 & 0 \end{bmatrix}$ 时，定理 4.2 退化为非线性不

确定广义 Markov 跳变系统（4.1）可靠性无源的相关结论。通过求解定理 4.2 中
的矩阵不等式（4.21）～（4.24），能够得到系统（4.1）的一个鲁棒正常化可靠性
无源混杂脉冲控制器。此时，控制器（4.5）的增益矩阵为

$$K_{a1} = \begin{bmatrix} 1.4069 & -0.5488 & 0.0215 \\ -1.0769 & -0.2841 & 0.1863 \end{bmatrix}, \quad K_{e1} = \begin{bmatrix} 0.1641 & -0.0080 & -1.6102 \\ 0.0299 & -0.6062 & -1.0571 \end{bmatrix}$$

$$G_1 = \begin{bmatrix} -0.4581 & -0.0266 & 2.0189 \\ -0.9001 & 0.0133 & 0.5535 \end{bmatrix}$$

$$K_{a2} = \begin{bmatrix} -0.1715 & -0.2139 & 1.3622 \\ 0.2931 & 0.3507 & 1.7833 \end{bmatrix}, \quad K_{e2} = \begin{bmatrix} -0.7950 & -0.1648 & 0.1623 \\ 0.9185 & 0.2187 & -0.3628 \end{bmatrix}$$

$$G_2 = \begin{bmatrix} 1.0275 & 0.2829 & -0.1726 \\ -1.3199 & -0.4010 & 1.7047 \end{bmatrix}$$

（3）当 $Q = -\begin{bmatrix} 1 & 0 \\ 0 & 1 \end{bmatrix}$，$S = \begin{bmatrix} 0 & 0 \\ 0 & 0 \end{bmatrix}$，$R = \gamma^2 \begin{bmatrix} 1 & 0 \\ 0 & 1 \end{bmatrix}$ 时，定理 4.2 退化为非线

性不确定广义 Markov 跳变系统（4.1）可靠性 H_∞ 性能的相关结论。通过求解定
理 4.2 中的矩阵不等式（4.21）～（4.24），能够得到系统（4.1）的一个鲁棒正常
化可靠性 H_∞ 混杂脉冲控制器。此时，H_∞ 性能指标的下界为 $\gamma_{\min} = 1.4742$，控制
器（4.5）的增益矩阵为

$$K_{a1} = \begin{bmatrix} 2.2474 & -1.2663 & 0.0207 \\ -0.4369 & -0.3113 & 0.1215 \end{bmatrix}, \quad K_{e1} = \begin{bmatrix} 0.8342 & 0.1332 & -2.2366 \\ -0.9461 & -0.6380 & -1.0945 \end{bmatrix}$$

$$G_1 = \begin{bmatrix} -1.5253 & -0.1206 & 2.5309 \\ 0.5472 & 0.2183 & 0.7429 \end{bmatrix}$$

$$K_{a2} = \begin{bmatrix} -0.2363 & -0.2376 & 2.0472 \\ 0.3649 & 0.3991 & 1.0459 \end{bmatrix}, \quad K_{e2} = \begin{bmatrix} -1.3864 & -0.3510 & 0.9516 \\ 1.8198 & 0.4121 & -0.3205 \end{bmatrix}$$

$$G_2 = \begin{bmatrix} 1.4196 & 0.5813 & -0.8616 \\ -1.7173 & -0.8428 & 1.3322 \end{bmatrix}$$

（4）如果转移概率矩阵 $\tilde{\Pi}$ 完全已知，即 $\Delta\pi_{12} = \Delta\pi_{21} = 0$，则可以利用推论 4.4 求解可靠性耗散混杂脉冲控制器（4.5）。当 $Q = -\begin{bmatrix} 1 & 0 \\ 0 & 1 \end{bmatrix}$，$S = \begin{bmatrix} 0.5 & 0.2 \\ 0.1 & 0.6 \end{bmatrix}$，

$R = \begin{bmatrix} 4 & 0 \\ 0 & 4 \end{bmatrix}$ 时，可以计算出控制器（4.5）的增益矩阵

$$K_{a1} = \begin{bmatrix} 1.1240 & -0.9724 & 0.0802 \\ -0.1087 & -0.4645 & 0.1271 \end{bmatrix}, \quad K_{e1} = \begin{bmatrix} 0.4554 & -0.0488 & -2.0134 \\ -0.5742 & -0.3905 & -0.5540 \end{bmatrix}$$

$$G_1 = \begin{bmatrix} -1.0579 & 0.0261 & 2.2963 \\ -0.0611 & -0.1017 & 0.5236 \end{bmatrix}$$

$$K_{a2} = \begin{bmatrix} -0.1469 & -0.2038 & 1.7060 \\ 0.2759 & 0.3663 & 1.4806 \end{bmatrix}, \quad K_{e2} = \begin{bmatrix} -1.2555 & -0.2545 & 0.7415 \\ 1.5517 & 0.3350 & -0.0818 \end{bmatrix}$$

$$G_2 = \begin{bmatrix} 1.2800 & 0.4856 & -0.6270 \\ -1.4894 & -0.7130 & 1.1575 \end{bmatrix}$$

对于任意 $t \in [0, \infty)$，在上述控制器的作用下，闭环系统（4.9）导数项矩阵的秩 $\mathrm{rank}(E_{ci}) = 3$，$i = 1, 2$，即闭环系统被正常化。

系统模态的 Markov 过程如图 4.1 所示。图 4.2 和图 4.3 分别给出了初始状态为 $x_0 = \begin{bmatrix} -1 & 0 & 1 \end{bmatrix}^{\mathrm{T}}$ 时系统的开环状态响应（$\omega(t) = 0$）和执行器故障系数矩阵为 $\alpha_a = \mathrm{diag}\{1.1, 0.9\}$ 时的闭环状态响应。仿真结果表明，在脉冲比例导数反馈控制器（4.5）的作用下，即使控制输入执行器的输出信号偏离准确值，闭环系统仍然鲁棒随机稳定。

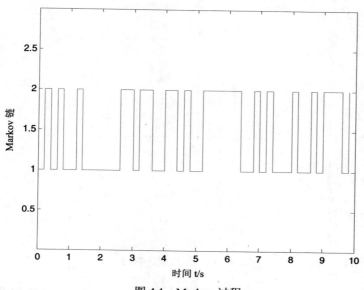

图 4.1　Markov 过程

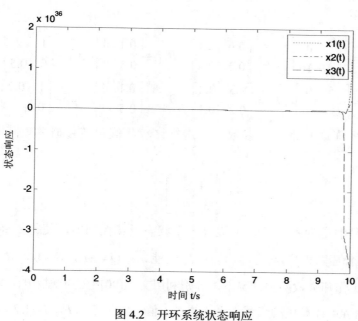

图 4.2　开环系统状态响应

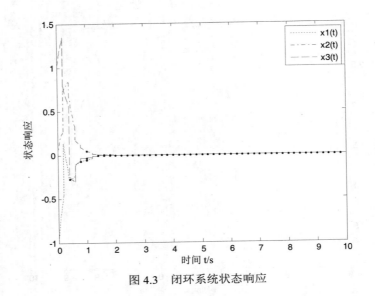

图 4.3   闭环系统状态响应

例 4.2   考虑一类转移概率矩阵完全已知的线性广义 Markov 跳变系统(4.1),其中导数项矩阵为二阶单位阵,即 $E_i = I$, $N_{ei} = 0$, $D_i = 0$, $i = 1,2$ 。系统其他参数如下

$$A_1 = \begin{bmatrix} \rho & 0 \\ 3 & -10 \end{bmatrix}, \quad B_1 = \begin{bmatrix} 0.6 & 0.1 \\ 0.2 & 0.4 \end{bmatrix}, \quad B_{\omega 1} = \begin{bmatrix} 0.1 & 1 \\ 0.5 & 1 \end{bmatrix}, \quad C_1 = \begin{bmatrix} 1 & 2 \\ 0 & 0.5 \end{bmatrix}$$

$$A_2 = \begin{bmatrix} -5 & 0 \\ 2 & -1 \end{bmatrix}, \quad B_2 = \begin{bmatrix} 0.3 & 0.2 \\ 0.2 & 0.1 \end{bmatrix}, \quad B_{\omega 2} = \begin{bmatrix} 0.1 & 1 \\ 0.5 & 1 \end{bmatrix}, \quad C_2 = \begin{bmatrix} 1 & 0.2 \\ 0 & 1 \end{bmatrix}$$

其中, ρ 为矩阵 A_1 中的可变参数。为进行比较,假定转移概率矩阵 $\tilde{\Pi}$ 完全已知,即

$$\tilde{\Pi} = \begin{bmatrix} -4 & 4 \\ 3 & -3 \end{bmatrix}$$

我们的目的是为系统(4.1)设计一个状态反馈控制器,使得闭环系统(当 $\omega(t) = 0$ 时)鲁棒随机稳定,并且具有 H_∞ 性能。令 $Q = -I$, $S = 0$, $R = \gamma^2 I$ 。在执行器正常工作和失效两种情况下,分别利用文献[90]中的定理 10、本章的推论 4.1 以及推论 4.4 计算扰动衰减水平 γ 的最小值。由于 $E_i = I$, $i = 1,2$,是非奇异矩阵,因此不论控制器(4.5)中是否包含导数反馈部分(即 $K_{ei} \neq 0$ 或 $K_{ei} = 0$),

都可以利用本章所提方法求解出系统（4.1）的鲁棒正常化 H_∞ 混杂脉冲控制器和性能指标下界。

对于不同的系统参数 ρ，在执行器正常工作的情况下，即 $\bar\alpha_a = \underline\alpha_a = \mathrm{diag}\{1,1\}$ 时，表 4.1 列出了利用文献[90]中的定理 10 和本章推论 4.1 计算出来的最小衰减水平 $\gamma_{\min}$；在执行器失效的情况下，即 $\bar\alpha_a = \mathrm{diag}\{1.5,1\}$，$\underline\alpha_a = \mathrm{diag}\{0.5,1\}$ 时，表 4.2 列出了利用文献[90]中的定理 10 和本章的推论 4.4 计算出来的最小衰减水平 $\gamma_{\min}$。

表 4.1　执行器正常工作时不同方法计算出来的最小扰动衰减水平

$\gamma_{\min}$	$\rho = 0.5$	$\rho = 1$	$\rho = 1.5$	$\rho = 2$
定理 10（文献[90]）	2.0013	3.6149	47.5024	—
推论 3.3（ $K_{ei} = 0$ ）	1.1687	1.1693	1.1699	1.1703
推论 3.3（ $K_{ei} \neq 0$ ）	1.1023	1.1031	1.1041	1.1050

表 4.2　执行器失效时不同方法计算出来的最小扰动衰减水平

$\gamma_{\min}$	$\rho = 0.5$	$\rho = 1$	$\rho = 1.5$	$\rho = 2$
定理 10（文献[90]）	1.9999	3.6139	47.4931	—
推论 3.3（ $K_{ei} = 0$ ）	1.9543	1.9561	1.9709	2.0932
推论 3.3（ $K_{ei} \neq 0$ ）	1.8638	1.8639	1.8692	1.9603

文献[90]的控制策略是设计比例反馈控制器，并且系统的脉冲增益提前给定。当 $\rho \geqslant 1.5384$ 时，无论执行器是否失效，都无法利用文献[90]中的方法求解系统（4.1）的状态反馈控制器。而利用本章的推论 4.1 和推论 4.4，即使参数 ρ 的数值很大，也能够得到形如式（4.5）的脉冲比例导数反馈控制器。从表 4.1 和表 4.2 可以看出，在不同的执行器工作状况下，不论 K_{ei} 是否为零，利用本章的推论 4.1 和推论 4.4 计算出来的最小衰减水平 $\gamma_{\min}$ 都小于文献[90]的计算结果。值得注意的是，由于导数反馈控制器的引入，扰动衰减水平 γ 的下界也随之减小。

当 $\rho = 5$ 时，可得 H_∞ 性能指标的下界 $\gamma_{\min} = 2.4892$。此时，控制器（4.5）的增益矩阵为

$$K_{a1} = \begin{bmatrix} -100.8855 & -43.4547 \\ -535.2196 & -205.1738 \end{bmatrix}, \quad K_{e1} = \begin{bmatrix} -2.0181 & -0.4086 \\ 0.2930 & 0.0182 \end{bmatrix}$$

$$G_1 = \begin{bmatrix} -0.9420 & 0.2086 \\ 3.1222 & -1.3094 \end{bmatrix}$$

$$K_{a2} = \begin{bmatrix} 0.2057 & 0.0001 \\ 8.7352 & -0.0020 \end{bmatrix}, \quad K_{e2} = \begin{bmatrix} 0.6134 & 0.3175 \\ -5.3882 & -1.9970 \end{bmatrix}$$

$$G_2 = \begin{bmatrix} 0.6860 & 0.1494 \\ -0.9576 & -0.1254 \end{bmatrix}$$

4.5 本章小结

本章考虑了一类带有执行器失效的非线性不确定广义 Markov 跳变系统的鲁棒正常化和可靠性耗散控制问题。系统同时存在结构不确定性和未知的转移概率矩阵。本章提出了一种新的混杂脉冲控制器，使得闭环系统在执行器发生故障的情况下，仍然能够正常化、鲁棒随机稳定并且严格 (Q, S, R) 耗散。基于合同变换、自由权矩阵和线性矩阵不等式技术，得到了脉冲比例导数状态反馈控制器的参数化表示。所得结论提供了解决相关系统 H_∞ 控制和正实控制问题的统一框架。仿真算例说明，无论执行器正常工作还是发生故障，本章所提方法不仅有效而且具有较小的保守性。

第 5 章 时滞不确定广义 Markov 跳变系统的 H_∞ 脉冲控制

5.1 引言

当系统状态的变化率依赖于过去的状态时，我们称这样的系统为时滞系统[140]。时滞现象广泛存在于各类生物、物理和工业系统[140,141]。时滞的存在往往是系统不稳定和系统性能变差的重要原因[142]。一直以来，时滞系统的分析与综合都是控制理论与控制工程研究领域的热点问题[31,143-146]。目前关于时滞系统的研究成果主要分为时滞独立型[147-149]和时滞依赖型[76-80,150,151]。一般来说，时滞独立的结果保守性较大。当系统所含的时滞较小时，时滞依赖的结果保守性较小[77]。

依靠松弛矩阵变量和线性矩阵不等式技术，文献[145]探讨了一类不确定 Markov 跳变系统的 H_∞ 控制和 H_∞ 滤波问题，并进一步放宽了对时变时滞导数上界的限制。通过选取适当的 Lyapunov-Krasovskii 泛函并引入零方程，文献[151]研究了一类常时滞不确定 Markov 跳变系统的鲁棒稳定性和 H_∞ 控制问题，得到了依赖于系统状态时滞上界且保守性较小的理论结果。利用自由权矩阵和矩阵不等式放缩技术，文献[77]给出了一类广义 Markov 跳变系统时滞依赖 H_∞ 控制问题的相关结果。基于时滞区间分解方法，文献[78]提出了一个新的 Lyapunov-Krasovskii 泛函并给出了一类时滞广义 Markov 跳变系统时滞依赖有界实引理的新形式。目前，对于时滞不确定广义 Markov 跳变系统，能否找到一种新的控制策略对其进行稳定性分析与 H_∞ 控制，这是一个值得思考的问题。

本章将研究一类时滞不确定广义 Markov 跳变系统的 H_∞ 混杂脉冲控制问题。其中，范数有界的结构不确定性同时存在于系统的导数项矩阵、状态矩阵和输入矩阵。考虑到导数项矩阵中的结构不确定性和切换点处的状态跳变对系统正则性和稳定性的影响[45,100,101]，本章提出了一种带有记忆功能的脉冲比例导数状态反馈控制策略。在所设计混杂脉冲控制器的作用下，系统状态在切换点处发生瞬间跳变，进而使闭环系统成为一类时滞混杂脉冲系统。利用随机 Lyapunov-Krasovskii 泛函和自由权矩阵技术，可以得到闭环系统对所有容许的不确定性能够正常化、鲁棒随机稳定并且具有 H_∞ 性能的充分条件。通过合同变换和矩阵不等式放缩技术，进一步获得了脉冲比例导数记忆状态反馈控制器的参数化表示。所得结果依赖于系统时滞的上界并以线性矩阵不等式的形式给出。当系统时滞不可测时，可以得到无记忆混杂脉冲控制器的具体形式。由于所设计控制器的灵活性，本章所提方法可以同时应用于时滞已知或时滞未知有上界的系统。

本章第二节对所研究问题进行描述并给出了鲁棒正常化 H_∞ 混杂脉冲控制器的定义。第三节分别给出了 H_∞ 混杂脉冲控制器存在的判别条件和脉冲比例导数记忆状态反馈控制器的设计方法。其中，比例反馈、导数反馈、记忆反馈和脉冲反馈部分的增益矩阵可以在设计过程中同时求解。第四节首先给出一个数值算例，说明了本章所提方法的有效性。接着，就 H_∞ 控制问题，利用所得结论与文献[78]和文献[151]中的控制方法进行比较。仿真结果显示，混杂脉冲反馈策略能够更有效地抑制外部扰动对系统输出的影响。最后，对人体内的酶转移过程进行建模，并将带有记忆功能的混杂脉冲控制方法应用于该系统，进一步验证了本章所提方法的可行性。

5.2 问题描述

考虑一类时滞不确定广义 Markov 跳变系统

$$
\begin{cases}
(E(r(t)) + \Delta E(r(t)))\dot{x}(t) = (A(r(t)) + \Delta A(r(t)))x(t) \\
\qquad\qquad + (A_d(r(t)) + \Delta A_d(r(t)))x(t-d) \\
\qquad\qquad + (B(r(t)) + \Delta B(r(t)))u(t) + B_\omega(r(t))\omega(t) \\
z(t) = C(r(t))x(t) + C_d(r(t))x(t-d) + D(r(t))\omega(t) \\
x(t) = \phi(t), \quad t \in [-\bar{d}, 0]
\end{cases}
\tag{5.1}
$$

式中，$x(t) \in \mathbb{R}^n$ 为系统状态向量；$u(t) \in \mathbb{R}^m$ 为控制输入；$\omega(t) \in \mathcal{L}_2[0,\infty)$ 为外部扰动输入；$z(t) \in \mathbb{R}^l$ 为测量输出。参数 d 为满足 $0 \leqslant d \leqslant \bar{d}$ 的常时滞，$\phi(t) \in C_{n,\bar{d}}$ 且为相容的向量值初始函数。矩阵 $E(r(t)) \in \mathbb{R}^{n \times n}$ 可能是奇异矩阵，即 $\text{rank}[E(r(t))] = n_{r(t)} \leqslant n$。$A(r(t))$，$A_d(r(t))$，$B(r(t))$，$B_\omega(r(t))$，$C(r(t))$，$C_d(r(t))$ 和 $D(r(t))$ 是具有适当维数的已知矩阵。$\Delta E(r(t))$，$\Delta A(r(t))$，$\Delta A_d(r(t))$ 和 $\Delta B(r(t))$ 是未知时变矩阵，用来表示系统的不确定性。模态 $\{r(t), t \geqslant 0\}$（也记作 $\{r_t, t \geqslant 0\}$）是取值于有限集合 $S = \{1, 2, \cdots, N\}$ 的右连续 Markov 过程，且具有以下转移概率

$$Pr\big[r(t+\Delta) = j \mid r(t) = i\big] = \begin{cases} \pi_{ij}\Delta + o(\Delta), & i \neq j \\ 1 + \pi_{ii}\Delta + o(\Delta), & i = j \end{cases} \tag{5.2}$$

式中，$\Delta > 0$，$\lim\limits_{\Delta \to 0} o(\Delta)/\Delta = 0$。$\pi_{ij} \geqslant 0$，$i, j \in S$，$i \neq j$ 表示从 t 时刻的模态 i 转移到 $t + \Delta$ 时刻的模态 j 的转移速率，并且 $\pi_{ii} = -\sum\limits_{j=1, j \neq i}^{N} \pi_{ij}$。为了方便起见，对每一个 $r(t) = i \in S$，将矩阵 $\mathcal{M}(r(t))$ 简记为 $\mathcal{M}_i$。

在本章中，对于每一个 $r(t) = i \in S$，不失一般性，假定上述不确定矩阵具有如下结构

$$\begin{bmatrix} \Delta E_i & \Delta A_i & \Delta A_{di} & \Delta B_i \end{bmatrix} = M_i F(t) \begin{bmatrix} N_{ei} & N_{ai} & N_{di} & N_{bi} \end{bmatrix} \tag{5.3}$$

式中，M_i，N_{ei}，N_{ai}，N_{di} 和 N_{bi} 是具有适当维数的已知实常数矩阵；而 $F(t)$ 是一个未知的时变矩阵，且满足 $F^T(t)F(t) \leqslant I$。

令 $\{t_k, k = 1, 2, \cdots\}$ 表示满足 $t_1 < t_2 < \cdots < t_k < t_{k+1} < \cdots$ 的时间序列，其中 $t_k > 0$ 是系统的第 k 次切换时刻，即从模态 $r(t_k^-) = j$ 转移到模态 $r(t_k^+) = i$ 的切换时刻，$t_k^+ = \lim\limits_{\Delta \to 0}(t_k + \Delta)$，$\forall k > 0$。

本章的目的是为时滞不确定广义 Markov 跳变系统（5.1）设计如下形式的脉冲比例导数记忆状态反馈控制器

$$\begin{cases} u(t) = u_1(t) + u_2(t) \\ u_1(t) = K_a(r(t))x(t) + K_d(r(t))x(t-d) - K_e(r(t))\dot{x}(t) \\ u_2(t) = \sum\limits_{k=1}^{\infty} G(r(t_k^+))x(t)\delta(t - t_k) \end{cases} \tag{5.4}$$

式中，$u_1(t)$ 是依赖于模态的比例导数记忆状态反馈控制器；而 $u_2(t)$ 是一个脉冲控制器。$K_a(r(t))$、$K_d(r(t))$、$K_e(r(t))$ 和 $G(r(t_k^+))$ 是需要设计的具有适当维数的增益矩阵。$\delta(t - t_k)$ 为带有不连续脉冲时刻 $t_1 < t_2 < \ldots < t_k < \ldots$，$\lim\limits_{k \to \infty} t_k = \infty$ 的狄拉克脉冲函数，其中 $t_1 > t_0$，且 $x(t_k) = x(t_k^-) = \lim\limits_{h \to 0^+} x(t_k - h)$，$x(t_k^+) = \lim\limits_{h \to 0^+} x(t_k + h)$。为了方便起见，定义 $e_x(t_k) \triangleq x(t_k^+) - x(t_k^-)$。

假定当 $t \in (t_k, t_{k+1}]$ 时，$r(t) = i$，即第 i 个子系统处于激活状态。将控制器（5.4）代入到系统（5.1），可得

$$E_{ci}[x(t_k + h) - x(t_k)] = \int_{t_k}^{t_k + h} E_{ci}\dot{x}(s)\mathrm{d}s$$

$$= \int_{t_k}^{t_k + h} [A_{ci}x(s) + A_{cdi}x(s - d) + (B_i + \Delta B_i)u_2(s) + B_{\omega i}\omega(s)]\mathrm{d}s$$

式中

$$E_{ci} = E_i + \Delta E_i + (B_i + \Delta B_i)k_{ei}$$
$$A_{ci} = A_i + \Delta A_i + (B_i + \Delta B_i)k_{ai}$$
$$A_{cdi} = A_{di} + \Delta A_{di} + (B_i + \Delta B_i)k_{di}$$

当 $h \to 0^+$ 时，有

$$E_{ci}e_x(t_k) = \lim\limits_{h \to 0^+} E_{ci}[x(t_k + h) - x(t_k)] = (B_i + \Delta B_i)G_i x(t_k)$$

在控制器（5.4）的作用下，系统（5.1）变为一类脉冲时滞不确定广义 Markov 跳变系统，形式如下

$$\begin{cases} E_c(r(t))\dot{x}(t) = A_c(r(t))x(t) + A_{cd}(r(t))x(t - d) + B_\omega(r(t))\omega(t), \quad t \in (t_k, t_{k+1}] \\ E_c(r(t))e_x(t_k) = (B(r(t)) + \Delta B(r(t)))G(r(t_k^+))x(t_k), \quad t = t_k \\ z(t) = C(r(t))x(t) + C_d(r(t))x(t - d) + D(r(t))\omega(t) \\ x(t) = \phi(t), \quad t \in [-\bar{d}, 0] \end{cases} \quad (5.5)$$

式中

$$E_c(r(t)) = E(r(t)) + \Delta E(r(t)) + (B(r(t)) + \Delta B(r(t)))K_e(r(t))$$
$$A_c(r(t)) = A(r(t)) + \Delta A(r(t)) + (B(r(t)) + \Delta B(r(t)))K_a(r(t)) \quad (5.6)$$
$$A_{cd}(r(t)) = A_d(r(t)) + \Delta A_d(r(t)) + (B(r(t)) + \Delta B(r(t)))K_d(r(t))$$

从式（5.4）可以看出，本章设计的混杂脉冲控制器由两部分组成：比例导数记忆状态反馈控制器和脉冲反馈控制器。设计导数反馈部分的目的在于正常化原

系统，而脉冲反馈是用来改变闭环系统在每一个切换时刻的状态值。

下面介绍本章将要用到的几个定义。

定义 5.1 当 $\omega(t) = 0$ 时，如果对于任意初始状态 $x_0 \in \mathbb{R}^n$ 和初始模态 $r_0 \in S$，存在一个常数 $M(x_0, \phi(\cdot)) > 0$ 使得

$$\lim_{t \to \infty} \mathbb{E}\left\{ \int_0^t \|x(s)\|^2 \mathrm{d}s \mid r_0, x(s) = \phi(s), s \in [-\bar{d}, 0] \right\} \leqslant M(x_0, \phi(\cdot))$$

对所有容许的不确定性成立，则称系统（5.5）鲁棒随机稳定。

定义 5.2 给定常数 $\gamma > 0$，如果系统（5.5）鲁棒随机稳定且在零初始条件下

$$\mathbb{E}\left\{ \int_0^\infty z^{\mathrm{T}}(t) z(t) \mathrm{d}t \right\} \leqslant \gamma^2 \int_0^\infty \omega^{\mathrm{T}}(t) \omega(t) \mathrm{d}t \tag{5.7}$$

对所有容许的不确定性和任意非零向量 $\omega(t) \in \mathcal{L}_2[0, \infty)$ 成立，则称系统（5.5）鲁棒随机稳定且具有 H_∞ 性能指标 γ。

系统（5.1）鲁棒正常化 H_∞ 混杂脉冲控制器的定义如下。

定义 5.3 对于时滞不确定广义 Markov 跳变系统（5.1），给定标量 $\gamma > 0$，如果存在一个控制器（5.4），使得对于所有容许的不确定性，闭环系统（5.5）能够正常化（即导数项矩阵 E_{ci}，$\forall i \in S$ 可逆）、鲁棒随机稳定且具有 H_∞ 性能指标 γ，则称控制器（5.4）为系统（5.1）的一个鲁棒正常化 H_∞ 混杂脉冲控制器。

下面介绍后文证明过程中需要用到的几个引理。

引理 5.1[152] 如果分段连续的实方阵 $A(t)$，矩阵 X 以及 $Q > 0$，对任意 t 都满足

$$A^{\mathrm{T}}(t) X + X^{\mathrm{T}} A(t) + Q < 0$$

则以下结论成立

（1）$A(t)$ 和 X 可逆；

（2）存在常数 $\delta > 0$，使得 $\| A^{-1}(t) \| \leqslant \delta$。

引理 5.2[153] 对于任意对称常矩阵 $X \in \mathbb{R}^{n \times n}$，$X = X^{\mathrm{T}} > 0$，常数 $r > 0$ 以及使得下列积分适定的向量函数 $\dot{x} : [-r, 0] \to R^n$，以下不等式成立

$$-r\int_{-r}^{0}\dot{x}^{\mathrm{T}}(t+s)X\dot{x}(t+s)\mathrm{d}s \leqslant \begin{bmatrix} x^{\mathrm{T}}(t) & x^{\mathrm{T}}(t-r) \end{bmatrix} \begin{bmatrix} -X & X \\ X & -X \end{bmatrix} \begin{bmatrix} x(t) \\ x(t-r) \end{bmatrix}$$

引理 5.3[58]（Gronwall 不等式） 令 $T>0$ ，$c>0$ ，$u(\cdot)$ 是定义在区间 $[0,T]$ 上的 Borel 可测非负函数， $v(\cdot)$ 是定义在 $[0,T]$ 上的非负可积函数。如果

$$u(t) \leqslant c + \int_{0}^{t} v(s)u(s)\mathrm{d}s, \ 0 \leqslant t \leqslant T$$

则

$$u(t) \leqslant c\exp(\int_{0}^{t} v(s)\mathrm{d}s), \ 0 \leqslant t \leqslant T$$

5.3 H_∞混杂脉冲控制器的设计

在这一节，我们来考虑在混杂脉冲控制器（5.4）的作用下时滞不确定广义 Markov 跳变系统（5.1）的鲁棒正常化和 H_∞ 控制问题。首先，给出系统（5.1）存在鲁棒正常化 H_∞ 混杂脉冲控制器的判别条件。其次，给出混杂脉冲控制器的设计程序，并同时求解比例反馈、导数反馈、记忆反馈和脉冲反馈部分的增益矩阵，使得闭环系统对满足 $0 \leqslant d \leqslant \bar{d}$ 的常时滞 d 和所有容许的不确定性是正常的、鲁棒随机稳定并且具有 H_∞ 性能指标 γ 。

5.3.1 H_∞混杂脉冲控制器的存在条件

基于 Lyapunov-Krasovskii 泛函和自由权矩阵技术，本小节给出了系统（5.1）存在鲁棒正常化 H_∞ 混杂脉冲控制器的充分条件。主要结果如下：

定理 5.1 给定常数 $\bar{d}>0$ 和 $\gamma>0$ ，如果存在矩阵 $P_i>0$ ，$Q_i>0$ ，$Q>0$ ，$Z>0$ ，T_{1i} 和 T_{2i} ，使得下列不等式对于每一个 $i \in S$ 和 $k=1,2,\cdots$ 成立

$$\Omega_i = \begin{bmatrix} \Omega_{11i} & \Omega_{12i} & \Omega_{13i} & T_{1i}^{\mathrm{T}}B_{\omega i} & C_i^{\mathrm{T}} \\ * & \Omega_{22i} & \Omega_{23i} & T_{2i}^{\mathrm{T}}B_{\omega i} & 0 \\ * & * & \Omega_{33i} & 0 & C_{di}^{\mathrm{T}} \\ * & * & * & -\gamma^2 I & D_i^{\mathrm{T}} \\ * & * & * & * & -I \end{bmatrix} < 0 \tag{5.8}$$

$$\sum_{j=1}^{N} \pi_{ij} Q_j < Q \tag{5.9}$$

$$0 < \beta_k \leqslant 1 \tag{5.10}$$

则控制器（5.4）是系统（5.1）的一个鲁棒正常化 H_∞ 混杂脉冲控制器。其中

$$\Omega_{11i} = A_{ci}^{\mathrm{T}} T_{1i} + T_{1i}^{\mathrm{T}} A_{ci} + \sum_{j=1}^{N} \pi_{ij} P_j + Q_i + \bar{d}Q - Z$$

$$\Omega_{12i} = P_i - T_{1i}^{\mathrm{T}} E_{ci} + A_{ci}^{\mathrm{T}} T_{2i}, \quad \Omega_{13i} = T_{1i}^{\mathrm{T}} A_{cdi} + Z$$

$$\Omega_{22i} = -T_{2i}^{\mathrm{T}} E_{ci} - E_{ci}^{\mathrm{T}} T_{2i} + \bar{d}^2 Z, \quad \Omega_{23i} = T_{2i}^{\mathrm{T}} A_{cdi}, \quad \Omega_{33i} = -Q_i - Z$$

$$\beta_k = \lambda_{\max} \{ P^{-1}(r_{t_k^-})[I + E_{ci}^{-1}(B_i + \Delta B_i)G_i]^{\mathrm{T}} P(r_{t_k^+})[I + E_{ci}^{-1}(B_i + \Delta B_i)G_i] \}$$

证明   定理的证明主要分为两部分。第一部分证明系统（5.1）在控制器（5.4）的作用下能够正常化并且鲁棒随机稳定。第二部分证明闭环系统具有 H_∞ 性能指标 γ。

假定存在矩阵 $P_i > 0$，$Q_i > 0$，$Q > 0$，$Z > 0$，T_{1i}，T_{2i} 以及控制器（5.4），使得对于所有容许的不确定性，不等式（5.8）成立。由引理 5.1 和不等式（5.8）可知，对任意 $i \in S$，导数项矩阵 E_{ci} 可逆且范数$\| E_{ci}^{-1} \|$有界。下面证明闭环系统（5.5）鲁棒随机稳定。令 $x_t = x(t+\theta)$，$-2d \leqslant \theta \leqslant 0$，可知 $\{(x_t, r_t), t \geqslant d\}$ 是初值为 $(\phi(\cdot), r_0)$ 的 Markov 过程。为系统（5.5）选取随机 Lyapunov 函数

$$V(x_t, r_t, t) = \sum_{\mu=1}^{4} V_\mu(x_t, r_t, t) \tag{5.11}$$

式中

$$V_1(x_t, r_t, t) = x^{\mathrm{T}}(t) P(r_t) x(t)$$

$$V_2(x_t, r_t, t) = \int_{t-d}^{t} x^{\mathrm{T}}(\alpha) Q(r_t) x(\alpha) \mathrm{d}\alpha$$

$$V_3(x_t, r_t, t) = \bar{d} \int_{-d}^{0} \int_{t+\beta}^{t} \dot{x}^{\mathrm{T}}(\alpha) Z \dot{x}(\alpha) \mathrm{d}\alpha \mathrm{d}\beta$$

$$V_4(x_t, r_t, t) = \int_{-d}^{0} \int_{t+\beta}^{t} x^{\mathrm{T}}(\alpha) Q x(\alpha) \mathrm{d}\alpha \mathrm{d}\beta$$

对于 $t \in (t_k, t_{k+1}]$，令 $r(t) = i$，$i \in S$，则对任意具有适当维数的矩阵 T_{1i} 和 T_{2i}，下

式成立

$$2[-x^{\mathrm{T}}(t)T_{1i}^{\mathrm{T}} - \dot{x}^{\mathrm{T}}(t)T_{2i}^{\mathrm{T}}][E_{ci}\dot{x}(t) - A_{ci}x(t) - A_{cdi}x(t-d) - B_{\omega i}\omega(t)] = 0 \qquad (5.12)$$

令 $\mathbb{L}$ 表示随机过程 $\{(x_t, r_t)\}$ 的弱无穷小算子。沿闭环系统（5.5）的任意轨线，有

$$\mathbb{L}V(x_t, i, t) + z^{\mathrm{T}}(t)z(t) - \gamma^2\omega^{\mathrm{T}}(t)\omega(t)$$

$$\leqslant 2x^{\mathrm{T}}(t)P_i\dot{x}(t) + \sum_{j=1}^{N}\pi_{ij}x^{\mathrm{T}}(t)P_jx(t) + x^{\mathrm{T}}(t)Q_ix(t)$$

$$-x^{\mathrm{T}}(t-d)Q_ix(t-d) + \int_{t-d}^{t}x^{\mathrm{T}}(\alpha)\left\{\sum_{j=1}^{N}\pi_{ij}Q_j\right\}x(\alpha)\mathrm{d}\alpha$$

$$+\bar{d}^2\dot{x}^{\mathrm{T}}(t)Z\dot{x}(t) - \bar{d}\int_{t-d}^{t}\dot{x}^{\mathrm{T}}(\alpha)Z\dot{x}(\alpha)\mathrm{d}\alpha + \bar{d}x^{\mathrm{T}}(t)Qx(t) - \int_{t-d}^{t}x^{\mathrm{T}}(\alpha)Qx(\alpha)\mathrm{d}\alpha$$

$$+[C_ix(t) + C_{di}x(t-d) + D_i\omega(t)]^{\mathrm{T}}[C_ix(t) + C_{di}x(t-d) + D_i\omega(t)] - \gamma^2\omega^{\mathrm{T}}(t)\omega(t)$$

$$+2[-x^{\mathrm{T}}(t)T_{1i}^{\mathrm{T}} - \dot{x}^{\mathrm{T}}(t)T_{2i}^{\mathrm{T}}][E_{ci}\dot{x}(t) - A_{ci}x(t) - A_{cdi}x(t-d) - B_{\omega i}\omega(t)]$$

根据引理 5.2 和不等式（5.9），对于每一个 $i \in S$

$$\mathbb{L}V(x_t, i, t) + z^{\mathrm{T}}(t)z(t) - \gamma^2\omega^{\mathrm{T}}(t)\omega(t)$$

$$\leqslant \zeta^{\mathrm{T}}(t)\left\{\begin{bmatrix} \Omega_{11i} & \Omega_{12i} & \Omega_{13i} & T_{1i}^{\mathrm{T}}B_{\omega i} \\ * & \Omega_{22i} & \Omega_{23i} & T_{2i}^{\mathrm{T}}B_{\omega i} \\ * & * & \Omega_{33i} & 0 \\ * & * & * & -\gamma^2 I \end{bmatrix} + \begin{bmatrix} C_i^{\mathrm{T}} \\ 0 \\ C_{di}^{\mathrm{T}} \\ D_i^{\mathrm{T}} \end{bmatrix}\begin{bmatrix} C_i & 0 & C_{di} & D_i \end{bmatrix}\right\}\zeta(t) \qquad (5.13)$$

式中，$\zeta(t) = [x^{\mathrm{T}}(t) \quad \dot{x}^{\mathrm{T}}(t) \quad x^{\mathrm{T}}(t-d) \quad \omega^{\mathrm{T}}(t)]^{\mathrm{T}}$。由不等式（5.8）和不等式（5.13）可知，当 $\omega(t) = 0$ 时，对于所有容许的不确定性

$$\mathbb{L}V(x_t, r_t, t) < 0 \qquad (5.14)$$

进而，一定存在常数 $\lambda > 0$，使得

$$\mathbb{L}V(x_t, r_t, t) \leqslant -\lambda \| x(t) \|^2 \qquad (5.15)$$

接下来，考虑脉冲时滞不确定广义 **Markov** 跳变系统（5.5）在切换点 t_k 处的情况。由式（5.5）、式（5.10）和引理 2.2 可知

$$V(x_{t_k^+}, r_{t_k^+}, t_k^+)$$

$$= x^{\mathrm{T}}(t_k^+) P(r_{t_k^+}) x(t_k^+) + \int_{t_k^+ - d}^{t_k^+} x^{\mathrm{T}}(\alpha) Q(r_{t_k^+}) x(\alpha) \mathrm{d}\alpha$$

$$+ \bar{d} \int_{-d}^{0} \int_{t_k^+ + \beta}^{t_k^+} \dot{x}^{\mathrm{T}}(\alpha) Z \dot{x}(\alpha) \mathrm{d}\alpha \mathrm{d}\beta + \int_{-d}^{0} \int_{t_k^+ + \beta}^{t_k^+} x^{\mathrm{T}}(\alpha) Q x(\alpha) \mathrm{d}\alpha \mathrm{d}\beta$$

$$= x^{\mathrm{T}}(t_k^-) [I + E_{ci}^{-1}(B_i + \Delta B_i) G_i]^{\mathrm{T}} P(r_{t_k^+}) [I + E_{ci}^{-1}(i)(B_i + \Delta B_i) G_i] x(t_k^-)$$

$$+ \int_{t_k - d}^{t_k} x^{\mathrm{T}}(\alpha) Q(r_{t_k^-}) x(\alpha) \mathrm{d}\alpha + \bar{d} \int_{-d}^{0} \int_{t_k + \beta}^{t_k} \dot{x}^{\mathrm{T}}(\alpha) Z \dot{x}(\alpha) \mathrm{d}\alpha \mathrm{d}\beta \qquad (5.16)$$

$$+ \int_{-d}^{0} \int_{t_k + \beta}^{t_k} x^{\mathrm{T}}(\alpha) Q x(\alpha) \mathrm{d}\alpha \mathrm{d}\beta$$

$$\leqslant \lambda_{\max} \{P^{-1}(r_{t_k^-}) [I + E_{ci}^{-1}(B_i + \Delta B_i) G_i]^{\mathrm{T}} P(r_{t_k^+}) [I + E_{ci}^{-1}(i)(B_i + \Delta B_i) G_i]\}$$

$$\times x^{\mathrm{T}}(t_k) P(r(t_k^-)) x(t_k) + V_2(x_{t_k^-}, r_{t_k^-}, t_k^-) + V_3(x_{t_k^-}, r_{t_k^-}, t_k^-) + V_4(x_{t_k^-}, r_{t_k^-}, t_k^-)$$

$$= \beta_k V_1(x_{t_k^-}, r_{t_k^-}, t_k^-) + V_2(x_{t_k^-}, r_{t_k^-}, t_k^-) + V_3(x_{t_k^-}, r_{t_k^-}, t_k^-) + V_4(x_{t_k^-}, r_{t_k^-}, t_k^-)$$

$$\leqslant V(x_{t_k^-}, r_{t_k^-}, t_k^-)$$

不妨设 $d \in (t_p, t_{p+1}]$，$p \in \{0,1,2,\cdots\}$。根据 Dynkin 公式，对于 $t \in (t_k, t_{k+1}]$，$k \geqslant p+1$

$$\mathbb{E}\left[\int_d^t \mathbb{L}V(x_t, r_t, t) \mathrm{d}t\right]$$

$$= \mathbb{E}\left[\int_{d^+}^{t_{p+1}} \mathbb{L}V(x_t, r_t, t) \mathrm{d}t\right] + \mathbb{E}\left[\int_{t_{p+1}^+}^{t_{p+2}} \mathbb{L}V(x_t, r_t, t) \mathrm{d}t\right] + \cdots + \mathbb{E}\left[\int_{t_k^+}^{t} \mathbb{L}V(x_t, r_t, t) \mathrm{d}t\right]$$

$$= \mathbb{E}[V(x_{t_{p+1}}, r_{t_{p+1}}, t_{p+1}) - V(x_d^+, r_d^+, d^+) + V(x_{t_{p+2}}, r_{t_{p+2}}, t_{p+2})$$

$$- V(x_{t_{p+1}^+}, r_{t_{p+1}^+}, t_{p+1}^+) + \cdots + V(x_t, r_t, t) - V(x_{t_k^+}, r_{t_k^+}, t_k^+)]$$

$$= \mathbb{E}[-V(x_d^+, r_d^+, d^+) + \sum_{j=p+1}^{k} (V(x_{t_j^-}, r_{t_j^-}, t_j^-) - V(x_{t_j^+}, r_{t_j^+}, t_j^+)) + V(x_t, r_t, t)]$$

因此，对于任意 $t \geqslant d$

$$\mathbb{E}[V(x_t, r_t, t)] - \mathbb{E}[V(x_d, r_d, d)] \leqslant -\lambda \mathbb{E}\left[\int_d^t \|x(s)\|^2 \mathrm{d}s\right]$$

由式（5.14）和式（5.16），可得

$$\lim_{t \to \infty} V(x_t, r_t, t) = 0$$

从而

$$\mathbb{E}\left[\int_d^t \|x(s)\|^2 \mathrm{d}s\right] \leqslant \lambda^{-1}\mathbb{E}[V(x_d, r_d, d)] \tag{5.17}$$

当 $\omega(t) = 0$ 时，由方程（5.5）可知，对于 $t \in (t_0, t_1]$

$$\| x(t)\| = \left\| x(0) + \int_0^t [E_{ci}^{-1}A_{ci}x(\alpha) + E_{ci}^{-1}A_{cdi}x(\alpha - d)]\mathrm{d}\alpha \right\|$$

$$\leqslant \| x(0)\| + k_1\int_0^t [\| x(\alpha)\| + \| x(\alpha - d)\|]\mathrm{d}\alpha$$

式中，$k_1 = \max_{i \in S}\{\| E_{ci}^{-1}\|\| A_{ci}\|, \| E_{ci}^{-1}\|\| A_{cdi}\|\} > 0$。进而，对于任意 $0 \leqslant t \leqslant d$，$t \in (t_0, t_1]$

$$\| x(t)\| \leqslant (k_1\overline{d} + 1)\| \phi\|_{\overline{d}} + k_1\int_0^t \| x(\alpha)\|\,\mathrm{d}\alpha$$

根据 Gronwall 不等式，对于任意 $0 \leqslant t \leqslant d$，$t \in (t_0, t_1]$

$$\| x(t)\| \leqslant (k_1\overline{d} + 1)\| \phi\|_{\overline{d}}\mathrm{e}^{k_1\overline{d}}$$

且

$$\| x(t_1)\| \leqslant (k_1\overline{d} + 1)\| \phi\|_{\overline{d}}\mathrm{e}^{k_1\overline{d}} \tag{5.18}$$

由于 $0 < \beta_k \leqslant 1$，$k = 1, 2, \cdots$，根据式（5.16）和式（5.18），可得

$$\| x(t_1^+)\| \leqslant \sqrt{\frac{\lambda_{\max}P(r_{t_1^-})}{\lambda_{\min}P(r_{t_1^+})}}\| x(t_1^-)\| \leqslant \overline{k}_1\| \phi\|_{\overline{d}}$$

式中，$\overline{k}_1 = \sqrt{\dfrac{\lambda_{\max}P(r_{t_1^-})}{\lambda_{\min}P(r_{t_1^+})}}(k_1\overline{d} + 1)\mathrm{e}^{k_1\overline{d}}$。同理，对于任意 $0 \leqslant t \leqslant d$，$t \in (t_1, t_2]$

$$\| x(t)\| \leqslant \| x(t_1^+)\| + k_1\int_{t_1^+}^t [\| x(\alpha)\| + \| x(\alpha - d)\|]\mathrm{d}\alpha$$

$$\leqslant (\overline{k}_1 + k_1\overline{d})\| \phi\|_{\overline{d}} + k_1\int_{t_1^+}^t \| x(\alpha)\|\,\mathrm{d}\alpha$$

$$\leqslant (\overline{k}_1 + k_1\overline{d})\| \phi\|_{\overline{d}}\mathrm{e}^{k_1\overline{d}}$$

且

$$\| x(t_2^+)\| \leqslant \sqrt{\frac{\lambda_{\max}P(r_{t_2^-})}{\lambda_{\min}P(r_{t_2^+})}}\| x(t_2^-)\| \leqslant \overline{k}_2\| \phi\|_{\overline{d}}$$

式中，$\overline{k}_2 = \sqrt{\dfrac{\lambda_{\max}P(r_{t_2^-})}{\lambda_{\min}P(r_{t_2^+})}}(\overline{k}_1 + k_1\overline{d})\mathrm{e}^{k_1\overline{d}}$。同上，对于任意 $0 \leqslant t \leqslant d$，$t \in (t_s, t_{s+1}]$，

$s \in \{0, 1, 2, \cdots\}$

$$\| x(t) \| \leqslant \| x(t_s^+) \| + k_1 \int_{t_s^+}^t [\| x(\alpha) \| + \| x(\alpha - d) \|] \mathrm{d}\alpha$$

$$\leqslant (\bar{k}_s + k_1 \bar{d}) \| \phi \|_{\bar{d}} + k_1 \int_{t_s^+}^t \| x(\alpha) \| \mathrm{d}\alpha$$

$$\leqslant (\bar{k}_s + k_1 \bar{d}) \| \phi \|_{\bar{d}} \mathrm{e}^{k_1 \bar{d}}$$

式中，$\bar{k}_0 = 1$；$\bar{k}_s = \sqrt{\dfrac{\lambda_{\max} P(r_{t_s^-})}{\lambda_{\min} P(r_{t_s^+})}}(\bar{k}_{s-1} + k_1 \bar{d}) \mathrm{e}^{k_1 \bar{d}}$，$s \geqslant 1$。综上可知，存在常数 $\bar{k} > 0$
使得

$$\sup_{0 \leqslant \alpha \leqslant d} \| x(\alpha) \|^2 \leqslant \bar{k} \| \phi \|_{\bar{d}}^2 \tag{5.19}$$

注意到

$$\int_{-d}^0 \int_{t+\beta}^t \dot{x}^{\mathrm{T}}(\alpha) Z \dot{x}(\alpha) \mathrm{d}\alpha \mathrm{d}\beta \leqslant \bar{d} \int_{t-d}^t \dot{x}^{\mathrm{T}}(\alpha) Z \dot{x}(\alpha) \mathrm{d}\alpha$$

$$\int_{-d}^0 \int_{t+\beta}^t x^{\mathrm{T}}(\alpha) Q x(\alpha) \mathrm{d}\alpha \mathrm{d}\beta \leqslant \bar{d} \int_{t-d}^t x^{\mathrm{T}}(\alpha) Q x(\alpha) \mathrm{d}\alpha$$

则存在常数 ϱ 使得

$$V(x_d, r_d, d) \leqslant \varrho \| \phi \|_{\bar{d}}^2$$

结合式（5.17）和式（5.19）可知，存在常数 ρ 使得

$$\mathbb{E}\left[\int_0^t \|x(s)\|^2 \mathrm{d}s\right] = \mathbb{E}\left\{\int_0^d \|x(s)\|^2 \mathrm{d}s\right\} + \mathbb{E}\left\{\int_d^t \|x(s)\|^2 \mathrm{d}s\right\} \leqslant \rho \left[\mathbb{E}\| \phi \|_{\bar{d}}^2\right]$$

根据定义 5.1 可知，对于任意满足 $0 \leqslant d \leqslant \bar{d}$ 的常时滞 d，闭环系统（5.5）鲁棒
随机稳定。

下面验证闭环系统（5.5）的 H_∞ 性能。给定常数 $\gamma > 0$，考虑如下指标函数

$$J_{z\omega}(t) = \mathbb{E}\left\{\int_0^t [z^{\mathrm{T}}(s)z(s) - \gamma^2 \omega^{\mathrm{T}}(s)\omega(s)] \mathrm{d}s\right\}$$

在零初始条件下，显然

$$J_{z\omega}(t) \leqslant \mathbb{E}\left\{\int_0^t [z^{\mathrm{T}}(s)z(s) - \gamma^2 \omega^{\mathrm{T}}(s)\omega(s) + \mathbb{L}V(x_s, i, s)] \mathrm{d}s\right\}$$

对于 $t > 0$，由式（5.8）、式（5.13）和 Schur 补引理可知，$J_{z\omega}(t) < 0$。因此，对
于所有容许的不确定性和任意非零向量 $\omega(t) \in \mathcal{L}_2[0, \infty)$，不等式（5.7）成立，即闭

环系统具有 H_∞ 性能指标 γ 。

证毕。

从定理 5.1 的证明过程可以看出，在混杂脉冲控制器（5.4）的作用下，依赖于系统模态的 Lyapunov 函数在每个子系统被激活的区间单调递减，并且在切换点处单调非增。因此，闭环系统的鲁棒随机稳定性和 H_∞ 性能得到了保证。另外，与文献[44,46]不同的是，本小节给出的判定保性能控制器存在的条件中并不包含 P_i ， E_{ci} 和 A_{ci} 的乘积项，这将在某种程度上降低由于分解非线性耦合项带来的复杂性和保守性。

5.3.2 H_∞ 混杂脉冲控制器的设计

这一小节将着手系统（5.1）鲁棒正常化 H_∞ 混杂脉冲控制器的设计。由定理 5.1 很难得到求解 H_∞ 混杂脉冲控制器（5.4）的可行方法。通过引入适当的合同变换、自由权矩阵方法和矩阵不等式放缩技术，可以得到定理 5.1 的等价结果。脉冲比例导数记忆状态反馈控制器增益矩阵的参数化表示也将一并给出。

定理 5.2 给定常数 $\bar{d} > 0$ 和 $\gamma > 0$ ，如果存在矩阵 $X_i > 0$ ， $\bar{Q}_i > 0$ ， $\bar{Q} > 0$ ，$\bar{Z} > 0$ ， $\bar{W} > 0$ ， $\bar{Y} > 0$ ， U_{1i} ， U_{2i} ， S_{1i} ， S_{2i} ， S_{3i} ， L_i 以及常数 $\delta_{1i} > 0$ ， $\delta_{2i} > 0$ ，使得下列不等式对于所有 $i, j \in S$ ， $i \neq j$ 成立

$$
\begin{bmatrix}
\Theta_{11i} & \Theta_{12i} & \Theta_{13i} & 0 & X_i C_i^{\mathrm{T}} & \Theta_{16i} & \Theta_{17i} & X_i & \bar{d}X_i & \bar{d}U_{1i}^{\mathrm{T}} \\
* & \Theta_{22i} & \Theta_{23i} & B_{\omega i} & 0 & \Theta_{26i} & 0 & 0 & 0 & \bar{d}U_{2i}^{\mathrm{T}} \\
* & * & \Theta_{33i} & 0 & \bar{Q}_i C_{di}^{\mathrm{T}} & \Theta_{36i} & 0 & 0 & 0 & 0 \\
* & * & * & -\gamma^2 I & D_i^{\mathrm{T}} & 0 & 0 & 0 & 0 & 0 \\
* & * & * & * & -I & 0 & 0 & 0 & 0 & 0 \\
* & * & * & * & * & -\delta_{1i}I & 0 & 0 & 0 & 0 \\
* & * & * & * & * & * & \Theta_{77i} & 0 & 0 & 0 \\
* & * & * & * & * & * & * & -\bar{Q}_i & 0 & 0 \\
* & * & * & * & * & * & * & * & -\bar{d}\bar{Q} & 0 \\
* & * & * & * & * & * & * & * & * & -\bar{Z}
\end{bmatrix} < 0 \quad （5.20）
$$

$$
\begin{bmatrix}
\Phi_{11i} & \Phi_{12i} \\
* & \Phi_{22i}
\end{bmatrix} < 0 \quad （5.21）
$$

$$
\begin{bmatrix}
\Sigma_{11ij} & \Sigma_{12i} & \Sigma_{13i} & 0 \\
* & \Sigma_{22i} & \Sigma_{23i} & U_{2i}^{\mathrm{T}} \\
* & * & -\delta_{2i}I & 0 \\
* & * & * & -X_i
\end{bmatrix} \leqslant 0
\tag{5.22}
$$

则控制器（5.4）是系统（5.1）的一个鲁棒正常化 H_∞ 混杂脉冲控制器。式中

$$\Theta_{11i} = U_{1i} + U_{1i}^{\mathrm{T}} + \pi_{ii}X_i - X_i - X_i^{\mathrm{T}} + \bar{Z}$$

$$\Theta_{12i} = X_iA_i^{\mathrm{T}} - U_{1i}{}^{\mathrm{T}}E_i^{\mathrm{T}} + U_{2i} + S_{1i}^{\mathrm{T}}B_i^{\mathrm{T}}$$

$$\Theta_{13i} = \bar{Q}_i, \quad \Theta_{16i} = X_iN_{ai}^{\mathrm{T}} - U_{1i}^{\mathrm{T}}N_{ei}^{\mathrm{T}} + S_{1i}^{\mathrm{T}}N_{bi}^{\mathrm{T}}$$

$$\Theta_{17i} = [\sqrt{\pi_{i1}}X_i \cdots \sqrt{\pi_{i(i-1)}}X_i \sqrt{\pi_{i(i+1)}}X_i \cdots \sqrt{\pi_{iN}}X_i]$$

$$\Theta_{22i} = -E_iU_{2i} - U_{2i}^{\mathrm{T}}E_i^{\mathrm{T}} + B_iS_{2i} + S_{2i}^{\mathrm{T}}B_i^{\mathrm{T}} + \delta_{1i}M_iM_i^{\mathrm{T}} + \bar{W}$$

$$\Theta_{23i} = A_{di}\bar{Q}_i + B_iS_{3i}, \quad \Theta_{26i} = -U_{2i}^{\mathrm{T}}N_{ei}^{\mathrm{T}} + S_{2i}^{\mathrm{T}}N_{bi}^{\mathrm{T}}, \quad \Theta_{33i} = -\bar{Q}_i + \bar{Y}$$

$$\Theta_{36i} = \bar{Q}_i^{\mathrm{T}}N_{di}^{\mathrm{T}} + S_{3i}^{\mathrm{T}}N_{bi}^{\mathrm{T}}, \quad \Theta_{77i} = -\mathrm{diag}\{X_1, \cdots, X_{i-1}, X_{i+1}, \cdots, X_N\}$$

$$\Phi_{11i} = -X_i - X_i^{\mathrm{T}} + \bar{Q} - \sqrt{-\pi_{ii}}X_i - \sqrt{-\pi_{ii}}X_i^{\mathrm{T}} + \bar{Q}_i$$

$$\Phi_{12i} = [\sqrt{\pi_{i1}}X_i \cdots \sqrt{\pi_{i(i-1)}}X_i \sqrt{\pi_{i(i+1)}}X_i \cdots \sqrt{\pi_{iN}}X_i]$$

$$\Phi_{22i} = -\mathrm{diag}\{\bar{Q}_1, \cdots, \bar{Q}_{i-1}, \bar{Q}_{i+1}, \cdots, \bar{Q}_N\}$$

$$\Sigma_{11ij} = -U_{2i}^{\mathrm{T}} - U_{2i} + X_j, \quad \Sigma_{12i} = -U_{2i}^{\mathrm{T}}E_i^{\mathrm{T}} + S_{2i}^{\mathrm{T}}B_i^{\mathrm{T}} - L_i^{\mathrm{T}}B_i^{\mathrm{T}}$$

$$\Sigma_{13i} = -U_{2i}^{\mathrm{T}}N_{ei}^{\mathrm{T}} + S_{2i}^{\mathrm{T}}N_{bi}^{\mathrm{T}} - L_i^{\mathrm{T}}N_{bi}^{\mathrm{T}}$$

$$\Sigma_{22i} = -E_iU_{2i} - U_{2i}^{\mathrm{T}}E_i^{\mathrm{T}} + B_iS_{2i} + S_{2i}^{\mathrm{T}}B_i^{\mathrm{T}} + \delta_{2i}M_iM_i^{\mathrm{T}}$$

$$\Sigma_{23i} = -U_{2i}^{\mathrm{T}}N_{ei}^{\mathrm{T}} + S_{2i}^{\mathrm{T}}N_{bi}^{\mathrm{T}}$$

此时，脉冲比例导数记忆状态反馈控制器（5.4）的增益矩阵可取为

$$K_{ai} = (S_{1i} - S_{2i}U_{2i}^{-1}U_{1i})X_i^{-1}, \quad K_{di} = S_{3i}\bar{Q}_i^{-1}, \quad K_{ei} = -S_{2i}U_{2i}^{-1}, \quad G_i = L_iU_{2i}^{-1} \tag{5.23}$$

证明 由定理 5.1 可知，系统（5.1）存在一个鲁棒正常化 H_∞ 混杂脉冲控制器（5.4）的充分条件是式（5.8）、式（5.9）和（5.10）对于每一个 $i \in S$ 和 $k = 1, 2, \cdots$ 成立。在不等式（5.8）的左右两边分别乘以矩阵

$$
\begin{bmatrix}
P_i & 0 & 0 & 0 & 0 \\
T_{1i} & T_{2i} & 0 & 0 & 0 \\
0 & 0 & Q_i & 0 & 0 \\
0 & 0 & 0 & I & 0 \\
0 & 0 & 0 & 0 & I
\end{bmatrix}^{-\mathrm{T}}
$$

及其转置，

并且记

$$
\begin{bmatrix}
X_i & 0 & 0 & 0 & 0 \\
U_{1i} & U_{2i} & 0 & 0 & 0 \\
0 & 0 & \bar{Q}_i & 0 & 0 \\
0 & 0 & 0 & I & 0 \\
0 & 0 & 0 & 0 & I
\end{bmatrix}
\triangleq
\begin{bmatrix}
P_i & 0 & 0 & 0 & 0 \\
T_{1i} & T_{2i} & 0 & 0 & 0 \\
0 & 0 & Q_i & 0 & 0 \\
0 & 0 & 0 & I & 0 \\
0 & 0 & 0 & 0 & I
\end{bmatrix}^{-1}
\tag{5.24}
$$

则不等式（5.8）等价于

$$
\begin{bmatrix}
\Pi_{11i} & \Pi_{12i} & \Pi_{13i} & 0 & X_i^{\mathrm{T}} C_i^{\mathrm{T}} \\
* & \Pi_{22i} & \Pi_{23i} & B_{\omega i} & 0 \\
* & * & \Pi_{33i} & 0 & \bar{Q}_i^{\mathrm{T}} C_{di}^{\mathrm{T}} \\
* & * & * & -\gamma^2 I & D_i^{\mathrm{T}} \\
* & * & * & * & -I
\end{bmatrix} < 0
\tag{5.25}
$$

式中

$$
\Pi_{11i} = U_{1i} + U_{1i}^{\mathrm{T}} + X_i^{\mathrm{T}} \sum_{j=1}^{N} \pi_{ij} P_j X_i + X_i^{\mathrm{T}} Q_i X_i +
$$
$$
\bar{d} X_i^{\mathrm{T}} Q X_i + \bar{d}^2 U_{1i}^{\mathrm{T}} Z U_{1i} - X_i^{\mathrm{T}} Z X_i
$$
$$
\Pi_{12i} = U_{2i} + X_i^{\mathrm{T}} A_{ci}^{\mathrm{T}} - U_{1i}^{\mathrm{T}} E_{ci}^{\mathrm{T}} + \bar{d}^2 U_{1i}^{\mathrm{T}} Z U_{2i}
$$
$$
\Pi_{13i} = X_i^{\mathrm{T}} Z \bar{Q}_i, \quad \Pi_{22i} = -E_{ci} U_{2i} - U_{2i}^{\mathrm{T}} E_{ci}^{\mathrm{T}} + \bar{d}^2 U_{2i}^{\mathrm{T}} Z U_{2i}
$$
$$
\Pi_{23i} = A_{cdi} \bar{Q}_i, \quad \Pi_{33i} = -\bar{Q}_i - \bar{Q}_i^{\mathrm{T}} Z \bar{Q}_i
$$

注意到对于任意正定矩阵 $W > 0$ 和 $Y > 0$

$$
\begin{bmatrix}
-X_i^{\mathrm{T}} Z X_i & 0 & X_i^{\mathrm{T}} Z \bar{Q}_i \\
0 & 0 & 0 \\
* & 0 & -\bar{Q}_i^{\mathrm{T}} Z \bar{Q}_i
\end{bmatrix}
$$

$$
= -
\begin{bmatrix}
X_i^{\mathrm{T}} & 0 & 0 \\
0 & 0 & 0 \\
-\bar{Q}_i^{\mathrm{T}} & 0 & 0
\end{bmatrix}
\begin{bmatrix}
Z & 0 & 0 \\
0 & W & 0 \\
0 & 0 & Y
\end{bmatrix}
\begin{bmatrix}
X_i & 0 & -\bar{Q}_i \\
0 & 0 & 0 \\
0 & 0 & 0
\end{bmatrix}
\tag{5.26}
$$

$$
\leqslant -
\begin{bmatrix}
X_i^{\mathrm{T}} & 0 & 0 \\
0 & 0 & 0 \\
-\bar{Q}_i^{\mathrm{T}} & 0 & 0
\end{bmatrix}
-
\begin{bmatrix}
X_i & 0 & -\bar{Q}_i \\
0 & 0 & 0 \\
0 & 0 & 0
\end{bmatrix}
+
\begin{bmatrix}
\bar{Z} & 0 & 0 \\
0 & \bar{W} & 0 \\
0 & 0 & \bar{Y}
\end{bmatrix}
$$

式中，$\bar{Z} = Z^{-1}$，$\bar{W} = W^{-1}$，$\bar{Y} = Y^{-1}$。由式（5.23）有

$$
S_{1i} = K_{ai} X_i - K_{ei} U_{1i}, \quad S_{2i} = -K_{ei} U_{2i}, \quad S_{3i} = K_{di} \bar{Q}_i
\tag{5.27}
$$

考虑到式（5.26），令 $\bar{Q} = Q^{-1}$。根据 Schur 补性质和引理 2.3，将式（5.3）和式（5.6）代入到不等式（5.25），由条件（5.20）可知式（5.8）成立。在不等式（5.9）的左右两边分别乘以矩阵 X_i^{T} 和 X_i，则条件（5.21）意味着式（5.9）成立，因为下列不等式

$$-X_i^{\mathrm{T}} Q X_i \leqslant -X_i - X_i^{\mathrm{T}} + \bar{Q}$$

$$\pi_{ii} X_i^{\mathrm{T}} Q_i X_i \leqslant -\sqrt{-\pi_{ii}} X_i - \sqrt{-\pi_{ii}} X_i^{\mathrm{T}} + \bar{Q}_i$$

恒成立。

另一方面，定理 5.1 中的条件（5.10）等价于

$$\begin{bmatrix} P_j & (I + E_{ci}^{-1}(B_i + \Delta B_i)G_i)^{\mathrm{T}} \\ * & P_i^{-1} \end{bmatrix} \geqslant 0 \qquad (5.28)$$

式中，$i, j \in S$，$i \neq j$。在不等式（5.28）的左右两边分别乘以矩阵 $\begin{bmatrix} U_{2i}^{\mathrm{T}} & 0 \\ 0 & E_{ci} \end{bmatrix}$ 及其转置，则

$$\begin{bmatrix} -U_{2i}^{\mathrm{T}} P_j U_{2i} & -U_{2i}^{\mathrm{T}} E_{ci}^{\mathrm{T}} - U_{2i}^{\mathrm{T}} G_i^{\mathrm{T}}(B_i + \Delta B_i)^{\mathrm{T}} \\ * & -E_{ci} P_i^{-1} E_{ci}^{\mathrm{T}} \end{bmatrix} \leqslant 0 \qquad (5.29)$$

令 $L_i = G_i U_{2i}$。根据 Schur 补性质和引理 2.3，条件（5.22）意味着式（5.10）成立，因为下列不等式

$$-U_{2i}^{\mathrm{T}} P_j U_{2i} \leqslant -U_{2i}^{\mathrm{T}} - U_{2i} + X_j$$

$$-E_{ci} P_i^{-1} E_{ci}^{\mathrm{T}} \leqslant -E_{ci} U_{2i} - U_{2i}^{\mathrm{T}} E_{ci}^{\mathrm{T}} + U_{2i}^{\mathrm{T}} P_i U_{2i}$$

恒成立。

证毕。

在定理 5.2 中，定理 5.1 的两个条件式（5.8）和式（5.10）被转化成了可行的矩阵不等式条件（5.20）～（5.22）。从证明过程可以看出，H_∞ 混杂脉冲控制器中带有记忆功能的比例导数反馈部分和脉冲反馈部分的增益矩阵可以同时被设计出来。而在文献[84-86,88-92,97,98]中，脉冲反馈的增益矩阵都是提前给定的。因此，本章所给方法能够提供更大的设计自由度，并在某种程度上降低保守性。不仅如此，对于导数项矩阵 E_i 不同的时滞广义 Markov 跳变系统，本章所提方法仍

然有效，而文献[77,78]所提方法仅适用于导数项矩阵相同的情况。因此，本章方法具有更广泛的适用性。

当系统（5.1）的状态时滞 d 不确定或无法测量时，无法再施加混杂脉冲控制器（5.4）中的记忆状态反馈部分，即需要将 $K_d(r(t))x(t-d)$ 从控制器（5.4）中移除。此时，本章所提方法退化为脉冲比例导数状态反馈控制策略。令 $S_{3i}=0$，可以得到以下结论。

推论 5.1 给定常数 $\bar{d}>0$ 和 $\gamma>0$，如果存在矩阵 $X_i>0$，$\bar{Q}_i>0$，$\bar{Q}>0$，$\bar{Z}>0$，$\bar{W}>0$，$\bar{Y}>0$，U_{1i}，U_{2i}，S_{1i}，S_{2i}，L_i 以及常数 $\delta_{1i}>0$，$\delta_{2i}>0$，使得下列不等式对于所有 $i,j\in S$，$i\neq j$ 成立

$$\begin{bmatrix} \Theta_{11i} & \Theta_{12i} & \Theta_{13i} & 0 & X_iC_i^{\mathrm{T}} & \Theta_{16i} & \Theta_{17i} & X_i & \bar{d}X_i & \bar{d}U_{1i}^{\mathrm{T}} \\ * & \Theta_{22i} & \tilde{\Theta}_{23i} & B_{\omega i} & 0 & \Theta_{26i} & 0 & 0 & 0 & \bar{d}U_{2i}^{\mathrm{T}} \\ * & * & \Theta_{33i} & 0 & \bar{Q}_iC_{di}^{\mathrm{T}} & \tilde{\Theta}_{36i} & 0 & 0 & 0 & 0 \\ * & * & * & -\gamma^2 I & D_i^{\mathrm{T}} & 0 & 0 & 0 & 0 & 0 \\ * & * & * & * & -I & 0 & 0 & 0 & 0 & 0 \\ * & * & * & * & * & -\delta_{1i}I & 0 & 0 & 0 & 0 \\ * & * & * & * & * & * & \Theta_{77i} & 0 & 0 & 0 \\ * & * & * & * & * & * & * & -\bar{Q}_i & 0 & 0 \\ * & * & * & * & * & * & * & * & -\bar{d}Q & 0 \\ * & * & * & * & * & * & * & * & * & -\bar{Z} \end{bmatrix}<0 \quad (5.30)$$

$$\begin{bmatrix} \Phi_{11i} & \Phi_{12i} \\ * & \Phi_{22i} \end{bmatrix}<0 \quad (5.31)$$

$$\begin{bmatrix} \Sigma_{11ij} & \Sigma_{12i} & \Sigma_{13i} & 0 \\ * & \Sigma_{22i} & \Sigma_{23i} & U_{2i}^{\mathrm{T}} \\ * & * & -\delta_{2i}I & 0 \\ * & * & * & -X_i \end{bmatrix}\leqslant 0 \quad (5.32)$$

则控制器（5.4）是系统（5.1）的一个鲁棒正常化 H_∞ 混杂脉冲控制器。式中

$$\tilde{\Theta}_{23i}=A_{di}\bar{Q}_i, \quad \tilde{\Theta}_{36i}=\bar{Q}_i^{\mathrm{T}}N_{di}^{\mathrm{T}}$$

其他分块矩阵同定理 5.2。此时，脉冲比例导数记忆状态反馈控制器（5.4）的增益矩阵可取为

$$K_{ai} = S_{1i}X_i^{-1}, \quad K_{di} = 0, \quad K_{ei} = -S_{2i}U_{2i}^{-1}, \quad G_i = Z_iV_{3i}^{-1}$$

当时滞不确定广义 Markov 跳变系统（5.1）的导数项矩阵满秩时，无需再设计控制器（5.4）中的导数反馈部分。这时，控制器（5.4）变为一类脉冲比例记忆状态反馈控制器。从式（5.23）可以看出，$K_{ei} = 0$ 当且仅当 $S_{2i} = 0$。因此，在 $\mathrm{rank}(E(r(t)) + \Delta E(r(t))) = n$ 的情况下，可以得到以下结论。

推论 5.2 给定常数 $\bar{d} > 0$ 和 $\gamma > 0$，在 $\mathrm{rank}(E(r(t)) + \Delta E(r(t))) = n$（$n$ 为系统维数）的前提下，如果存在矩阵 $X_i > 0$，$\bar{Q}_i > 0$，$\bar{Q} > 0$，$\bar{Z} > 0$，$\bar{W} > 0$，$\bar{Y} > 0$，U_{1i}，U_{2i}，S_{1i}，S_{3i}，L_i 以及常数 $\delta_{1i} > 0$，$\delta_{2i} > 0$，使得下列不等式对于所有 $i, j \in S$，$i \neq j$ 成立

$$\begin{bmatrix} \Theta_{11i} & \Theta_{12i} & \Theta_{13i} & 0 & X_iC_i^{\mathrm{T}} & \Theta_{16i} & \Theta_{17i} & X_i & \bar{d}X_i & \bar{d}U_{1i}^{\mathrm{T}} \\ * & \hat{\Theta}_{22i} & \Theta_{23i} & B_{\omega i} & 0 & \hat{\Theta}_{26i} & 0 & 0 & 0 & \bar{d}U_{2i}^{\mathrm{T}} \\ * & * & \Theta_{33i} & 0 & \bar{Q}_iC_{di}^{\mathrm{T}} & \Theta_{36i} & 0 & 0 & 0 & 0 \\ * & * & * & -\gamma^2 I & D_i^{\mathrm{T}} & 0 & 0 & 0 & 0 & 0 \\ * & * & * & * & -I & 0 & 0 & 0 & 0 & 0 \\ * & * & * & * & * & -\delta_{1i}I & 0 & 0 & 0 & 0 \\ * & * & * & * & * & * & \Theta_{77i} & 0 & 0 & 0 \\ * & * & * & * & * & * & * & -\bar{Q}_i & 0 & 0 \\ * & * & * & * & * & * & * & * & -\bar{d}Q & 0 \\ * & * & * & * & * & * & * & * & * & -\bar{Z} \end{bmatrix} < 0 \quad (5.33)$$

$$\begin{bmatrix} \Phi_{11i} & \Phi_{12i} \\ * & \Phi_{22i} \end{bmatrix} < 0 \quad (5.34)$$

$$\begin{bmatrix} \Sigma_{11ij} & \hat{\Sigma}_{12i} & \hat{\Sigma}_{13i} & 0 \\ * & \hat{\Sigma}_{22i} & \hat{\Sigma}_{23i} & U_{2i}^{\mathrm{T}} \\ * & * & -\delta_{2i}I & 0 \\ * & * & * & -X_i \end{bmatrix} \leqslant 0 \quad (5.35)$$

则控制器（5.4）是系统（5.1）的一个鲁棒正常化 H_∞ 混杂脉冲控制器。式中

$$\hat{\Theta}_{22i} = -E_iU_{2i} - U_{2i}^{\mathrm{T}}E_i^{\mathrm{T}} + \delta_{1i}M_iM_i^{\mathrm{T}} + \bar{W}, \quad \hat{\Theta}_{26i} = -U_{2i}^{\mathrm{T}}N_{ei}^{\mathrm{T}}$$

$$\hat{\Sigma}_{12i} = -U_{2i}^{\mathrm{T}}E_i^{\mathrm{T}} - L_i^{\mathrm{T}}B_i^{\mathrm{T}}, \quad \hat{\Sigma}_{13i} = -U_{2i}^{\mathrm{T}}N_{ei}^{\mathrm{T}} - L_i^{\mathrm{T}}N_{bi}^{\mathrm{T}}$$

$$\hat{\Sigma}_{22i} = -E_iU_{2i} - U_{2i}^{\mathrm{T}}E_i^{\mathrm{T}} + \delta_{2i}M_iM_i^{\mathrm{T}}, \quad \hat{\Sigma}_{23i} = -U_{2i}^{\mathrm{T}}N_{ei}^{\mathrm{T}}$$

其他分块矩阵同定理 5.2。此时，脉冲比例导数记忆状态反馈控制器（5.4）的增益矩阵可取为

$$K_{ai} = S_{1i} X_i^{-1}, \quad K_{di} = S_{3i} \bar{Q}_i^{-1}, \quad K_{ei} = 0, \quad G_i = Z_i V_{3i}^{-1}$$

当 $E(r(t)) = I$，$\Delta E(r(t)) = 0$，即 $N_e(r(t)) = 0$ 时，条件 $\mathrm{rank}(E(r(t)) + \Delta E(r(t))) = n$ 显然成立。这时，推论 5.2 即为正常状态空间的相关结果。对于时滞非奇异 Markov 跳变系统，不论混杂脉冲控制器（5.4）中是否包含导数反馈部分，都能使得闭环系统正常化（即 $K_{ei} \neq 0$ 或 $K_{ei} = 0$）。值得指出的是，如果在控制器（5.4）中添加导数反馈部分，H_∞ 性能指标的下界 $\gamma_{\min}$ 将会减小。这将体现在下文的例 5.2 中。

5.4 仿真算例

本节利用三个仿真算例来说明本章所提 H_∞ 混杂脉冲控制器设计方法的有效性，并将所提新方法与文献[78,151]中的方法进行了比较。仿真结果表明，利用混杂脉冲控制策略，能够得到较小的 H_∞ 性能指标下界。最后将提出的混杂脉冲控制方法应用于人体内的酶转移过程模型，验证了所给方法在实际问题中的可行性。

例 5.1 考虑在两个子系统之间随机切换的时滞不确定广义 Markov 跳变系统（5.1），其中

$$E_1 = \begin{bmatrix} 1 & 0 & 0 \\ 0 & 1 & 0 \\ 0 & 0 & 0 \end{bmatrix}, \quad A_1 = \begin{bmatrix} 0.2 & -0.3 & 1 \\ 0.7 & -1 & -0.5 \\ 0.1 & 0 & 0.4 \end{bmatrix}$$

$$A_{d1} = \begin{bmatrix} -0.5 & 0.2 & 1 \\ 1.2 & 0.3 & 0.9 \\ -0.3 & 1 & -0.2 \end{bmatrix}, \quad B_1 = \begin{bmatrix} 1 & 0 \\ 0 & 1 \\ -1 & 1 \end{bmatrix}, \quad B_{\omega 1} = \begin{bmatrix} 1 & 0.3 \\ 0.2 & 2 \\ 0 & -0.5 \end{bmatrix}$$

$$C_1 = \begin{bmatrix} 1 & 0.2 & 0 \\ 0 & 0.1 & 0.5 \end{bmatrix}, \quad C_{d1} = 0, \quad D_1 = \begin{bmatrix} 0.1 & 0 \\ 0 & 0.1 \end{bmatrix}$$

$$E_2 = \begin{bmatrix} 0 & 0 & 0 \\ 0 & 1 & 0 \\ 0 & 0 & 1 \end{bmatrix}, \quad A_2 = \begin{bmatrix} 0.1 & -1 & 0 \\ -0.2 & -1 & 0.4 \\ 0 & 0.3 & 0.1 \end{bmatrix}$$

$$A_{d2} = \begin{bmatrix} 0.1 & 0.1 & 0.5 \\ 0.5 & -0.2 & 1 \\ -0.2 & 0.5 & -0.1 \end{bmatrix}, \quad B_2 = \begin{bmatrix} 0 & -0.3 \\ -1 & 0 \\ 1 & 1 \end{bmatrix}, \quad B_{\omega 2} = \begin{bmatrix} 0.1 & -1 \\ 0.5 & 1 \\ 0.1 & 0 \end{bmatrix}$$

$$C_2 = \begin{bmatrix} 0.1 & 0 & 1 \\ -1 & 0 & 0.3 \end{bmatrix}, \quad C_{d2} = 0, \quad D_2 = \begin{bmatrix} 0.1 & 0 \\ 0 & 0.2 \end{bmatrix}$$

系统具有范数有界且满足式（5.3）的不确定性，具体参数为

$$M_1 = \begin{bmatrix} 0.3 & 0.4 & 0.3 \end{bmatrix}^T, \quad N_{e1} = \begin{bmatrix} 0.7 & 0.7 & 0.2 \end{bmatrix}, \quad N_{a1} = \begin{bmatrix} 0.2 & 0.4 & 0.3 \end{bmatrix}$$
$$N_{d1} = \begin{bmatrix} 0.1 & 0.2 & 0.3 \end{bmatrix}, \quad N_{b1} = \begin{bmatrix} 0.5 & 0.2 \end{bmatrix}$$
$$M_2 = \begin{bmatrix} 0.3 & 0.4 & 0.3 \end{bmatrix}^T, \quad N_{e2} = \begin{bmatrix} 0.3 & 0.2 & 0.2 \end{bmatrix}, \quad N_{a2} = \begin{bmatrix} 0.3 & 0.5 & 0.2 \end{bmatrix}$$
$$N_{d2} = \begin{bmatrix} 0.4 & 0.1 & 0.2 \end{bmatrix}, \quad N_{b2} = \begin{bmatrix} 0.3 & 0.3 \end{bmatrix}$$

且不确定时变矩阵为 $F(t) = \sin\left(\dfrac{t+0.1}{2}\right)$。显然，$\text{rank}(E_i + \Delta E_i) \neq 3$（3 为系统维数），

$i = 1,2$，即原系统是一个奇异系统而非正常系统。模态转移速率矩阵为

$$\Pi = \begin{bmatrix} -5 & 5 \\ 7 & -7 \end{bmatrix}$$

通过求解矩阵不等式组（5.20）～（5.22），可以分别计算出对应于不同常数 γ 的最大允许时滞上界和对应于不同常数 $\bar{d}$ 的 H_∞ 性能指标最小允许下界。具体计算结果参见表 5.1 和表 5.2。

表 5.1　给定 γ 时的最大允许时滞上界

γ	0.5	0.75	1.0	1.25	1.5	1.75	2.0
$\bar{d}_{\max}$	0.4657	0.5471	0.5901	0.6178	0.6375	0.6522	0.6637

表 5.2　给定 $\bar{d}$ 时的最小允许 γ 下界

$\bar{d}$	0.1	0.2	0.3	0.4	0.5	0.6	0.7
$\gamma_{\min}$	0.2180	0.2476	0.3006	0.3936	0.5826	1.0780	3.4498

当 $\bar{d} = 0.3$，$\gamma = 1.2$ 时，利用定理 5.2 可以得到系统（5.1）的一个鲁棒正常化

H_∞ 混杂脉冲控制器。控制器（5.4）的增益矩阵为

$$K_{a1} = \begin{bmatrix} -59.4351 & -8.4650 & 35.2804 \\ -97.7032 & -20.2983 & -79.0948 \end{bmatrix}, \quad K_{d1} = \begin{bmatrix} 0.0742 & -0.0041 & -1.0347 \\ 0.0280 & -0.8505 & -0.8378 \end{bmatrix}$$

$$K_{e1} = \begin{bmatrix} 3.8769 & 0.4590 & -2.9862 \\ 7.2878 & 1.2793 & 4.0004 \end{bmatrix}, \quad G_1 = \begin{bmatrix} -4.3602 & -0.8825 & 3.0143 \\ -7.2933 & -2.1840 & -3.9715 \end{bmatrix}$$

$$K_{a2} = \begin{bmatrix} -61.2589 & -6.8518 & -27.7043 \\ 90.1553 & 5.1558 & -69.7300 \end{bmatrix}, \quad K_{d2} = \begin{bmatrix} 0.3893 & -0.4310 & 0.1597 \\ -0.4989 & -0.2997 & -1.0661 \end{bmatrix}$$

$$K_{e2} = \begin{bmatrix} 4.8689 & 1.2858 & 0.9818 \\ -4.0502 & -1.6334 & 4.6704 \end{bmatrix}, \quad G_2 = \begin{bmatrix} -5.0380 & -0.2194 & -0.7291 \\ 3.4805 & 0.4715 & -5.2657 \end{bmatrix}$$

对于任意 $t \in [0,\infty)$，在上述控制器的作用下，闭环系统（5.5）导数项矩阵的秩 $\mathrm{rank}(E_{ci}) = 3$，$i = 1,2$，即闭环系统被正常化。

系统模态的 Markov 过程如图 5.1 所示。

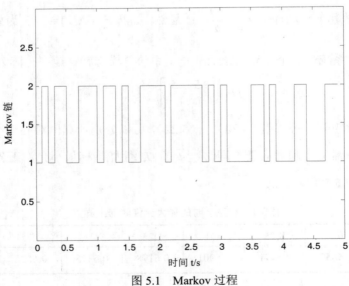

图 5.1　Markov 过程

图 5.2 和图 5.3 分别给出了初始状态为 $\phi(t) = \begin{bmatrix} -1 & 0 & 1 \end{bmatrix}^{\mathrm{T}}$，$t \in [-0.8, 0]$ 时系统的开环状态响应（$\omega(t) = 0$）和闭环状态响应。仿真结果表明，在脉冲比例导数记忆状态反馈控制器（5.4）的作用下，闭环系统鲁棒随机稳定。

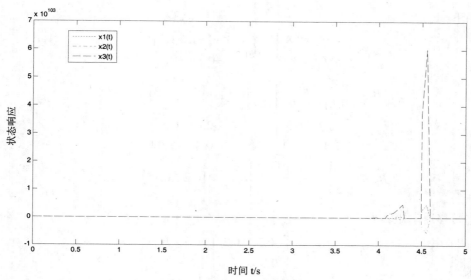

图 5.2　开环系统状态响应

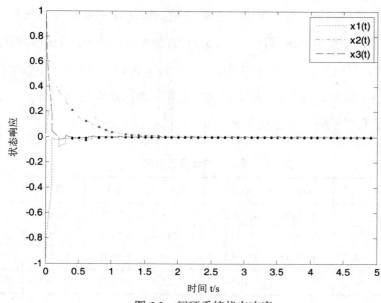

图 5.3　闭环系统状态响应

例 5.2　考虑一类时滞广义 Markov 跳变系统（5.1），其中导数项矩阵为二阶单位阵，即 $E_i = I$，$\Delta E_i = \Delta A_i = \Delta A_{di} = 0$，$\Delta B_i = 0$，$D_i = 0$，$i = 1,2$。系统其他参

数如下

$$A_1 = \begin{bmatrix} -3.5 & 0.8 \\ -0.6 & -3.3 \end{bmatrix}, \ A_{d1} = \begin{bmatrix} -0.9 & -1.3 \\ -0.7 & -2.1 \end{bmatrix}$$

$$B_1 = \begin{bmatrix} 0.8 \\ 0.1 \end{bmatrix}, \ B_{\omega 1} = \begin{bmatrix} 0.5 \\ 0.4 \end{bmatrix}, \ C_1 = \begin{bmatrix} 0.1 & 0.3 \end{bmatrix}$$

$$A_2 = \begin{bmatrix} -2.5 & 0.3 \\ 1.4 & -0.1 \end{bmatrix}, \ A_{d2} = \begin{bmatrix} -2.8 & 0.5 \\ -0.8 & -1.0 \end{bmatrix}$$

$$B_2 = \begin{bmatrix} 0.1 \\ 0.5 \end{bmatrix}, \ B_{\omega 2} = \begin{bmatrix} 0.3 \\ 0.2 \end{bmatrix}, \ C_2 = \begin{bmatrix} 0.2 & 0.15 \end{bmatrix}$$

模态转移速率矩阵为

$$\Pi = \begin{bmatrix} -0.2 & 0.2 \\ 0.8 & -0.8 \end{bmatrix}$$

我们的目的是为系统（5.1）设计一个状态反馈控制器，使得闭环系统（当 $\omega(t) = 0$ 时）鲁棒随机稳定，并且具有 H_∞ 性能。由于 $E_i = I$，$i = 1, 2$，是非奇异矩阵，因此不论控制器（5.4）中是否包含导数反馈部分（即 $K_{ei} \neq 0$ 或 $K_{ei} = 0$），都可以利用本章所提方法求解出系统（5.1）的鲁棒正常化 H_∞ 混杂脉冲控制器和性能指标下界。分别利用文献[78]中的定理 2（$k = 0.5$）、文献[151]中的定理 4、本章的推论 5.2 以及定理 5.2 计算给定时滞上界 $\bar{d}$ 时的扰动衰减水平 γ 的最小值。表 5.3 列出了利用不同方法计算出来的最小性能指标下界 $\gamma_{\min}$。

表 5.3　不同方法计算出来的 $\gamma_{\min}$

$\bar{d}$	0.2	0.3	0.4	0.5	0.6	0.7
定理 2（[78]）	0.0386	0.0496	0.0621	0.0740	0.0870	0.1028
定理 4（[151]）	0.0208	0.0311	0.0481	0.2443	0.9944	—
推论 5.2（$K_{ei} = 0$）	0.0204	0.0263	0.0325	0.0394	0.0492	0.0731
定理 5.2（$K_{ei} \neq 0$）	0.0154	0.0184	0.0222	0.0283	0.0400	0.0726

从表 5.3 可以看出，不论 K_{ei} 是否为 0，利用本章所提方法计算出来的最小扰动衰减水平 $\gamma_{\min}$ 都小于文献[78]和文献[151]的计算结果。当 $\bar{d} > 0.6589$ 时，无

法利用文献[151]中的方法求解系统（5.1）的状态反馈控制器，而本章所提方法仍然有效。值得指出的是，由于导数反馈控制器的引入，扰动衰减水平 γ 的下界也随之减小。

当 $\bar{d} = 0.7$ 时，可得 H_∞ 性能指标的下界 $\gamma_{\min} = 0.0726$。此时，控制器（5.4）的增益矩阵为

$$K_{a1} = [-2.7939 \quad -3.9091], \ K_{d1} = [-3.5596 \quad -1.3390]$$
$$K_{e1} = [1.0615 \quad 0.9984], \ G_1 = [-1.0545 \quad -1.0319]$$
$$K_{a2} = [-1.3379 \quad -2.0353], \ K_{d2} = [10.3430 \quad 0.5661]$$
$$K_{e2} = [3.9322 \quad 5.0212], \ G_2 = [-3.4694 \quad -5.4630]$$

例 5.3 考虑内分泌干扰素己烯雌酚（DES）在人体中的移动过程[34]。此过程可以用图 5.4 描述。图中符号意义如下所述。In：摄取和消化。1 Bl：循环系统和血液。2 Ut：生殖系统和子宫。3 Li：消化系统和肝脏。4 Ki：排泄系统和肾脏。5 En：体外环境。

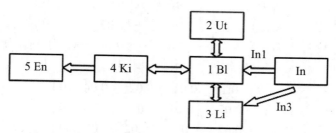

图 5.4　内分泌干扰素 DES 在人体中移动过程的多室模型

对以上过程进行建模时需考虑两方面因素：一方面，DES 在各个器官中的转移不是瞬时的，为了精确地描述生理过程，需要考虑过去状态对系统的作用；另一方面，从实际情况来看，生理系统常常会受到外部扰动的影响。由于人体的生理过程总是随机变化，不妨假定 DES 在人体内的转移过程是一个取值于有限离散集合 $S = \{1,2\}$ 的连续 Markov 链 $\{r(t), t \geq 0\}$。令 $x_1(t)$、$x_2(t)$、$x_3(t)$、$x_4(t)$ 表示内分泌干扰素 DES 在人体各个器官中的数量，$k_{\mu\nu}(r(t))$，$r(t) \in S$ 代表 DES 在各个器官之间的转移速率，$\mu,\nu = 1,2,3,4$。根据生理规律，DES 在人体内的转移过程

可由以下时滞广义 Markov 跳变系统描述

$$\begin{cases} E(r(t))\dot{x}(t) = A(r(t))x(t) + A_d(r(t))x(t-d) + B(r(t))u(t) + B_\omega(r(t))\omega(t) \\ z(t) = C(r(t))x(t) + C_d(r(t))x(t-d) + D(r(t))\omega(t) \\ x(t) = \phi(t), \quad t \in [-\bar{d}, 0] \end{cases}$$

式中，$x(t) = [x_1(t)\ x_2(t)\ x_3(t)\ x_4(t)]^{\mathrm{T}}$ 为内分泌干扰素 DES 在人体各个器官中的数量，$u(t)$ 为内分泌干扰素 DES 的摄入量，$\omega(t)$ 代表摄入干扰素对不同腔室 DES 数量的影响，$z(t)$ 为输出向量，d 为器官中的时滞且满足 $0 \leqslant d \leqslant \bar{d}$。系统相关矩阵为

$$E_i = \begin{bmatrix} 1 & 0 & 0 & 0 & 0 \\ 0 & 1 & 0 & 0 & 0 \\ 0 & 0 & 1 & 0 & 0 \\ 0 & 0 & 0 & 1 & 0 \\ 0 & 0 & 0 & 0 & 0 \end{bmatrix}, \quad i = 1, 2$$

$$A_i = \begin{bmatrix} -k_{12}(i) - k_{13}(i) - k_{14}(i) & k_{21}(i) & k_{31}(i) & k_{41}(i) & 0 \\ k_{12}(i) & -k_{21}(i) & 0 & 0 & 0 \\ k_{13}(i) & 0 & -k_{31}(i) & 0 & 0 \\ k_{14}(i) & 0 & 0 & -k_{45}(i) - k_{41}(i) & 0 \\ 1 & 1 & 1 & 1 & 1 \end{bmatrix}$$

$$A_{d1} = \begin{bmatrix} -0.13 & 0.01 & 0.02 & 0.04 & 0 \\ 0.07 & -0.01 & 0 & 0 & 0 \\ 0.02 & 0 & -0.02 & 0 & 0 \\ 0.04 & 0 & 0 & -0.06 & 0 \\ 0 & 0 & 0 & 0 & 0 \end{bmatrix}$$

$$A_{d2} = \begin{bmatrix} -0.11 & 0.01 & 0.05 & 0.03 & 0 \\ 0.06 & -0.01 & 0 & 0 & 0 \\ 0.03 & 0 & -0.05 & 0 & 0 \\ 0.02 & 0 & 0 & -0.04 & 0 \\ 0 & 0 & 0 & 0 & 0 \end{bmatrix}$$

$$B_1 = \begin{bmatrix} 1 & 0 & 3 & 0 & -4 \end{bmatrix}^T, \quad B_2 = \begin{bmatrix} 1.2 & 0 & 2.8 & 0 & -4 \end{bmatrix}^T$$

$$B_{\omega i} = \begin{bmatrix} 0.5 & 0 & 1.5 & 0 & -2 \end{bmatrix}^T, \quad C_i = \begin{bmatrix} 0 & 0 & 0 & k_{45}(i) & 0 \end{bmatrix}$$

$$C_{d1} = \begin{bmatrix} 0 & 0 & 0 & 0.015 & 0 \end{bmatrix}, \quad C_{d2} = \begin{bmatrix} 0 & 0 & 0 & 0.02 & 0 \end{bmatrix}$$

$$D_1 = 0.8, \quad D_2 = 0.6$$

模态转移速率矩阵为

$$\Pi = \begin{bmatrix} -4 & 4 \\ 5 & -5 \end{bmatrix}$$

令 $k_{12}(1) = 0.5$，$k_{21}(1) = 0.2$，$k_{13}(1) = 0.6$，$k_{31}(1) = 0.5$，$k_{14}(1) = 0.5$，$k_{41}(1) = 0.2$，$k_{45}(1) = 0.3$，$k_{12}(2) = 0.5$，$k_{21}(2) = 0.22$，$k_{13}(2) = 0.6$，$k_{31}(2) = 0.45$，$k_{14}(2) = 0.5$，$k_{41}(2) = 0.2$，$k_{45}(2) = 0.25$。当 $\bar{d} = 0.5$，$\gamma = 1.5$ 时，利用定理 5.2 可以得到该系统的一个鲁棒正常化 H_∞ 混杂脉冲控制器。控制器的增益矩阵为

$$K_{a1} = \begin{bmatrix} -28.1597 & -97.8460 & -13.7853 & 17.8708 & -5.2202 \end{bmatrix}$$

$$K_{d1} = \begin{bmatrix} -0.0020 & 0.0020 & 0.0011 & -0.0065 & 0.0000 \end{bmatrix}$$

$$K_{e1} = \begin{bmatrix} 2.4531 & 9.0187 & 1.0788 & -1.9271 & 0.6099 \end{bmatrix}$$

$$G_1 = \begin{bmatrix} -2.4514 & -8.6453 & -1.2088 & 1.7446 & -0.6094 \end{bmatrix}$$

$$K_{a2} = \begin{bmatrix} -29.3142 & -101.9710 & -14.2604 & 18.9070 & -5.4172 \end{bmatrix}$$

$$K_{d2} = \begin{bmatrix} 0.0004 & -0.0006 & 0.0011 & -0.0041 & -0.0000 \end{bmatrix}$$

$$K_{e2} = \begin{bmatrix} 2.5388 & 9.2645 & 1.1185 & -1.9474 & 0.6317 \end{bmatrix}$$

$$G_2 = \begin{bmatrix} -2.6245 & -9.2769 & -1.2537 & 1.8873 & -0.6316 \end{bmatrix}$$

对于任意 $t \in [0, \infty)$，在上述混杂脉冲控制器的作用下，闭环系统导数项矩阵的秩 $\text{rank}(E_{ci}) = 5$，$i = 1, 2$，即闭环系统被正常化。系统模态的 Markov 过程如图 5.5 所示。图 5.6 给出了初始状态为 $\phi(t) = \begin{bmatrix} 0.5 & 1 & 0.5 & 0.1 & 0.02 \end{bmatrix}^T$，$t \in [-0.5, 0]$ 时系统的闭环状态响应。仿真结果表明，在脉冲比例导数记忆状态反馈控制器（5.4）的作用下，闭环系统鲁棒随机稳定。

在例 5.3 中，鲁棒正常化 H_∞ 混杂脉冲控制器的脉冲反馈部分可以看作一个脉冲外部输入。实际上，内分泌干扰素 DES 能够通过药物或注射快速地输送到人体内部，这就是一个脉冲控制过程。

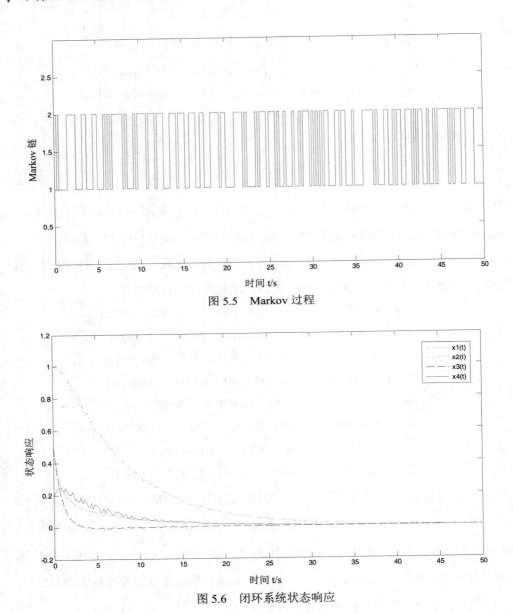

图 5.5 Markov 过程

图 5.6 闭环系统状态响应

从图 5.6 可以看出，当系统发生随机跳变时，内分泌干扰素 DES 在各个器官内的数量并没有发生突变。事实上，内分泌干扰素 DES 在人体各个器官中的转移过程是一个相对平缓的生理过程。即使人体瞬间摄入干扰素，器官内的 DES 数量也不会立刻发生变化。

5.5　本章小结

本章考虑了一类时滞不确定广义 Markov 跳变系统的鲁棒正常化和 H_∞ 控制问题。提出了一种新的带有记忆功能的混杂脉冲控制器，使得闭环系统能够正常化、鲁棒随机稳定并且具有 H_∞ 性能。基于合同变换、自由权矩阵和线性矩阵不等式技术，得到了脉冲比例导数记忆状态反馈控制器的存在条件以及参数化表示。与已有方法相比，本章所提方法具有较大的设计自由度和较小的保守性。仿真算例说明，本章所提方法具有十分显著的有效性，同时在处理实际问题时也具有十分明显的可行性。

第 6 章　时滞非线性不确定广义 Markov 跳变系统的 H_∞ 错序控制

6.1　引言

随着信息技术的持续发展，控制系统与网络通信系统的集成已成为控制技术的一个研究热点[154,155]。网络化的控制模式具有信息资源共享、连接线数少、易于扩展、易于维护、高效率、高可靠性和灵活方便等优点。在传统的控制系统中加入网络作为通信媒介，使系统的性能有了很大的改观，但同时也不可避免地带来网络延迟、数据包丢失和错序等问题。这些问题的存在，不仅会降低系统的控制性能，而且还会影响系统的稳定性[156-163]。因此，对网络化控制系统的研究具有非常重要的现实意义。值得注意的是，数据传输错序已经是现代工业、商业网络化应用中的一个普遍现象。目前，对网络传输中错序问题的研究刚刚起步。文献[156]针对实际工业模型进行仿真，结果表明忽略错序设计的控制器不能镇定实际应用系统。文献[157]对具有错序和时延特征的网络控制系统进行建模，并给出了有效消除错序影响的控制策略。文献[158]进一步研究了带有数据包错序的多输入多输出网络控制系统的保性能控制问题。鉴于数据传输错序在网络通信中的不可避免性，以及对网络控制系统性能影响的日趋严重性，有必要对错序控制器的设计问题展开深入研究。

本章将研究一类时滞非线性不确定广义 Markov 跳变系统的 H_∞ 错序控制问题。在已有的 Markov 跳变系统相关文献中，通常假设控制器接收到的运行信号与系统模态同步。然而，实际运行数据往往通过共享通信网络传输，因此不能同步到达控制器或执行器。在运行模态信号被控制器或执行器接收之前，采样数据

可能会发生错序现象。基于这一事实，需要考虑受错序影响的系统控制问题。当
广义 Markov 跳变系统中同时存在结构不确定性、时滞和非线性项时，系统的分
析与控制变得尤为复杂。考虑到导数项矩阵中的结构不确定性和切换点处的状态
跳变对系统正则性和稳定性的影响[45,100,101]，本章仍然沿用上一章中的脉冲比例导
数记忆状态反馈控制策略。在所设计混杂脉冲控制器的作用下，系统状态在脉冲
时刻发生瞬间跳变，进而使闭环系统成为一类混杂脉冲系统。由于系统运行模态
信号在网络传输过程中发生错序，闭环系统的运行模态与原系统模态和控制器模
态同时相关。利用文献[164]中提出的非线性向量函数微分中值定理，进一步将非
线性脉冲系统转化为线性变参数混杂脉冲系统进行分析和控制。根据概率理论和
非脆弱控制技术，设计了仅与原系统运行模态相关的混杂脉冲控制器。即使模态
运行信号出现错序，闭环系统仍然具有稳定性和良好的抗干扰性。

　　本章第二节对所研究问题进行描述并给出了鲁棒正常化 H_∞ 错序控制器的
定义。第三节首先给出了鲁棒正常化 H_∞ 错序控制器存在的判别条件，接着利用
概率理论和非脆弱控制技术，得到了仅与原系统运行模态相关的脉冲比例导数
记忆状态反馈控制器的参数化表示。所设计的混杂脉冲控制器不仅能够使闭环
系统对所有容许的不确定性能够正常化、鲁棒随机稳定并且具有 H_∞ 性能，还是
实际运行控制器的最小方差估计。第四节首先给出一个数值算例，说明了本章
方法的有效性，接着就 H_∞ 控制问题，利用所得结论与文献[79]和文献[80]中的
控制方法进行比较。仿真结果表明，在控制器发生错序的情况下，本章所提方
法不仅可行而且能够有效地抑制外部扰动对系统输出的影响。最后，将提出的
错序控制方法应用到一类单种群阶段结构生物经济模型中，验证了该方法在实
际问题中的可行性。

6.2　问题描述

　　考虑一类时滞非线性不确定广义 Markov 跳变系统

$$
\begin{cases}
(E(r_1(t)) + \Delta E(r_1(t)))\dot{x}(t) = (A(r_1(t)) + \Delta A(r_1(t)))x(t) \\
\qquad\qquad + (A_d(r_1(t)) + \Delta A_d(r_1(t)))x(t-d) \\
\qquad\qquad + B_f(r_1(t))f(x(t), r_1(t)) \\
\qquad\qquad + B(r_1(t))u(t) + B_\omega(r_1(t))\omega(t) \\
z(t) = C(r_1(t))x(t) + C_d(r_1(t))x(t-d) + D(r_1(t))\omega(t) \\
x(t) = \phi(t), \quad t \in [-\bar{d}, 0]
\end{cases}
\tag{6.1}
$$

式中，$x(t) \in \mathbb{R}^n$ 为系统状态向量；$u(t) \in \mathbb{R}^m$ 为控制输入；$\omega(t) \in \mathcal{L}_2[0,\infty)$ 为外部扰动输入；$z(t) \in \mathbb{R}^l$ 为测量输出；参数 d 为满足 $0 \leqslant d \leqslant \bar{d}$ 的常时滞；$\phi(t) \in C_{n,\bar{d}}$ 为相容的向量值初始函数。矩阵 $E(r_1(t)) \in \mathbb{R}^{n \times n}$ 可能是奇异矩阵，即 $\text{rank}[E(r_1(t))] = n_{r_1(t)} \leqslant n$。$A(r_1(t))$、$A_d(r_1(t))$、$B(r_1(t))$、$B_f(r_1(t))$、$B_\omega(r_1(t))$、$C(r_1(t))$、$C_d(r_1(t))$ 和 $D(r_1(t))$ 是具有适当维数的已知矩阵。$\Delta E(r_1(t))$、$\Delta A(r_1(t))$ 和 $\Delta A_d(r_1(t))$ 是未知时变矩阵，用来表示系统的不确定性。非线性向量函数 $f(x(t), r_1(t)): \mathbb{R}^n \times \mathbb{Z}^+ \to \mathbb{R}^{q_{n_1(t)}}$（$f(0) = 0$）是 $x(t)$ 的可微函数，且具有以下形式

$$
f(x(t), r_1(t)) = [f_1(x(t), r_1(t)) \quad \cdots \quad f_{q_{n_1(t)}}(x(t), r_1(t))]^T
$$

模态 $\{r_1(t), t \geqslant 0\}$ 右连续且取值于有限集合 $S_1 = \{1, 2, \cdots, N_1\}$。为了方便起见，对每个 $r_1(t) = i_1 \in S_1$，将矩阵 $\mathcal{M}(r_1(t))$ 简记为 $\mathcal{M}_{i_1}$。对于每个 $r_1(t) = i_1 \in S_1$，假定上述不确定矩阵具有如下结构

$$
\begin{bmatrix} \Delta E_{i_1} & \Delta A_{i_1} & \Delta A_{di_1} \end{bmatrix} = M_{i_1} F(t) \begin{bmatrix} N_{ei_1} & N_{ai_1} & N_{di_1} \end{bmatrix}
\tag{6.2}
$$

式中，M_{i_1}、N_{ei_1}、N_{ai_1} 和 N_{di_1} 是具有适当维数的已知实常数矩阵，而 $F(t)$ 是一个未知的时变矩阵，且满足 $F^T(t)F(t) \leqslant I$。

本章的目的是为时滞非线性不确定广义 Markov 跳变系统（6.1）设计如下形式的脉冲比例导数记忆状态反馈控制器

$$
\begin{cases}
u(t) = u_1(t) + u_2(t) \\
u_1(t) = K_a(r_1(t))x(t) + K_d(r_1(t))x(t-d) - K_e(r_1(t))\dot{x}(t) \\
u_2(t) = \displaystyle\sum_{k=1}^{\infty} G(r_1(t_k^+))x(t)\delta(t - t_k)
\end{cases}
\tag{6.3}
$$

式中，$u_1(t)$ 是依赖于模态 $r_1(t)$ 的比例导数记忆状态反馈控制器，而 $u_2(t)$ 是一个脉

冲控制器。$K_a(r_1(t))$、$K_d(r_1(t))$、$K_e(r_1(t))$ 和 $G(r_1(t_k^+))$ 是需要设计的具有适当维数的增益矩阵。$\delta(\cdot)$ 为带有不连续脉冲时刻 $t_1 < t_2 < \cdots < t_k < \cdots$，$\lim\limits_{k \to \infty} t_k = \infty$ 的狄拉克脉冲函数，其中 $t_1 > t_0$，且 $x(t_k) = x(t_k^-) = \lim\limits_{h \to 0^+} x(t_k - h)$，$x(t_k^+) = \lim\limits_{h \to 0^+} x(t_k + h)$。为了方便起见，定义 $e_x(t_k) \triangleq x(t_k^+) - x(t_k^-)$。

为了获得依赖于模态 $r_1(t)$ 的混杂脉冲控制器（6.3），系统运行模态需要实时可测。然而，由于网络和多渠道传输方式的采用，采样数据未必能同步到达控制器或执行器。模态信号在传输过程中可能发生错序现象。此时，相应的控制器为

$$\begin{cases} u(t) = \tilde{u}_1(t) + \tilde{u}_2(t) \\ \tilde{u}_1(t) = K_a(r_2(t))x(t) + K_d(r_2(t))x(t-d) - K_e(r_2(t))\dot{x}(t) \\ \tilde{u}_2(t) = \sum\limits_{k=1}^{\infty} G(r_2(t_k^+))x(t)\delta(t - t_k) \end{cases} \quad (6.4)$$

式中，$K_a(r_2(t))$、$K_d(r_2(t))$、$K_e(r_2(t))$ 和 $G(r_2(t_k^+))$ 是控制器增益，模态 $r_2(t)$ 取值于有限集合 $S_2 = \{1, 2, \cdots, N_2\}$ 且可能与 $r_1(t)$ 相互关联。假设向量 $(r_1(t), r_2(t))$ 是一个取值于有限集合 $\bar{S} \triangleq S_1 \times S_2$ 的遍历 Markov 链（即不可约、非周期、正常返），则 $\bar{S}$ 包含 $N = N_1 \times N_2$ 个元素。建立 $(r_1(t), r_2(t))$ 和集合 $S \triangleq \{1, 2, \ldots, N\}$ 之间的双射。显然，取值于集合 S 且与 $(r_1(t), r_2(t))$ 一一对应的随机过程 $\{r(t), t \geq 0\}$（也记作 $\{r_t, t \geq 0\}$）是一个遍历 Markov 链。Markov 过程 $r(t)$ 的转移速率矩阵为 $\Pi = (\pi_{ij}) \in \mathbb{R}^{N \times N}$，其中 $\pi_{ij} \geq 0$，$i \neq j$，$\pi_{ii} = -\sum\limits_{j=1, j \neq i}^{N} \pi_{ij}$。为方便起见，对每一个 $r(t) = i \in S$，将矩阵 $\mathcal{M}(r(t))$ 简记为 $\mathcal{M}_i$。

由于模态信号被控制器接收之前可能会发生错序或丢包，故 $S_2 \subseteq S_1$，$1 \leq N_2 \leq N_1$。如果集合 S_2 中只有一个元素，即 $N_2 = 1$，则式（6.4）为独立模态控制器。如果 $N_2 = N_1$ 且 $r_2(t)$ 与 $r_1(t)$ 完全同步，即 $r_1(t) \equiv r_2(t)$，则式（6.4）等价于控制器（6.3）。在本章中，假设 $S_2 = \{1, 2, \cdots, N_1\}$ 但 $r_1(t)$ 与 $r_2(t)$ 不同步。定义双射

$$\Phi : \bar{S} \to S$$

其中，$i = \Phi(i_1, i_2)$，$i \in S$，$i_1 \in S_1$，$i_2 \in S_2$。其反函数 Φ^{-1} 定义为

$$\Phi^{-1} : S \to \overline{S}$$

式中，$(i_1, i_2) = \Phi^{-1}(i)$，$i_1 = \Phi_1^{-1}(i) \in S_1$，$i_2 = \Phi_2^{-1}(i) \in S_2$。

假定当 $t \in (t_k, t_k + h]$ 时，$r(t) = i$，即处于激活状态的子系统模态为 i_1，控制器接收到的模态信号为 i_2。将控制器（6.4）代入到系统（6.1），可得

$$E_{ci}[x(t_k + h) - x(t_k)]$$

$$= \int_{t_k}^{t_k+h} E_{ci} \dot{x}(s) \mathrm{d}s$$

$$= \int_{t_k}^{t_k+h} [A_{ci} x(s) + A_{cdi} x(s-d) + B_{fi_1} f(x(s), i_1) + B_{i_1} \tilde{u}_2(s) + B_{\omega i_1} \omega(s)] \mathrm{d}s$$

式中

$$E_{ci} = E_{i_1} + \Delta E_{i_1} + B_{i_1} K_{ei_2}$$
$$A_{ci} = A_{i_1} + \Delta A_{i_1} + B_{i_1} K_{ai_2}$$
$$A_{cdi} = A_{di_1} + \Delta A_{di_1} + B_{i_1} K_{di_2}$$

当 $h \to 0^+$ 时，有

$$E_{ci} e_x(t_k) = \lim_{h \to 0^+} E_{ci}[x(t_k + h) - x(t_k)] = B_{i_1} G_{i_2} x(t_k)$$

在控制器（6.4）的作用下，系统（6.1）变为一类脉冲时滞非线性不确定广义 Markov 跳变系统，形式如下：

$$\begin{cases} E_c(r(t))\dot{x}(t) = A_c(r(t))x(t) + A_{cd}(r(t))x(t-d) \\ \qquad\qquad + B_f(r(t))f(x(t), r(t)) + B_\omega(r(t))\omega(t), \ t \neq t_k \\ E_c(r(t))e_x(t_k) = B(r(t))G(r(t_k^+))x(t_k), \ t = t_k \\ z(t) = C(r(t))x(t) + C_d(r(t))x(t-d) + D(r(t))\omega(t) \\ x(t) = \phi(t), \ t \in [-\overline{d}, 0] \end{cases} \qquad (6.5)$$

式中

$$\begin{cases} E_c(r(t)) = E(r_1(t)) + \Delta E(r_1(t)) + B(r_1(t))K_e(r_2(t)) \\ A_c(r(t)) = A(r_1(t)) + \Delta A(r_1(t)) + B(r_1(t))K_a(r_2(t)) \\ A_{cd}(r(t)) = A_d(r_1(t)) + \Delta A_d(r_1(t)) + B(r_1(t))K_d(r_2(t)) \end{cases} \qquad (6.6)$$

以及

$$B(r(t)) = B(r_1(t)), \quad B_f(r(t)) = B_f(r_1(t)), \quad f(x(t), r(t)) = f(x(t), r_1(t))$$

$$B_\omega(r(t)) = B_\omega(r_1(t)), \quad C(r(t)) = C(r_1(t)), \quad C_d(r(t)) = C_d(r_1(t))$$

$$D(r(t)) = D(r_1(t)), \quad K_e(r(t)) = K_e(r_2(t)), \quad K_a(r(t)) = K_a(r_2(t))$$

$$K_d(r(t)) = K_d(r_2(t)), \quad G(r(t_k^+)) = G(r_2(t_k^+)), \quad r(t) = \Phi(r_1(t), r_2(t)) \in S$$

对于系统（6.1），传统的控制策略是设计与系统模态同步的控制器。然而由于数据传输错序的影响，对于任意给定的原始模态信号 $r_1(t)$，实际运行控制器（6.4）可能有 N_1 种模态。因此，有必要设计仅与原始模态 $r_1(t)$ 相关的控制器，并降低错序对系统的不利影响。本章将采用非脆弱控制方法对系统（6.1）设计形如式（6.3）的混杂脉冲控制器，即

$$\begin{cases} u(t) = u_1(t) + u_2(t) \\ u_1(t) = (K_a(r(t)) + \Delta K_a(r(t)))x(t) + (K_d(r(t)) + \Delta K_d(r(t)))x(t - d) \\ \qquad - (K_e(r(t)) + \Delta K_e(r(t)))\dot{x}(t) \\ u_2(t) = \sum_{k=1}^{\infty} (G(r(t_k^+)) + \Delta G(r(t_k^+)))x(t)\delta(t - t_k) \end{cases} \tag{6.7}$$

式中，$K_a(r(t))$、$K_d(r(t))$、$K_e(r(t))$ 和 $G(r(t_k^+))$ 为辅助控制增益，$\Delta K_a(r(t))$、$\Delta K_d(r(t))$、$\Delta K_e(r(t))$ 和 $\Delta G(r(t_k^+))$ 为满足下列条件的增益波动

$$\begin{cases} \Delta K_a^{\mathrm{T}}(r(t))\Delta K_a(r(t)) \leqslant W_a(r(t)) \\ \Delta K_d^{\mathrm{T}}(r(t))\Delta K_d(r(t)) \leqslant W_d(r(t)) \\ \Delta K_e^{\mathrm{T}}(r(t))\Delta K_e(r(t)) \leqslant W_e(r(t)) \\ \Delta G^{\mathrm{T}}(r(t_k^+))\Delta G(r(t_k^+)) \leqslant W_g(r(t_k^+)) \end{cases} \tag{6.8}$$

式中，$W_a(r(t))$、$W_d(r(t))$、$W_e(r(t))$ 和 $W_g(r(t_k^+))$ 为待定的正定矩阵。如果存在非脆弱控制器（6.7）并将增益波动选为

$$\begin{cases} \Delta K_a(r(t)) = \bar{K}_a(r_1(t)) - K_a(r(t)), \quad \Delta K_d(r(t)) = \bar{K}_d(r_1(t)) - K_d(r(t)) \\ \Delta K_e(r(t)) = \bar{K}_e(r_1(t)) - K_e(r(t)), \quad \Delta G(r(t_k^+)) = \bar{G}(r_1(t_k^+)) - G(r(t_k^+)) \end{cases} \tag{6.9}$$

依赖于原始模态 $r_1(t)$ 的控制器（6.3）将被构建出来。

下面介绍几个定义和引理。

定义 6.1 当 $\omega(t) = 0$ 时，如果对于任意初始状态 $x_0 \in \mathbb{R}^n$ 和初始模态 $r_0 \in S$，存在一个常数 $M(x_0, \phi(\cdot)) > 0$ 使得

$$\lim_{t \to \infty} \mathbb{E}\left\{ \int_0^t \|x(s)\|^2 \mathrm{d}s \mid r_0, x(s) = \phi(s), s \in [-\bar{d}, 0] \right\} \leqslant M(x_0, \phi(\cdot))$$

对所有容许的不确定性成立，则称系统（6.5）鲁棒随机稳定。

定义 6.2 给定常数 $\gamma > 0$，如果系统（6.5）鲁棒随机稳定且在零初始条件下

$$\mathbb{E}\left\{\int_0^\infty z^{\mathrm{T}}(t)z(t)\mathrm{d}t\right\} \leqslant \gamma^2 \int_0^\infty \omega^{\mathrm{T}}(t)\omega(t)\mathrm{d}t \tag{6.10}$$

对所有容许的不确定性和任意非零向量 $\omega(t) \in \mathcal{L}_2[0,\infty)$ 成立，则称系统（6.5）鲁棒随机稳定且具有 H_∞ 性能指标 γ。

定义 6.3 对于时滞非线性不确定广义 Markov 跳变系统（6.1），给定标量 $\gamma > 0$，如果存在一个控制器（6.3），使得对于所有容许的不确定性，在控制器运行模态发生错序的情况下，闭环系统（6.5）能够正常化（即导数项矩阵 E_{ci}，$\forall i \in S$ 可逆）、鲁棒随机稳定且具有 H_∞ 性能指标 γ，则称控制器（6.3）为系统（6.1）的一个鲁棒正常化 H_∞ 错序控制器。

引理 6.1[164] 如果函数 $f(x): \mathbb{R}^n \to \mathbb{R}^q$ 在 $Co(a,b)$，$a,b \in \mathbb{R}^n$ 上可微，则存在常向量 $c_1, c_2, \cdots, c_q \in Co(a,b)$，$c_\iota \neq a$，$c_\iota \neq b$，$\iota = 1, 2, \cdots, q$ 使得

$$f(a) - f(b) = \sum_{\iota=1}^{q}\sum_{\kappa=1}^{n} e_q(\iota)e_n^{\mathrm{T}}(\kappa)\frac{\partial f_\iota}{\partial x_\kappa}(c_\iota)(a-b)$$

式中，$Co(a,b)$ 为集合 $\{a,b\}$ 的凸包，即 $Co(a,b) = \{\lambda a + (1-\lambda)b, \ \lambda \in [0,1]\}$，$e_q(\iota) = (\underbrace{0,\cdots,0}_{\iota-1},1,\underbrace{0,\cdots,0}_{q-\iota})^{\mathrm{T}}$ 为向量空间 $\mathbb{R}^q$ 的第 ι 个单位向量基，$e_n(\kappa)$ 同理。

引理 6.2[165] 当 Markov 链 $\{X(t), t \geqslant 0\}$ 为定义在有限状态空间 $S = \{1, 2, \cdots, N\}$ 上的不可约遍历链时，其存在唯一的平稳分布 $\bar{\pi} = [\bar{\pi}_1, \bar{\pi}_2, \cdots, \bar{\pi}_N]$，且满足

$$\bar{\pi}Q = 0, \ \sum_{i \in S}\bar{\pi}_i = 1, \ \bar{\pi}_i > 0$$

式中，Q 为 $\{X(t), t \geqslant 0\}$ 的转移速率矩阵。对于 $j \in S$，有

$$\lim_{t \to \infty} Pr\{X(t) = j\} = \bar{\pi}_j$$

6.3 H_∞ 错序控制器的设计

在这一节，我们来考虑在混杂脉冲控制器（6.3）的作用下时滞非线性不确定

广义 Markov 跳变系统（6.1）的鲁棒正常化和 H_∞ 错序控制问题。首先，给出系统（6.1）存在鲁棒正常化 H_∞ 错序控制器的判别条件。其次，给出混杂脉冲控制器的设计程序，并同时求解比例反馈、导数反馈、记忆反馈和脉冲反馈部分的增益矩阵，使得闭环系统在控制器错序的情况下，对所有容许的不确定性是正常的、鲁棒随机稳定并且具有 H_∞ 性能。

6.3.1　H_∞错序控制器的存在条件

基于随机 Lyapunov-Krasovskii 泛函和凸理论，本小节给出了系统（6.1）存在鲁棒正常化 H_∞ 错序控制器的充分条件。首先利用向量函数微分中值定理，即引理 6.1，处理闭环系统（6.5）中的非线性项。对于每一个 $r(t) \in S$

$$f(x(t), r(t)) = \sum_{\iota=1}^{q_{r(t)}} \sum_{\kappa=1}^{n} e_{q_{r(t)}}(\iota) e_n^{\mathrm{T}}(\kappa) \frac{\partial f_\iota}{\partial x_\kappa}(z(t), r(t)) x(t)$$

$$= \sum_{\iota=1}^{q_{r(t)}} \sum_{\kappa=1}^{n} H_{\iota\kappa} h_{\iota\kappa}(r(t)) x(t)$$

式中

$$H_{\iota\kappa} = e_{q_{r(t)}}(\iota) e_n^{\mathrm{T}}(\kappa), \quad h_{\iota\kappa}(r(t)) = \frac{\partial f_\iota}{\partial x_\kappa}(z(t), r(t))$$

$$z(t) \in Co(x(t), 0), \quad z(t) \neq x(t), \quad z(t) \neq 0$$

假设 6.1　对于每一个 $r(t) \in S$，非线性函数 $f(x(t), r(t))$ 的雅克比矩阵满足以下条件

$$a_{\iota\kappa}(r(t)) \leqslant \frac{\partial f_\iota}{\partial x_\kappa}(z(t), \ r(t)) \leqslant b_{\iota\kappa}(r(t)) \tag{6.11}$$

式中，$a_{\iota\kappa}(r(t)) = \inf \dfrac{\partial f_\iota}{\partial x_\kappa}(z(t), r(t))$，$b_{\iota\kappa}(r(t)) = \sup \dfrac{\partial f_\iota}{\partial x_\kappa}(z(t), r(t))$ 有界，$\iota = 1, 2, \cdots, q_{r(t)}$，$\kappa = 1, 2, \cdots, n$。

假设 6.1 要求非线性向量函数 $f(x(t), r(t))$，$r(t) \in S$ 对于 $x(t)$ 所有分量的偏导数有界。事实上，很多系统都满足以上条件，比如全局可微 Lipschitz 非线性系统

和混沌系统[164,166]。

定义集合 $\mathcal{H}_1(r(t)) = \{h(r(t)) \mid h(r(t)) = (h_{11}(r(t)), \cdots, h_{1n}(r(t)), \cdots, h_{q_{r(t)}1}(r(t)), \cdots,$
$h_{q_{r(t)}n}(r(t)))^{\mathrm{T}}, a_{\iota\kappa}(r(t)) \leqslant h_{\iota\kappa}(r(t)) \leqslant b_{\iota\kappa}(r(t)), \iota = 1, 2, \cdots, q_{r(t)}, \kappa = 1, 2, \cdots, n\}$，则 $\mathcal{H}_1(r(t))$
是一个有界凸域，其顶点集为 $\mathcal{H}_2(r(t)) = \{\eta(r(t)) \mid \eta(r(t)) = (\eta_{11}(r(t)), \cdots, \eta_{1n}(r(t)), \cdots,$
$\eta_{q_{r(t)}1}(r(t)), \cdots, \eta_{q_{r(t)}n}(r(t)))^{\mathrm{T}}, \eta_{\iota\kappa}(r(t)) \in \{a_{\iota\kappa}(r(t)), b_{\iota\kappa}(r(t))\}, \iota = 1, 2, \cdots, q_{r(t)}, \kappa = 1, 2, \cdots, n\}$。
同时定义仿射

$$\mathcal{A}_c(\mu(r(t))) = A_c(r(t)) + B_f(r(t)) \sum_{\iota=1}^{q_{r(t)}} \sum_{\kappa=1}^{n} H_{\iota\kappa}\mu_{\iota\kappa}(r(t)), \quad \mu(r(t)) \in \mathcal{H}_\sigma(r(t)), \quad \sigma = 1, 2$$

则非线性混杂脉冲系统（6.5）转化为下列线性变参数混杂脉冲系统

$$\begin{cases} E_c(r(t))\dot{x}(t) = \mathcal{A}_c(h(r(t)))x(t) + A_{cd}(r(t))x(t-d) + B_\omega(r(t))\omega(t), \quad t \in (t_k, t_{k+1}] \\ E_c(r(t))e_x(t_k) = B(r(t))G(r(t_k^+))x(t_k), \quad t = t_k \\ z(t) = C(r(t))x(t) + C_d(r(t))x(t-d) + D(r(t))\omega(t) \\ x(t) = \phi(t), \quad t \in [-\overline{d}, 0] \end{cases}$$

$$(6.12)$$

式中，$h(r(t)) \in \mathcal{H}_1(r(t))$，$r(t) \in S$。

定理 6.1 给定常数 $\overline{d} > 0$ 和 $\gamma > 0$，如果存在矩阵 $P_i > 0$，$Q_i > 0$，$Q > 0$，
$Z > 0$，T_{1i} 和 T_{2i}，使得下列不等式对于每一个 $i \in S$，$\eta_{pi} \in \mathcal{H}_{2i}$，$p = 1, 2, \cdots, 2^{n \times q_i}$ 和
$k = 1, 2, \cdots$ 成立

$$\Omega_{pi} = \begin{bmatrix} \Omega_{11pi} & \Omega_{12pi} & \Omega_{13i} & T_{1i}^{\mathrm{T}}B_{\omega i} & C_i^{\mathrm{T}} \\ * & \Omega_{22i} & \Omega_{23i} & T_{2i}^{\mathrm{T}}B_{\omega i} & 0 \\ * & * & \Omega_{33i} & 0 & C_{di}^{\mathrm{T}} \\ * & * & * & -\gamma^2 I & D_i^{\mathrm{T}} \\ * & * & * & * & -I \end{bmatrix} < 0 \qquad (6.13)$$

$$\sum_{j=1}^{N} \pi_{ij}Q_j < Q \qquad (6.14)$$

$$0 < \beta_k \leqslant 1 \qquad (6.15)$$

则控制器（6.3）是系统（6.1）的一个鲁棒正常化 H_∞ 错序控制器。其中

$$\Omega_{11pi} = \mathcal{A}_c^{\mathrm{T}}(\eta_{pi})T_{1i} + T_{1i}^{\mathrm{T}}\mathcal{A}_c(\eta_{pi}) + \sum_{j=1}^{N}\pi_{ij}P_j + Q_i + \bar{d}Q - Z$$

$$\Omega_{12pi} = P_i - T_{1i}^{\mathrm{T}}E_{ci} + \mathcal{A}_c^{\mathrm{T}}(\eta_{pi})T_{2i}, \quad \Omega_{13i} = T_{1i}^{\mathrm{T}}A_{cdi} + Z$$

$$\Omega_{22i} = -T_{2i}^{\mathrm{T}}E_{ci} - E_{ci}^{\mathrm{T}}T_{2i} + \bar{d}^2 Z, \quad \Omega_{23i} = T_{2i}^{\mathrm{T}}A_{cdi}, \quad \Omega_{33i} = -Q_i - Z$$

$$\beta_k = \lambda_{\max}\{P^{-1}(r_{t_k^-})[I + E_{ci}^{-1}B_iG_i]^{\mathrm{T}}P(r_{t_k^+})[I + E_{ci}^{-1}B_iG_i]\}$$

证明 定理的证明主要分为两部分。第一部分证明系统（6.1）在控制器（6.3）发生错序的情况下能够正常化并且鲁棒随机稳定。第二部分证明闭环系统具有 H_∞ 性能指标 γ。

假定存在矩阵 $P_i > 0$，$Q_i > 0$，$Q > 0$，$Z > 0$，T_{1i}，T_{2i} 以及控制器（6.3），使得对于所有容许的不确定性，不等式（6.13）成立。由引理 5.1 和不等式（6.13）可知，对任意 $i \in S$，导数项矩阵 E_{ci} 可逆且范数 $\| E_{ci}^{-1} \|$ 有界。下面证明闭环系统（6.5）鲁棒随机稳定。令 $x_t = x(t+\theta)$，$-2d \leqslant \theta \leqslant 0$，可知 $\{(x_t, r_t), t \geqslant d\}$ 是初值为 $(\phi(\cdot), r_0)$ 的 Markov 过程。为系统（6.5）选取随机 Lyapunov 函数

$$V(x_t, r_t, t) = \sum_{\mu=1}^{4}V_\mu(x_t, r_t, t) \tag{6.16}$$

式中

$$V_1(x_t, r_t, t) = x^{\mathrm{T}}(t)P(r_t)x(t)$$

$$V_2(x_t, r_t, t) = \int_{t-d}^{t}x^{\mathrm{T}}(\alpha)Q(r_t)x(\alpha)\mathrm{d}\alpha$$

$$V_3(x_t, r_t, t) = \bar{d}\int_{-d}^{0}\int_{t+\beta}^{t}\dot{x}^{\mathrm{T}}(\alpha)Z\dot{x}(\alpha)\mathrm{d}\alpha\mathrm{d}\beta$$

$$V_4(x_t, r_t, t) = \int_{-d}^{0}\int_{t+\beta}^{t}x^{\mathrm{T}}(\alpha)Qx(\alpha)\mathrm{d}\alpha\mathrm{d}\beta$$

对于 $t \in (t_k, t_{k+1}]$，令 $r(t) = i$，$i \in S$，则对任意具有适当维数的矩阵 T_{1i} 和 T_{2i}，下式成立

$$2[-x^{\mathrm{T}}(t)T_{1i}^{\mathrm{T}} - \dot{x}^{\mathrm{T}}(t)T_{2i}^{\mathrm{T}}][E_{ci}\dot{x}(t) - A_{ci}x(t) - A_{cdi}x(t-d) - B_{\omega i}\omega(t)] = 0$$

令 $\mathbb{L}$ 表示随机过程 $\{(x_t, r_t)\}$ 的弱无穷小算子。沿闭环系统（6.5）的任意轨线，有

$$\mathbb{L}V(x_t,i,t) + z^{\mathrm{T}}(t)z(t) - \gamma^2\omega^{\mathrm{T}}(t)\omega(t)$$

$$\leq 2x^{\mathrm{T}}(t)P_i\dot{x}(t) + \sum_{j=1}^{N}\pi_{ij}x^{\mathrm{T}}(t)P_jx(t) + x^{\mathrm{T}}(t)Q_ix(t)$$

$$-x^{\mathrm{T}}(t-d)Q_ix(t-d) + \int_{t-d}^{t}x^{\mathrm{T}}(\alpha)\left\{\sum_{j=1}^{N}\pi_{ij}Q_j\right\}x(\alpha)\mathrm{d}\alpha$$

$$+\bar{d}^2\dot{x}^{\mathrm{T}}(t)Z\dot{x}(t) - \bar{d}\int_{t-d}^{t}\dot{x}^{\mathrm{T}}(\alpha)Z\dot{x}(\alpha)\mathrm{d}\alpha + \bar{d}x^{\mathrm{T}}(t)Qx(t) - \int_{t-d}^{t}x^{\mathrm{T}}(\alpha)Qx(\alpha)\mathrm{d}\alpha$$

$$+[C_ix(t) + C_{di}x(t-d) + D_i\omega(t)]^{\mathrm{T}}[C_ix(t) + C_{di}x(t-d) + D_i\omega(t)] - \gamma^2\omega^{\mathrm{T}}(t)\omega(t)$$

$$+2[-x^{\mathrm{T}}(t)T_{1i}^{\mathrm{T}} - \dot{x}^{\mathrm{T}}(t)T_{2i}^{\mathrm{T}}][E_{ci}\dot{x}(t) - A_{ci}x(t) - A_{cdi}x(t-d) - B_{\omega i}\omega(t)]$$

根据引理 5.2 和不等式（6.14），对于每一个 $i \in S$

$$\mathbb{L}V(x_t,i,t) + z^{\mathrm{T}}(t)z(t) - \gamma^2\omega^{\mathrm{T}}(t)\omega(t)$$

$$\leq \zeta^{\mathrm{T}}(t)\left\{\begin{bmatrix} \breve{\Omega}_{11i} & \breve{\Omega}_{12i} & \Omega_{13i} & T_{1i}^{\mathrm{T}}B_{\omega i} \\ * & \Omega_{22i} & \Omega_{23i} & T_{2i}^{\mathrm{T}}B_{\omega i} \\ * & * & \Omega_{33i} & 0 \\ * & * & * & -\gamma^2 I \end{bmatrix} + \begin{bmatrix} C_i^{\mathrm{T}} \\ 0 \\ C_{di}^{\mathrm{T}} \\ D_i^{\mathrm{T}} \end{bmatrix}\begin{bmatrix} C_i & 0 & C_{di} & D_i \end{bmatrix}\right\}\zeta(t) \qquad (6.17)$$

式中

$$\zeta(t) = [x^{\mathrm{T}}(t) \quad \dot{x}^{\mathrm{T}}(t) \quad x^{\mathrm{T}}(t-d) \quad \omega^{\mathrm{T}}(t)]^{\mathrm{T}}$$

$$\breve{\Omega}_{11i} = \mathcal{A}_c^{\mathrm{T}}(h_i)T_{1i} + T_{1i}^{\mathrm{T}}\mathcal{A}_c(h_i) + \sum_{j=1}^{N}\pi_{ij}P_j + Q_i + \bar{d}Q - Z$$

$$\breve{\Omega}_{12i} = P_i - T_{1i}^{\mathrm{T}}E_{ci} + \mathcal{A}_c^{\mathrm{T}}(h_i)T_{2i}, h_i \in \mathcal{H}_{1i}$$

对于每一个 $h_i \in \mathcal{H}_{1i}$，一定存在常数 $\theta_{pi} \geq 0$ 使得 $\sum_{p=1}^{2^{n \times q_i}}\theta_{pi} = 1$ 且 $h_i = \sum_{p=1}^{2^{n \times q_i}}\theta_{pi}\eta_{pi}$，

$\eta_{pi} \in \mathcal{H}_{2i}$。由不等式（6.13）和不等式（6.17）可知，当 $\omega(t) = 0$ 时，对于所有容许的不确定性

$$\mathbb{L}V(x_t,r_t,t) < 0 \qquad (6.18)$$

进而，一定存在常数 $\lambda > 0$，使得

$$\mathbb{L}V(x_t,r_t,t) \leq -\lambda\|x(t)\|^2 \qquad (6.19)$$

接下来，考虑脉冲系统（6.5）在脉冲时刻 t_k 处的情况。由式（6.5）、式（6.15）和引理 2.2 可知

$$V(x_{t_k^+}, r_{t_k^+}, t_k^+)$$

$$= x^T(t_k^+)P(r_{t_k^+})x(t_k^+) + \int_{t_k^+ - d}^{t_k^+} x^T(\alpha)Q(r_{t_k^+})x(\alpha)d\alpha$$

$$+ \bar{d}\int_{-d}^{0}\int_{t_k^+ + \beta}^{t_k^+} \dot{x}^T(\alpha)Z\dot{x}(\alpha)d\alpha d\beta + \int_{-d}^{0}\int_{t_k^+ + \beta}^{t_k^+} x^T(\alpha)Qx(\alpha)d\alpha d\beta$$

$$= x^T(t_k^-)[I + E_{ci}^{-1}(B_i + \Delta B_i)G_i]^T P(r_{t_k^+})[I + E_{ci}^{-1}(i)(B_i + \Delta B_i)G_i]x(t_k^-)$$

$$+ \int_{t_k - d}^{t_k} x^T(\alpha)Q(r_{t_k^-})x(\alpha)d\alpha + \bar{d}\int_{-d}^{0}\int_{t_k + \beta}^{t_k} \dot{x}^T(\alpha)Z\dot{x}(\alpha)d\alpha d\beta \qquad (6.20)$$

$$+ \int_{-d}^{0}\int_{t_k + \beta}^{t_k} x^T(\alpha)Qx(\alpha)d\alpha d\beta$$

$$\leqslant \lambda_{\max}\{P^{-1}(r_{t_k^-})[I + E_{ci}^{-1}(B_i + \Delta B_i)G_i]^T P(r_{t_k^+})[I + E_{ci}^{-1}(i)(B_i + \Delta B_i)G_i]\}$$

$$\times x^T(t_k)P(r(t_k^-))x(t_k) + V_2(x_{t_k^-}, r_{t_k^-}, t_k^-) + V_3(x_{t_k^-}, r_{t_k^-}, t_k^-) + V_4(x_{t_k^-}, r_{t_k^-}, t_k^-)$$

$$= \beta_k V_1(x_{t_k^-}, r_{t_k^-}, t_k^-) + V_2(x_{t_k^-}, r_{t_k^-}, t_k^-) + V_3(x_{t_k^-}, r_{t_k^-}, t_k^-) + V_4(x_{t_k^-}, r_{t_k^-}, t_k^-)$$

$$\leqslant V(x_{t_k^-}, r_{t_k^-}, t_k^-)$$

不妨设 $d \in (t_s, t_{s+1}]$，$s \in \{0,1,2,\cdots\}$。根据 Dynkin 公式，对于 $t \in (t_k, t_{k+1}]$，$k \geqslant s+1$

$$\mathbb{E}\left[\int_d^t \mathbb{L}V(x_t, r_t, t)dt\right]$$

$$= \mathbb{E}\left[\int_{d^+}^{t_{s+1}} \mathbb{L}V(x_t, r_t, t)dt\right] + \mathbb{E}\left[\int_{t_{s+1}^+}^{t_{s+2}} \mathbb{L}V(x_t, r_t, t)dt\right] + \ldots + \mathbb{E}\left[\int_{t_k^+}^{t} \mathbb{L}V(x_t, r_t, t)dt\right]$$

$$= \mathbb{E}[V(x_{t_{s+1}}, r_{t_{s+1}}, t_{s+1}) - V(x_d^+, r_d^+, d^+) + V(x_{t_{s+2}}, r_{t_{s+2}}, t_{s+2})$$

$$- V(x_{t_{s+1}^+}, r_{t_{s+1}^+}, t_{s+1}^+) + \cdots + V(x_t, r_t, t) - V(x_{t_k^+}, r_{t_k^+}, t_k^+)]$$

$$= \mathbb{E}\left[-V(x_d^+, r_d^+, d^+) + \sum_{j=s+1}^{k} (V(x_{t_j^-}, r_{t_j^-}, t_j^-) - V(x_{t_j^+}, r_{t_j^+}, t_j^+)) + V(x_t, r_t, t)\right]$$

因此，对于任意 $t \geqslant d$

$$\mathbb{E}[V(x_t, r_t, t)] - \mathbb{E}[V(x_d, r_d, d)] \leqslant -\lambda\mathbb{E}\left\{\int_d^t \|x(\alpha)\|^2 d\alpha\right\}$$

由式（6.18）和式（6.20），可得

$$\lim_{t \to \infty} V(x_t, r_t, t) = 0$$

从而

$$\mathbb{E}\left\{\int_d^t \|x(\alpha)\|^2 d\alpha\right\} \leqslant \lambda^{-1}\mathbb{E}[V(x_d, r_d, d)] \qquad (6.21)$$

当 $\omega(t) = 0$ 时，由方程（6.12）可知，对于 $t \in (t_0, t_1]$

$$\| x(t) \| = \left\| x(0) + \int_0^t [E_{ci}^{-1} \mathcal{A}_c(h_i) x(\alpha) + E_{ci}^{-1} A_{cdi} x(\alpha - d)] \mathrm{d}\alpha \right\|$$

$$\leqslant \| x(0) \| + k_1 \int_0^t [\| x(\alpha) \| + \| x(\alpha - d) \|] \mathrm{d}\alpha$$

式中，$k_1 = \max_{i \in S} \{\| E_{ci}^{-1} \| \| \mathcal{A}_c(h_i) \|, \| E_{ci}^{-1} \| \| A_{cdi} \|\} > 0$。进而，对于任意 $0 \leqslant t \leqslant d$，$t \in (t_0, t_1]$

$$\| x(t) \| \leqslant (k_1 \overline{d} + 1) \| \phi \|_{\overline{d}} + k_1 \int_0^t \| x(\alpha) \| \, \mathrm{d}\alpha$$

根据 Gronwall 不等式，对于任意 $0 \leqslant t \leqslant d$，$t \in (t_0, t_1]$

$$\| x(t) \| \leqslant (k_1 \overline{d} + 1) \| \phi \|_{\overline{d}} \mathrm{e}^{k_1 \overline{d}}$$

且

$$\| x(t_1) \| \leqslant (k_1 \overline{d} + 1) \| \phi \|_{\overline{d}} \mathrm{e}^{k_1 \overline{d}} \tag{6.22}$$

由于 $0 < \beta_k \leqslant 1$，$k = 1, 2, \cdots$，根据式（6.20）和式（6.22），可得

$$\| x(t_1^+) \| \leqslant \sqrt{\frac{\lambda_{\max} P(r_{t_1^-})}{\lambda_{\min} P(r_{t_1^+})}} \| x(t_1^-) \| \leqslant \overline{k}_1 \| \phi \|_{\overline{d}}$$

式中，$\overline{k}_1 = \sqrt{\dfrac{\lambda_{\max} P(r_{t_1^-})}{\lambda_{\min} P(r_{t_1^+})}} (k_1 \overline{d} + 1) \mathrm{e}^{k_1 \overline{d}}$。同理，对于任意 $0 \leqslant t \leqslant d$，$t \in (t_1, t_2]$

$$\| x(t) \| \leqslant \| x(t_1^+) \| + k_1 \int_{t_1^+}^t [\| x(\alpha) \| + \| x(\alpha - d) \|] \mathrm{d}\alpha$$

$$\leqslant (\overline{k}_1 + k_1 \overline{d}) \| \phi \|_{\overline{d}} + k_1 \int_{t_1^+}^t \| x(\alpha) \| \, \mathrm{d}\alpha$$

$$\leqslant (\overline{k}_1 + k_1 \overline{d}) \| \phi \|_{\overline{d}} \mathrm{e}^{k_1 \overline{d}}$$

且

$$\| x(t_2^+) \| \leqslant \sqrt{\frac{\lambda_{\max} P(r_{t_2^-})}{\lambda_{\min} P(r_{t_2^+})}} \| x(t_2^-) \| \leqslant \overline{k}_2 \| \phi \|_{\overline{d}}$$

式中，$\overline{k}_2 = \sqrt{\dfrac{\lambda_{\max} P(r_{t_2^-})}{\lambda_{\min} P(r_{t_2^+})}} (\overline{k}_1 + k_1 \overline{d}) \mathrm{e}^{k_1 \overline{d}}$。同上，对于任意 $0 \leqslant t \leqslant d$，$t \in (t_s, t_{s+1}]$，$s \in \{0, 1, 2, \cdots\}$

$$\| x(t)\| \leqslant \| x(t_s^+)\| + k_1 \int_{t_s^+}^t [\| x(\alpha)\| + \| x(\alpha - d)\|] \mathrm{d}\alpha$$

$$\leqslant (\overline{k}_s + k_1 \overline{d}) \| \phi \|_{\overline{d}} + k_1 \int_{t_s^+}^t \| x(\alpha)\| \mathrm{d}\alpha$$

$$\leqslant (\overline{k}_s + k_1 \overline{d}) \| \phi \|_{\overline{d}} \mathrm{e}^{k_1 \overline{d}}$$

式中，$\overline{k}_0 = 1$，$\overline{k}_s = \sqrt{\dfrac{\lambda_{\max} P(r_{t_s^-})}{\lambda_{\min} P(r_{t_s^+})}} (\overline{k}_{s-1} + k_1 \overline{d}) \mathrm{e}^{k_1 \overline{d}}$，$s \geqslant 1$。综上可知，存在常数 $\overline{k} > 0$

使得

$$\sup_{0 \leqslant \alpha \leqslant d} \| x(\alpha)\|^2 \leqslant \overline{k} \| \phi \|_{\overline{d}}^2 \tag{6.23}$$

注意到

$$\int_{-d}^0 \int_{t+\beta}^t \dot{x}^{\mathrm{T}}(\alpha) Z \dot{x}(\alpha) \mathrm{d}\alpha \mathrm{d}\beta \leqslant \overline{d} \int_{t-d}^t \dot{x}^{\mathrm{T}}(\alpha) Z \dot{x}(\alpha) \mathrm{d}\alpha$$

$$\int_{-d}^0 \int_{t+\beta}^t x^{\mathrm{T}}(\alpha) Q x(\alpha) \mathrm{d}\alpha \mathrm{d}\beta \leqslant \overline{d} \int_{t-d}^t x^{\mathrm{T}}(\alpha) Q x(\alpha) \mathrm{d}\alpha$$

则存在常数 ϱ 使得

$$V(x_d, r_d, d) \leqslant \varrho \| \phi \|_{\overline{d}}^2$$

结合式（6.21）和式（6.23）可知，存在常数 ρ 使得

$$\mathbb{E}\left\{ \int_0^t \|x(\alpha)\|^2 \mathrm{d}\alpha \right\} = \mathbb{E}\left\{ \int_0^d \|x(\alpha)\|^2 \mathrm{d}\alpha \right\} + \mathbb{E}\left\{ \int_d^t \|x(\alpha)\|^2 \mathrm{d}\alpha \right\} \leqslant \rho(\mathbb{E}\| \phi \|_{\overline{d}}^2)$$

根据定义 6.1，对于任意满足 $0 \leqslant d \leqslant \overline{d}$ 的常时滞 d，闭环系统（6.5）鲁棒随机稳定。

下面验证闭环系统（6.5）的 H_∞ 性能。给定常数 $\gamma > 0$，考虑如下指标函数

$$J_{z\omega}(t) = \mathbb{E}\left\{ \int_0^t [z^{\mathrm{T}}(s) z(s) - \gamma^2 \omega^{\mathrm{T}}(s) \omega(s)] \mathrm{d}s \right\}$$

在零初始条件下，显然

$$J_{z\omega}(t) \leqslant \mathbb{E}\left\{ \int_0^t [z^{\mathrm{T}}(s) z(s) - \gamma^2 \omega^{\mathrm{T}}(s) \omega(s) + \mathbb{L}V(x_s, i, s)] \mathrm{d}s \right\}$$

对于 $t > 0$，由式（6.13）、式（6.17）和 Schur 补引理可知，$J_{z\omega}(t) < 0$。因此，对于所有容许的不确定性和任意非零向量 $\omega(t) \in \mathcal{L}_2[0, \infty)$，不等式（6.10）成立，即闭环系统具有 H_∞ 性能指标 γ。

证毕。

6.3.2 H_∞ 错序控制器的设计

这一小节将着手系统（6.1）鲁棒正常化 H_∞ 错序控制器的设计。由定理 6.1 很难得到求解 H_∞ 错序控制器（6.3）的可行方法。利用合同变换、自由权矩阵方法和矩阵不等式放缩技术，可以得到定理 6.1 的等价结果。基于概率理论和非脆弱控制技术，依赖于原始系统模态 $r_1(t)$ 的脉冲比例导数记忆状态反馈控制器（6.3）的增益矩阵也将以概率分布的形式一并给出。不仅如此，混杂脉冲控制器（6.3）还是错序控制器（6.4）的最小方差估计。

定理 6.2 给定常数 $\bar{d} > 0$，$\gamma > 0$，$\varepsilon_{1i} > 0$，$\varepsilon_{2i} > 0$，$\varepsilon_{3i} > 0$，$\varepsilon_{4i} > 0$，$\varepsilon_{5i} > 0$，$\varepsilon_{6i} > 0$，$\varepsilon_{7i} > 0$ 以及矩阵 Γ_i，Γ_{1i}，Γ_{2i}，Γ_{3i}，如果存在矩阵 $\bar{Q} > 0$，$\bar{Z} > 0$，$\bar{W} > 0$，$\bar{Y} > 0$，$\bar{W}_{ai} > 0$，$\bar{W}_{di} > 0$，$\bar{W}_{ei} > 0$，$\bar{W}_{gi} > 0$，X，U，$\hat{Q}$，S_{1i}，S_{2i}，S_{3i}，L_i 以及常数 $\delta_{1i} > 0$，$\delta_{2i} > 0$，使得下列不等式对于所有 $i, j \in S$，$\eta_{pi} \in \mathcal{H}_{2i}$，$p = 1, 2, \cdots, 2^{n \times q_i}$ 和 $i_1 \in S_1$ 成立

$$
\begin{bmatrix}
\Theta_{11i} & \Theta_{12pi} & \Theta_{13i} & 0 & \Theta_{15i} & \Theta_{16i} & \Theta_{17i} & X\Gamma_i & \bar{d}X\Gamma_i & \bar{d}\Gamma_{1i}^{\mathrm{T}}U^{\mathrm{T}} & \Gamma_i^{\mathrm{T}}X^{\mathrm{T}} & \Gamma_{1i}^{\mathrm{T}}U^{\mathrm{T}} & 0 & 0 \\
* & \Theta_{22i} & \Theta_{23i} & B_{ei} & 0 & \Theta_{26i} & 0 & 0 & 0 & \bar{d}\Gamma_{2i}^{\mathrm{T}}U^{\mathrm{T}} & 0 & 0 & \Gamma_{2i}^{\mathrm{T}}U^{\mathrm{T}} & 0 \\
* & * & \Theta_{33i} & 0 & \Theta_{35i} & \Theta_{36i} & 0 & 0 & 0 & 0 & 0 & 0 & 0 & \Gamma_{3i}^{\mathrm{T}}\hat{Q}^{\mathrm{T}} \\
* & * & * & -\gamma^2 I & D_i^{\mathrm{T}} & 0 & 0 & 0 & 0 & 0 & 0 & 0 & 0 & 0 \\
* & * & * & * & -I & 0 & 0 & 0 & 0 & 0 & 0 & 0 & 0 & 0 \\
* & * & * & * & * & -\delta_{1i}I & 0 & 0 & 0 & 0 & 0 & 0 & 0 & 0 \\
* & * & * & * & * & * & \Theta_{77i} & 0 & 0 & 0 & 0 & 0 & 0 & 0 \\
* & * & * & * & * & * & * & -\hat{Q}\Gamma_{3i} & 0 & 0 & 0 & 0 & 0 & 0 \\
* & * & * & * & * & * & * & * & -\bar{d}Q & 0 & 0 & 0 & 0 & 0 \\
* & * & * & * & * & * & * & * & * & -\bar{Z} & 0 & 0 & 0 & 0 \\
* & * & * & * & * & * & * & * & * & * & -\varepsilon_{1i}\bar{W}_{ai} & 0 & 0 & 0 \\
* & * & * & * & * & * & * & * & * & * & * & -\varepsilon_{2i}\bar{W}_{ei} & 0 & 0 \\
* & * & * & * & * & * & * & * & * & * & * & * & -\varepsilon_{3i}\bar{W}_{ei} & 0 \\
* & * & * & * & * & * & * & * & * & * & * & * & * & -\varepsilon_{4i}\bar{W}_{di}
\end{bmatrix} < 0
$$

$$\tag{6.24}$$

$$
\begin{bmatrix}
\Phi_{11i} & \Phi_{12i} \\
* & \Phi_{22i}
\end{bmatrix} < 0
\tag{6.25}
$$

$$
\begin{bmatrix}
\Sigma_{11ji} & \Sigma_{12i} & \Sigma_{13i} & 0 & \Gamma_{2i}^{\mathrm{T}}U^{\mathrm{T}} & \Gamma_{2i}^{\mathrm{T}}U^{\mathrm{T}} & 0 \\
* & \Sigma_{22i} & \Sigma_{23i} & \Gamma_{2i}^{\mathrm{T}}U^{\mathrm{T}} & 0 & 0 & \Gamma_{2i}^{\mathrm{T}}U^{\mathrm{T}} \\
* & * & -\delta_{2i}I & 0 & 0 & 0 & 0 \\
* & * & * & -X\Gamma_i & 0 & 0 & 0 \\
* & * & * & * & -\varepsilon_{5i}\bar{W}_{ei} & 0 & 0 \\
* & * & * & * & * & -\varepsilon_{6i}\bar{W}_{gi} & 0 \\
* & * & * & * & * & * & -\varepsilon_{7i}\bar{W}_{ei}
\end{bmatrix} \leqslant 0 \qquad (6.26)
$$

$$
\begin{bmatrix}
-X-X^{\mathrm{T}}+\bar{W}_{ai} & \Delta\bar{K}_{ai_1,i} \\
* & -I
\end{bmatrix} \leqslant 0 \qquad (6.27)
$$

$$
\begin{bmatrix}
-U-U^{\mathrm{T}}+\bar{W}_{ei} & \Delta\bar{K}_{ei_1,i} \\
* & -I
\end{bmatrix} \leqslant 0 \qquad (6.28)
$$

$$
\begin{bmatrix}
-\hat{Q}-\hat{Q}^{\mathrm{T}}+\bar{W}_{di} & \Delta\bar{K}_{di_1,i} \\
* & -I
\end{bmatrix} \leqslant 0 \qquad (6.29)
$$

$$
\begin{bmatrix}
-U-U^{\mathrm{T}}+\bar{W}_{gi} & \Delta\bar{G}_{i_1,i} \\
* & -I
\end{bmatrix} \leqslant 0 \qquad (6.30)
$$

则控制器（6.3）是系统（6.1）的一个鲁棒正常化 H_∞ 错序控制器。其中

$$
\Theta_{11i} = U\Gamma_{1i} + \Gamma_{1i}^{\mathrm{T}}U^{\mathrm{T}} + \pi_{ii}X\Gamma_i - X\Gamma_i - \Gamma_i^{\mathrm{T}}X^{\mathrm{T}} + \bar{Z}
$$

$$
\Theta_{12pi} = \Gamma_i^{\mathrm{T}}X^{\mathrm{T}}A_i^{\mathrm{T}} + \Gamma_i^{\mathrm{T}}X^{\mathrm{T}}\sum_{\iota=1}^{q_i}\sum_{\kappa=1}^{n}H_{\iota\kappa}^{\mathrm{T}}(\eta_{pi})_{\iota\kappa}B_{fi}^{\mathrm{T}} - \Gamma_{1i}^{\mathrm{T}}U^{\mathrm{T}}E_i^{\mathrm{T}}
$$
$$
\quad + U\Gamma_{2i} + \Gamma_{1i}^{\mathrm{T}}S_{1i}^{\mathrm{T}}B_i^{\mathrm{T}} + \Gamma_{1i}^{\mathrm{T}}S_{2i}^{\mathrm{T}}B_i^{\mathrm{T}}
$$

$$
\Theta_{13i} = \hat{Q}\Gamma_{3i}, \quad \Theta_{15i} = \Gamma_i^{\mathrm{T}}X^{\mathrm{T}}C_i^{\mathrm{T}}, \quad \Theta_{16i} = \Gamma_i^{\mathrm{T}}X^{\mathrm{T}}N_{ai}^{\mathrm{T}} - \Gamma_{1i}^{\mathrm{T}}U^{\mathrm{T}}N_{ei}^{\mathrm{T}}
$$

$$
\Theta_{17i} = [\sqrt{\pi_{i1}}X\Gamma_i \cdots \sqrt{\pi_{i(i-1)}}X\Gamma_i\sqrt{\pi_{i(i+1)}}X\Gamma_i \cdots \sqrt{\pi_{iN}}X\Gamma_i]
$$

$$
\Theta_{22i} = -E_iU\Gamma_{2i} - \Gamma_{2i}^{\mathrm{T}}U^{\mathrm{T}}E_i^{\mathrm{T}} + B_iS_{2i}\Gamma_{2i} + \Gamma_{2i}^{\mathrm{T}}S_{2i}^{\mathrm{T}}B_i^{\mathrm{T}} + \delta_{1i}M_iM_i^{\mathrm{T}} + \bar{W}
$$
$$
\quad + (\varepsilon_{1i}^2 + \varepsilon_{2i}^2 + \varepsilon_{3i}^2 + \varepsilon_{4i}^2)B_iB_i^{\mathrm{T}}
$$

$$
\Theta_{23i} = A_{di}\hat{Q}\Gamma_{3i} + B_iS_{3i}\Gamma_{3i}, \quad \Theta_{26i} = -\Gamma_{2i}^{\mathrm{T}}U^{\mathrm{T}}N_{ei}^{\mathrm{T}}, \quad \Theta_{33i} = -\hat{Q}\Gamma_{3i} + \bar{Y}
$$

$$
\Theta_{35i} = \Gamma_{3i}^{\mathrm{T}}\hat{Q}^{\mathrm{T}}C_{di}^{\mathrm{T}}, \quad \Theta_{36i} = \Gamma_{3i}^{\mathrm{T}}\hat{Q}^{\mathrm{T}}N_{di}^{\mathrm{T}}
$$

$$
\Theta_{77i} = -\mathrm{diag}\{X\Gamma_1, \cdots, X\Gamma_{i-1}, X\Gamma_{i+1}, \cdots, X\Gamma_N\}
$$

$$\Phi_{11i} = -X\Gamma_i - \Gamma_i^{\mathrm{T}}X^{\mathrm{T}} + \bar{Q} - \sqrt{-\pi_{ii}}X\Gamma_i - \sqrt{-\pi_{ii}}\Gamma_i^{\mathrm{T}}X^{\mathrm{T}} + \hat{Q}\Gamma_{3i}$$

$$\Phi_{12i} = [\sqrt{\pi_{i1}}X\Gamma_i \cdots \sqrt{\pi_{i(i-1)}}X\Gamma_i \sqrt{\pi_{i(i+1)}}X\Gamma_i \cdots \sqrt{\pi_{iN}}X\Gamma_i]$$

$$\Phi_{22i} = -diag\{\hat{Q}\Gamma_{31}, \cdots, \hat{Q}\Gamma_{3(i-1)}, \hat{Q}\Gamma_{3(i+1)}, \cdots, \hat{Q}\Gamma_{3N}\}$$

$$\Sigma_{11ji} = -U\Gamma_{2i} - \Gamma_{2i}^{\mathrm{T}}U^{\mathrm{T}} + X\Gamma_j, \quad \Sigma_{12i} = -\Gamma_{2i}^{\mathrm{T}}U^{\mathrm{T}}E_i^{\mathrm{T}} + \Gamma_{2i}^{\mathrm{T}}S_{2i}^{\mathrm{T}}B_i^{\mathrm{T}} - \Gamma_{2i}^{\mathrm{T}}L_i^{\mathrm{T}}B_i^{\mathrm{T}}$$

$$\Sigma_{22i} = -E_iU\Gamma_{2i} - \Gamma_{2i}^{\mathrm{T}}U^{\mathrm{T}}E_i^{\mathrm{T}} + B_iS_{2i}\Gamma_{2i} + \Gamma_{2i}^{\mathrm{T}}S_{2i}^{\mathrm{T}}B_i^{\mathrm{T}} + \delta_{2i}M_iM_i^{\mathrm{T}}$$
$$+ (\varepsilon_{5i}^2 + \varepsilon_{6i}^2 + \varepsilon_{7i}^2)B_iB_i^{\mathrm{T}}$$

$$\Sigma_{13i} = -\Gamma_{2i}^{\mathrm{T}}U^{\mathrm{T}}N_{ei}^{\mathrm{T}}, \quad \Sigma_{23i} = -\Gamma_{2i}^{\mathrm{T}}U^{\mathrm{T}}N_{ei}^{\mathrm{T}}$$

$$\Delta\bar{K}_{ai_1,i} = \frac{\sum_{v=1}^{N}\bar{\pi}_v S_{1v}\mathbb{I}(i_1,v)}{\sum_{v=1}^{N}\bar{\pi}_v\mathbb{I}(i_1,v)} - S_{1i}, \quad \Delta\bar{K}_{ei_1,i} = \frac{\sum_{v=1}^{N}\bar{\pi}_v S_{2v}\mathbb{I}(i_1,v)}{\sum_{v=1}^{N}\bar{\pi}_v\mathbb{I}(i_1,v)} - S_{2i}$$

$$\Delta\bar{K}_{di_1,i} = \frac{\sum_{v=1}^{N}\bar{\pi}_v S_{3v}\mathbb{I}(i_1,v)}{\sum_{v=1}^{N}\bar{\pi}_v\mathbb{I}(i_1,v)} - S_{3i}, \quad \Delta\bar{G}_{i_1,i} = \frac{\sum_{v=1}^{N}\bar{\pi}_v L_v\mathbb{I}(i_1,v)}{\sum_{v=1}^{N}\bar{\pi}_v\mathbb{I}(i_1,v)} - L_i$$

此时，脉冲比例导数记忆状态反馈控制器（6.3）的增益矩阵可取为

$$\bar{K}_{ai_1} = \frac{\sum_{v=1}^{N}\bar{\pi}_v S_{1v}X^{-1}\mathbb{I}(i_1,v)}{\sum_{v=1}^{N}\bar{\pi}_v\mathbb{I}(i_1,v)}, \quad \bar{K}_{ei_1} = -\frac{\sum_{v=1}^{N}\bar{\pi}_v S_{2v}U^{-1}\mathbb{I}(i_1,v)}{\sum_{v=1}^{N}\bar{\pi}_v\mathbb{I}(i_1,v)}$$

$$\bar{K}_{di_1} = \frac{\sum_{v=1}^{N}\bar{\pi}_v S_{3v}\hat{Q}^{-1}\mathbb{I}(i_1,v)}{\sum_{v=1}^{N}\bar{\pi}_v\mathbb{I}(i_1,v)}, \quad \bar{G}_{i_1} = \frac{\sum_{v=1}^{N}\bar{\pi}_v L_v U^{-1}\mathbb{I}(i_1,v)}{\sum_{v=1}^{N}\bar{\pi}_v\mathbb{I}(i_1,v)}$$

$$(6.31)$$

式中，$\bar{\pi}_v$ 是 Markov 过程 $r(t)$ 平稳分布 $\bar{\pi}$ 的第 v 个元素。如果 $i_1 = \Phi_1^{-1}(v)$，$\mathbb{I}(i_1,v) = 1$；否则，$\mathbb{I}(i_1,v) = 0$。此外，$\bar{K}_{ai_1} = \lim_{t\to\infty}\mathbb{E}(K_a(r(t))\,|\,r_1(t) = i_1)$，$\bar{K}_{ei_1} = \lim_{t\to\infty}\mathbb{E}(K_e(r(t))\,|\,r_1(t) = i_1)$，$\bar{K}_{di_1} = \lim_{t\to\infty}\mathbb{E}(K_d(r(t))\,|\,r_1(t) = i_1)$ 和 $\bar{G}_{i_1} = \lim_{t\to\infty}\mathbb{E}(G(r(t))\,|\,r_1(t) = i_1)$ 是控制器（6.4）增益的最小方差估计，即 $\lim_{t\to\infty}\mathbb{E}(\|\,K_a(r(t)) - \bar{K}_a(r_1(t))\|_{\mathbb{V}}^2\,|\,r_1(t))$，$\lim_{t\to\infty}\mathbb{E}(\|\,K_e(r(t)) - \bar{K}_e(r_1(t))\|_{\mathbb{V}}^2\,|\,r_1(t))$，$\lim_{t\to\infty}\mathbb{E}(\|\,K_d(r(t)) - \bar{K}_d(r_1(t))\|_{\mathbb{V}}^2\,|\,r_1(t))$，$\lim_{t\to\infty}\mathbb{E}$

$(\parallel G(r(t)) - \bar{G}(r_1(t))\parallel_V^2 \mid r_1(t))$ 分别取得最小值。

证明　由定理 6.1 可知，系统（6.1）存在一个鲁棒正常化 H_∞ 错序控制器（6.3）的充分条件是不等式（6.13）、不等式（6.14）和不等式（6.15）对于每一个 $i \in S$，$\eta_{pi} \in \mathcal{H}_{2i}$，$p = 1, 2, \ldots, 2^{n \times q_i}$ 和 $k = 1, 2, \ldots$ 成立。在不等式（6.13）的左右两边分别

乘以矩阵 $\begin{bmatrix} P_i & 0 & 0 & 0 & 0 \\ T_{1i} & T_{2i} & 0 & 0 & 0 \\ 0 & 0 & Q_i & 0 & 0 \\ 0 & 0 & 0 & I & 0 \\ 0 & 0 & 0 & 0 & I \end{bmatrix}^{-T}$ 及其转置，并且记

$$
\begin{bmatrix} X_i & 0 & 0 & 0 & 0 \\ U_{1i} & U_{2i} & 0 & 0 & 0 \\ 0 & 0 & \bar{Q}_i & 0 & 0 \\ 0 & 0 & 0 & I & 0 \\ 0 & 0 & 0 & 0 & I \end{bmatrix} \triangleq \begin{bmatrix} P_i & 0 & 0 & 0 & 0 \\ T_{1i} & T_{2i} & 0 & 0 & 0 \\ 0 & 0 & Q_i & 0 & 0 \\ 0 & 0 & 0 & I & 0 \\ 0 & 0 & 0 & 0 & I \end{bmatrix}^{-1}
\tag{6.32}
$$

则不等式（6.13）等价于

$$
\begin{bmatrix} \Pi_{11i} & \Pi_{12pi} & \Pi_{13i} & 0 & X_i^T C_i^T \\ * & \Pi_{22i} & \Pi_{23i} & B_{\omega i} & 0 \\ * & * & \Pi_{33i} & 0 & \bar{Q}_i^T C_{di}^T \\ * & * & * & -\gamma^2 I & D_i^T \\ * & * & * & * & -I \end{bmatrix} < 0
\tag{6.33}
$$

式中

$$
\Pi_{11i} = U_{1i} + U_{1i}^T + X_i^T \sum_{j=1}^N \pi_{ij} P_j X_i + X_i^T Q_i X_i + \bar{d} X_i^T Q X_i + \bar{d}^2 U_{1i}^T Z U_{1i} - X_i^T Z X_i
$$

$$
\Pi_{12pi} = U_{2i} + X_i^T \mathcal{A}_c^T(\eta_{pi}) - U_{1i}^T E_{ci}^T + \bar{d}^2 U_{1i}^T Z U_{2i}
$$

$$
\Pi_{13i} = X_i^T Z \bar{Q}_i, \quad \Pi_{22i} = -E_{ci} U_{2i} - U_{2i}^T E_{ci}^T + \bar{d}^2 U_{2i}^T Z U_{2i}
$$

$$
\Pi_{23i} = A_{cdi} \bar{Q}_i, \quad \Pi_{33i} = -\bar{Q}_i - \bar{Q}_i^T Z \bar{Q}_i
$$

注意到对于任意正定矩阵 $W > 0$ 和 $Y > 0$

$$
\begin{bmatrix} -X_i^{\mathrm{T}}ZX_i & 0 & X_i^{\mathrm{T}}Z\overline{Q}_i \\ 0 & 0 & 0 \\ * & 0 & -\overline{Q}_i^{\mathrm{T}}Z\overline{Q}_i \end{bmatrix}
$$

$$
= -\begin{bmatrix} X_i^{\mathrm{T}} & 0 & 0 \\ 0 & 0 & 0 \\ -\overline{Q}_i^{\mathrm{T}} & 0 & 0 \end{bmatrix} \begin{bmatrix} Z & 0 & 0 \\ 0 & W & 0 \\ 0 & 0 & Y \end{bmatrix} \begin{bmatrix} X_i & 0 & -\overline{Q}_i \\ 0 & 0 & 0 \\ 0 & 0 & 0 \end{bmatrix} \qquad (6.34)
$$

$$
\leqslant -\begin{bmatrix} X_i^{\mathrm{T}} & 0 & 0 \\ 0 & 0 & 0 \\ -\overline{Q}_i^{\mathrm{T}} & 0 & 0 \end{bmatrix} - \begin{bmatrix} X_i & 0 & -\overline{Q}_i \\ 0 & 0 & 0 \\ 0 & 0 & 0 \end{bmatrix} + \begin{bmatrix} \overline{Z} & 0 & 0 \\ 0 & \overline{W} & 0 \\ 0 & 0 & \overline{Y} \end{bmatrix}
$$

式中，$\overline{Z}=Z^{-1}$，$\overline{W}=W^{-1}$，$\overline{Y}=Y^{-1}$。考虑到式（6.34），令 $\overline{Q}=Q^{-1}$，$X_i=X\Gamma_i$，$U_{1i}=U\Gamma_{1i}$，$U_{2i}=U\Gamma_{2i}$，$\overline{Q}_i=\hat{Q}\Gamma_{3i}$，$\overline{W}_{ai}=W_{ai}^{-1}$，$\overline{W}_{di}=W_{di}^{-1}$，$\overline{W}_{ei}=W_{ei}^{-1}$，$S_{1i}=K_{ai}X$，$S_{2i}=-K_{ei}U$，$S_{3i}=K_{di}\hat{Q}$。根据 Schur 补性质和引理 2.3，将式（6.2）、式（6.7）和式（6.8）代入到不等式（6.33），由条件（6.24）可知式（6.13）成立。在不等式（6.14）的左右两边分别乘以矩阵 X_i^{T} 和 X_i，则条件（6.25）意味着式（6.14）成立，因为下列不等式

$$
-X_i^{\mathrm{T}}QX_i \leqslant -X_i - X_i^{\mathrm{T}} + \overline{Q}
$$

$$
\pi_{ii}X_i^{\mathrm{T}}Q_iX_i \leqslant -\sqrt{-\pi_{ii}}X_i - \sqrt{-\pi_{ii}}X_i^{\mathrm{T}} + \overline{Q}_i
$$

恒成立。定理 6.1 中的条件（6.15）等价于

$$
\begin{bmatrix} P_j & (I+E_{ci}^{-1}B_iG_i)^{\mathrm{T}} \\ * & P_i^{-1} \end{bmatrix} \geqslant 0 \qquad (6.35)
$$

式中，$i,j\in S$，$i\neq j$。在不等式（6.35）的左右两边分别乘以矩阵 $\begin{bmatrix} U_{2i}^{\mathrm{T}} & 0 \\ 0 & E_{ci} \end{bmatrix}$ 及其转置，则

$$
\begin{bmatrix} -U_{2i}^{\mathrm{T}}P_jU_{2i} & -U_{2i}^{\mathrm{T}}E_{ci}^{\mathrm{T}}-U_{2i}^{\mathrm{T}}G_i^{\mathrm{T}}B_i^{\mathrm{T}} \\ * & -E_{ci}P_i^{-1}E_{ci}^{\mathrm{T}} \end{bmatrix} \leqslant 0
$$

令 $L_i=G_iU$，$\overline{W}_{gi}=W_{gi}^{-1}$。根据 Schur 补性质和引理 2.3，条件（6.26）意味着式（6.15）式成立，因为下列不等式

$$-U_{2i}^{\mathrm{T}}P_jU_{2i} \leqslant -U_{2i}^{\mathrm{T}} - U_{2i} + X_j$$

$$-E_{ci}P_i^{-1}E_{ci}^{\mathrm{T}} \leqslant -E_{ci}U_{2i} - U_{2i}^{\mathrm{T}}E_{ci}^{\mathrm{T}} + U_{2i}^{\mathrm{T}}P_iU_{2i}$$

恒成立。

另一方面，由 Markov 链 $r(t)$ 的遍历性和引理 6.2 可知，$\lim\limits_{t\to\infty}Pr(K_a(r(t)) = K_{ai}) = \bar{\pi}_i$。对于任意给定 $r_1(t) = i_1$，将控制器增益 $\bar{K}_{ai_1}$ 选取为 $K_a(r(t))$ 关于 $r_1(t) = i_1$，$t \to \infty$ 的条件期望，即

$$\begin{aligned}
\bar{K}_{ai_1} &\triangleq \lim_{t\to\infty}\mathbb{E}(K_a(r(t))\,|\,r_1(t) = i_1) \\
&= \sum_{v=1}^{N}K_{av}\lim_{t\to\infty}Pr((r(t)) = v\,|\,r_1(t) = i_1) \\
&= \sum_{v=1}^{N}K_{av}\lim_{t\to\infty}\frac{Pr((r(t)) = v, r_1(t) = i_1)}{Pr(r_1(t) = i_1)} \\
&= \sum_{v=1}^{N}K_{av}\frac{\bar{\pi}_v\mathbb{I}(i_1,v)}{\displaystyle\sum_{v=1}^{N}\bar{\pi}_v\mathbb{I}(i_1,v)}
\end{aligned}$$

此时，控制器增益波动 ΔK_{ai} 为

$$\Delta K_{ai} = \frac{\displaystyle\sum_{v=1}^{N}\bar{\pi}_vK_{av}\mathbb{I}(i_1,v)}{\displaystyle\sum_{v=1}^{N}\bar{\pi}_v\mathbb{I}(i_1,v)} - K_{ai} \qquad (6.36)$$

将式（6.8）中的第一个不等式重写为

$$\begin{bmatrix} -W_{ai} & \Delta K_{ai}^{\mathrm{T}} \\ * & -I \end{bmatrix} \leqslant 0$$

其等价于

$$\begin{bmatrix} -X^{\mathrm{T}}W_{ai}X & X^{\mathrm{T}}\Delta K_{ai}^{\mathrm{T}} \\ * & -I \end{bmatrix} \leqslant 0 \qquad (6.37)$$

注意到对于任意 $W_{ai} > 0$，$-X^{\mathrm{T}}W_{ai}X \leqslant -X - X^{\mathrm{T}} + \bar{W}_{ai}$。由式（6.27）、式（6.31）和式（6.36）可知，式（6.37）成立。同理，其他控制器增益波动可以表示为

$$\Delta K_{di} = \frac{\sum_{v=1}^{N} \overline{\pi}_v K_{dv} \mathbb{I}(i_1, v)}{\sum_{v=1}^{N} \overline{\pi}_v \mathbb{I}(i_1, v)} - K_{di}$$

$$\Delta K_{ei} = \frac{\sum_{v=1}^{N} \overline{\pi}_v K_{ev} \mathbb{I}(i_1, v)}{\sum_{v=1}^{N} \overline{\pi}_v \mathbb{I}(i_1, v)} - K_{ei}$$

$$\Delta G_i = \frac{\sum_{v=1}^{N} \overline{\pi}_v G_v \mathbb{I}(i_1, v)}{\sum_{v=1}^{N} \overline{\pi}_v \mathbb{I}(i_1, v)} - G_i$$

且不等式（6.28）～（6.30）成立。

最后，证明 $\overline{K}_{ai_1} = \lim\limits_{t \to \infty} \mathbb{E}(K_a(r(t)) \mid r_1(t) = i_1)$ 是控制器（6.4）中比例状态反馈增益的最小方差估计，即 $\lim\limits_{t \to \infty} \mathbb{E}(\parallel K_a(r(t)) - \overline{K}_a(r_1(t)) \parallel_{\mathbb{V}}^2 \mid r_1(t) = i_1)$ 取得最小值。事实上

$$\lim_{t \to \infty} \mathbb{E}(\parallel K_a(r(t)) - \overline{K}_a(r_1(t)) \parallel_{\mathbb{V}}^2 \mid r_1(t) = i_1)$$

$$= \frac{\sum_{v=1}^{N} (K_{av} - \overline{K}_{ai_1})^{\mathrm{T}} (K_{av} - \overline{K}_{ai_1}) \pi_v \mathbb{I}(i_1, v)}{\sum_{v=1}^{N} \overline{\pi}_v \mathbb{I}(i_1, v)}$$

$$= \frac{\sum_{v=1}^{N} K_{av}^{\mathrm{T}} K_{av} \overline{\pi}_v \mathbb{I}(i_1, v) - 2\overline{K}_{ai_1}^{\mathrm{T}} \sum_{v=1}^{N} \overline{\pi}_v K_{av} \mathbb{I}(i_1, v)}{\sum_{v=1}^{N} \overline{\pi}_v \mathbb{I}(i_1, v)} + \overline{K}_{ai_1}^{\mathrm{T}} \overline{K}_{ai_1}$$

$$= \left(\overline{K}_{ai_1} - \frac{\sum_{v=1}^{N} \overline{\pi}_v K_{av} \mathbb{I}(i_1, v)}{\sum_{v=1}^{N} \overline{\pi}_v \mathbb{I}(i_1, v)} \right)^{\mathrm{T}} \left(\overline{K}_{ai_1} - \frac{\sum_{v=1}^{N} \overline{\pi}_v K_{av} \mathbb{I}(i_1, v)}{\sum_{v=1}^{N} \overline{\pi}_v \mathbb{I}(i_1, v)} \right) +$$

$$\frac{\sum\limits_{v=1}^{N} K_{av}^{\mathrm{T}} K_{av} \overline{\pi}_v \mathbb{I}(i_1, v)}{\sum\limits_{v=1}^{N} \overline{\pi}_v \mathbb{I}(i_1, v)} - \frac{\left(\sum\limits_{v=1}^{N} \overline{\pi}_v K_{av} \mathbb{I}(i_1, v)\right)^{\mathrm{T}} \left(\sum\limits_{v=1}^{N} \overline{\pi}_v K_{av} \mathbb{I}(i_1, v)\right)}{\left(\sum\limits_{v=1}^{N} \overline{\pi}_v \mathbb{I}(i_1, v)\right)^2}$$

从上式右侧可以看出，当 $\overline{K}_{ai_1} = \dfrac{\sum\limits_{v=1}^{N} \overline{\pi}_v K_{av} \mathbb{I}(i_1, v)}{\sum\limits_{v=1}^{N} \overline{\pi}_v \mathbb{I}(i_1, v)}$ 时，$\lim\limits_{t \to \infty} \mathbb{E}(\| K_a(r(t)) - \overline{K}_a(r_1(t)) \|_{\overline{v}}^2 \mid$

$r_1(t) = i_1)$ 取得最小值。其他同理。

证毕。

在定理 6.2 中，混杂脉冲控制器（6.3）的比例反馈、导数反馈、记忆反馈和脉冲反馈增益均以概率分布形式给出。所设计控制器不仅使得闭环系统具有相应性能，而且以最小方差补偿控制器错序对系统的不利影响。通过选取合适的矩阵 Γ_i、Γ_{1i}、Γ_{2i}、Γ_{3i}，能够降低公共矩阵 X、U、$\hat{Q}$ 带来的保守性。

当系统（6.1）退化为一类线性时滞不确定广义 Markov 跳变系统，即非线性项 $f(x(t), r(t)) = 0$，$r(t) \in S$ 时，只需令 $\eta_{pi} = 0$，$i \in S$，$p = 1, 2, \cdots, 2^{n \times q_i}$，就可以得到系统鲁棒正常化 H_∞ 错序控制的相关结果。详细内容不再赘述。

当时滞非线性不确定广义 Markov 跳变系统（6.1）的导数项矩阵满秩时，无需再设计控制器（6.3）中的导数反馈部分。这时，控制器（6.3）变为一类脉冲比例记忆状态反馈控制器。从式（6.31）可以看出，$\overline{K}_{ei_1} = 0$ 当且仅当 $S_{2i} = 0$。因此，在 $\mathrm{rank}(E(r(t)) + \Delta E(r(t))) = n$ 的情况下，可以得到以下结论。

推论 6.1 给定常数 $\overline{d} > 0$，$\gamma > 0$，$\varepsilon_{1i} > 0$，$\varepsilon_{2i} > 0$，$\varepsilon_{3i} > 0$ 以及矩阵 Γ_i，Γ_{1i}，Γ_{2i}，Γ_{3i}，如果存在矩阵 $\overline{Q} > 0$，$\overline{Z} > 0$，$\overline{W} > 0$，$\overline{Y} > 0$，$\overline{W}_{ai} > 0$，$\overline{W}_{di} > 0$，$\overline{W}_{gi} > 0$，X，U，$\hat{Q}$，S_{1i}，S_{3i}，L_i 以及常数 $\delta_{1i} > 0$，$\delta_{2i} > 0$，使得下列不等式对于所有 $i, j \in S$，$\eta_{pi} \in \mathcal{H}_{2i}$，$p = 1, 2, \cdots, 2^{n \times q_i}$ 和 $i_1 \in S_1$ 成立

$$\begin{bmatrix}
\Theta_{11i} & \tilde{\Theta}_{12pi} & \Theta_{13i} & 0 & \Theta_{15i} & \Theta_{16i} & \Theta_{17i} & X\Gamma_i & \bar{d}X\Gamma_i & \bar{d}\,\Gamma_{1i}^{\mathrm{T}}U^{\mathrm{T}} & \Gamma_i^{\mathrm{T}}X^{\mathrm{T}} & 0 \\
* & \tilde{\Theta}_{22i} & \Theta_{23i} & B_{\omega i} & 0 & \Theta_{26i} & 0 & 0 & 0 & \bar{d}\,\Gamma_{2i}^{\mathrm{T}}U^{\mathrm{T}} & 0 & 0 \\
* & * & \Theta_{33i} & 0 & \Theta_{35i} & \Theta_{36i} & 0 & 0 & 0 & 0 & 0 & \Gamma_{3i}^{\mathrm{T}}\hat{Q}^{\mathrm{T}} \\
* & * & * & -\gamma^2 I & D_i^{\mathrm{T}} & 0 & 0 & 0 & 0 & 0 & 0 & 0 \\
* & * & * & * & -I & 0 & 0 & 0 & 0 & 0 & 0 & 0 \\
* & * & * & * & * & -\delta_{1i}I & 0 & 0 & 0 & 0 & 0 & 0 \\
* & * & * & * & * & * & \Theta_{77i} & 0 & 0 & 0 & 0 & 0 \\
* & * & * & * & * & * & * & -\hat{Q}\Gamma_{3i} & 0 & 0 & 0 & 0 \\
* & * & * & * & * & * & * & * & -\bar{d}Q & 0 & 0 & 0 \\
* & * & * & * & * & * & * & * & * & -\bar{Z} & 0 & 0 \\
* & * & * & * & * & * & * & * & * & * & -\varepsilon_{1i}\bar{W}_{ai} & 0 \\
* & * & * & * & * & * & * & * & * & * & * & -\varepsilon_{2i}\bar{W}_{di}
\end{bmatrix} < 0$$

$$\tag{6.38}$$

$$\begin{bmatrix} \Phi_{11i} & \Phi_{12i} \\ * & \Phi_{22i} \end{bmatrix} < 0 \tag{6.39}$$

$$\begin{bmatrix}
\Sigma_{11ji} & \tilde{\Sigma}_{12i} & \Sigma_{13i} & 0 & \Gamma_{2i}^{\mathrm{T}}U^{\mathrm{T}} \\
* & \tilde{\Sigma}_{22i} & \Sigma_{23i} & U^{\mathrm{T}} & 0 \\
* & * & -\delta_{2i}I & 0 & 0 \\
* & * & * & -\tau_i X & 0 \\
* & * & * & * & -\varepsilon_{3i}\bar{W}_{gi}
\end{bmatrix} \leqslant 0 \tag{6.40}$$

$$\begin{bmatrix} -X - X^{\mathrm{T}} + \bar{W}_{ai} & \Delta\bar{K}_{ai_1,i} \\ * & -I \end{bmatrix} \leqslant 0 \tag{6.41}$$

$$\begin{bmatrix} -\hat{Q} - \hat{Q}^{\mathrm{T}} + \bar{W}_{di} & \Delta\bar{K}_{di_1,i} \\ * & -I \end{bmatrix} \leqslant 0 \tag{6.42}$$

$$\begin{bmatrix} -U - U^{\mathrm{T}} + \bar{W}_{gi} & \Delta\bar{G}_{i_1,i} \\ * & -I \end{bmatrix} \leqslant 0 \tag{6.43}$$

则控制器（6.3）是系统（6.1）的一个鲁棒正常化 H_∞ 错序控制器。其中

$$\tilde{\Theta}_{12pi} = \Gamma_i^{\mathrm{T}}X^{\mathrm{T}}A_i^{\mathrm{T}} + \Gamma_i^{\mathrm{T}}X^{\mathrm{T}}\sum_{\iota=1}^{q_i}\sum_{\kappa=1}^{n}H_{\iota\kappa}^{\mathrm{T}}(\eta_{pi})_{\iota\kappa}B_{fi}^{\mathrm{T}} - \Gamma_{1i}^{\mathrm{T}}U^{\mathrm{T}}E_i^{\mathrm{T}} + U\Gamma_{2i} + \Gamma_i^{\mathrm{T}}S_{1i}^{\mathrm{T}}B_i^{\mathrm{T}}$$

$$\tilde{\Theta}_{22i} = -E_iU\Gamma_{2i} - \Gamma_{2i}^{\mathrm{T}}U^{\mathrm{T}}E_i^{\mathrm{T}} + \delta_{1i}M_iM_i^{\mathrm{T}} + \bar{W} + (\varepsilon_{1i}^2 + \varepsilon_{2i}^2)B_iB_i^{\mathrm{T}}$$

$$\tilde{\Sigma}_{12i} = -\Gamma_{2i}^{\mathrm{T}}U^{\mathrm{T}}E_i^{\mathrm{T}} - \Gamma_{2i}^{\mathrm{T}}L_i^{\mathrm{T}}B_i^{\mathrm{T}}, \tilde{\Sigma}_{22i} = -E_iU\Gamma_{2i} - \Gamma_{2i}^{\mathrm{T}}U^{\mathrm{T}}E_i^{\mathrm{T}} + \delta_{2i}M_iM_i^{\mathrm{T}} + \varepsilon_{3i}^2B_iB_i^{\mathrm{T}}$$

其他分块矩阵同定理 6.2。此时，脉冲比例导数记忆状态反馈控制器（6.3）的增

益矩阵可取为

$$\overline{K}_{ai_1} = \frac{\sum\limits_{v=1}^{N} \overline{\pi}_v S_{1v} X^{-1} \mathbb{I}(i_1, v)}{\sum\limits_{v=1}^{N} \overline{\pi}_v \mathbb{I}(i_1, v)}, \quad \overline{K}_{ei_1} = 0$$

$$\overline{K}_{di_1} = \frac{\sum\limits_{v=1}^{N} \overline{\pi}_v S_{3v} \hat{Q}^{-1} \mathbb{I}(i_1, v)}{\sum\limits_{v=1}^{N} \overline{\pi}_v \mathbb{I}(i_1, v)}, \quad \overline{G}_{i_1} = \frac{\sum\limits_{v=1}^{N} \overline{\pi}_v L_v U^{-1} \mathbb{I}(i_1, v)}{\sum\limits_{v=1}^{N} \overline{\pi}_v \mathbb{I}(i_1, v)}$$

如果模态信号的传输过程不存在错序现象，即控制器接收信号与原始模态信号完全同步，则 $r_1(t) \equiv r_2(t)$，控制器（6.4）和控制器（6.3）完全等价。此时，可以为系统（6.1）设计一个形如控制器（6.3）的脉冲比例导数记忆状态反馈控制器，无需再考虑控制器错序对系统的影响。相关结果如下：

推论 6.2 给定常数 $\overline{d} > 0$ 和 $\gamma > 0$，如果存在矩阵 $X_i > 0$，$\overline{Q}_i > 0$，$\overline{Q} > 0$，$\overline{Z} > 0$，$\overline{W} > 0$，$\overline{Y} > 0$，U_{1i}，U_{2i}，S_{1i}，S_{2i}，S_{3i}，L_i 以及常数 $\delta_{1i} > 0$，$\delta_{2i} > 0$，使得下列不等式对于所有 $i, j \in S$，$\eta_{pi} \in \mathcal{H}_{2i}$，$p = 1, 2, \cdots, 2^{n \times q_i}$ 成立

$$\begin{bmatrix} \hat{\Theta}_{11i} & \hat{\Theta}_{12pi} & \hat{\Theta}_{13i} & 0 & X_i C_i^{\mathrm{T}} & \hat{\Theta}_{16i} & \hat{\Theta}_{17i} & X_i & \overline{d} X_i & \overline{d} U_{1i}^{\mathrm{T}} \\ * & \hat{\Theta}_{22i} & \hat{\Theta}_{23i} & B_{\omega i} & 0 & \hat{\Theta}_{26i} & 0 & 0 & 0 & \overline{d} U_{2i}^{\mathrm{T}} \\ * & * & \hat{\Theta}_{33i} & 0 & \overline{Q}_i C_{di}^{\mathrm{T}} & \hat{\Theta}_{36i} & 0 & 0 & 0 & 0 \\ * & * & * & -\gamma^2 I & D_i^{\mathrm{T}} & 0 & 0 & 0 & 0 & 0 \\ * & * & * & * & -I & 0 & 0 & 0 & 0 & 0 \\ * & * & * & * & * & -\delta_{1i} I & 0 & 0 & 0 & 0 \\ * & * & * & * & * & * & \hat{\Theta}_{77i} & 0 & 0 & 0 \\ * & * & * & * & * & * & * & -\overline{Q}_i & 0 & 0 \\ * & * & * & * & * & * & * & * & -\overline{d} \overline{Q} & 0 \\ * & * & * & * & * & * & * & * & * & -\overline{Z} \end{bmatrix} < 0 \quad (6.44)$$

$$\begin{bmatrix} \hat{\Phi}_{11i} & \hat{\Phi}_{12i} \\ * & \hat{\Phi}_{22i} \end{bmatrix} < 0 \quad (6.45)$$

$$\begin{bmatrix} \hat{\Sigma}_{11ji} & \hat{\Sigma}_{12i} & \hat{\Sigma}_{13i} & 0 \\ * & \hat{\Sigma}_{22i} & \hat{\Sigma}_{23i} & U_{2i}^{\mathrm{T}} \\ * & * & -\delta_{2i}I & 0 \\ * & * & * & -X_i \end{bmatrix} \leqslant 0 \qquad (6.46)$$

则控制器（6.3）是系统（6.1）的一个鲁棒正常化 H_∞ 混杂脉冲控制器。其中

$$\hat{\Theta}_{11i} = U_{1i} + U_{1i}^{\mathrm{T}} + \pi_{ii}X_i - X_i - X_i^{\mathrm{T}} + \bar{Z}$$

$$\hat{\Theta}_{12pi} = X_i A_i^{\mathrm{T}} + X_i \sum_{\iota=1}^{q_i} \sum_{\kappa=1}^{n} H_{\iota\kappa}^{\mathrm{T}} (\eta_{pi})_{\iota\kappa} B_{fi}^{\mathrm{T}} - U_{1i}^{\mathrm{T}} E_i^{\mathrm{T}} + U_{2i} + S_{1i}^{\mathrm{T}} B_i^{\mathrm{T}}$$

$$\hat{\Theta}_{13i} = \bar{Q}_i, \quad \hat{\Theta}_{16i} = X_i N_{ai}^{\mathrm{T}} - U_{1i}^{\mathrm{T}} N_{ei}^{\mathrm{T}}$$

$$\hat{\Theta}_{17i} = [\sqrt{\pi_{i1}}X_i \cdots \sqrt{\pi_{i(i-1)}}X_i \sqrt{\pi_{i(i+1)}}X_i \cdots \sqrt{\pi_{iN}}X_i]$$

$$\hat{\Theta}_{22i} = -E_i U_{2i} - U_{2i}^{\mathrm{T}} E_i^{\mathrm{T}} + B_i S_{2i} + S_{2i}^{\mathrm{T}} B_i^{\mathrm{T}} + \delta_{1i} M_i M_i^{\mathrm{T}} + \bar{W}$$

$$\hat{\Theta}_{23i} = A_{di} \bar{Q}_i + B_i S_{3i}, \quad \hat{\Theta}_{26i} = -U_{2i}^{\mathrm{T}} N_{ei}^{\mathrm{T}}, \quad \hat{\Theta}_{33i} = -\bar{Q}_i + \bar{Y}$$

$$\hat{\Theta}_{36i} = \bar{Q}_i^{\mathrm{T}} N_{di}^{\mathrm{T}}, \quad \hat{\Theta}_{77i} = -\mathrm{diag}\{X_1, \cdots, X_{i-1}, X_{i+1}, \cdots, X_N\}$$

$$\hat{\Phi}_{11i} = -X_i - X_i^{\mathrm{T}} + \bar{Q} - \sqrt{-\pi_{ii}}X_i - \sqrt{-\pi_{ii}}X_i^{\mathrm{T}} + \bar{Q}_i$$

$$\hat{\Phi}_{12i} = [\sqrt{\pi_{i1}}X_i \cdots \sqrt{\pi_{i(i-1)}}X_i \sqrt{\pi_{i(i+1)}}X_i \cdots \sqrt{\pi_{iN}}X_i]$$

$$\hat{\Phi}_{22i} = -\mathrm{diag}\{\bar{Q}_1, \cdots, \bar{Q}_{i-1}, \bar{Q}_{i+1}, \cdots, \bar{Q}_N\}$$

$$\hat{\Sigma}_{11ji} = -U_{2i}^{\mathrm{T}} - U_{2i} + X_j, \quad \hat{\Sigma}_{12i} = -U_{2i}^{\mathrm{T}} E_i^{\mathrm{T}} + S_{2i}^{\mathrm{T}} B_i^{\mathrm{T}} - L_i^{\mathrm{T}} B_i^{\mathrm{T}}$$

$$\hat{\Sigma}_{22i} = -E_i U_{2i} - U_{2i}^{\mathrm{T}} E_i^{\mathrm{T}} + B_i S_{2i} + S_{2i}^{\mathrm{T}} B_i^{\mathrm{T}} + \delta_{2i} M_i M_i^{\mathrm{T}}$$

$$\hat{\Sigma}_{13i} = -U_{2i}^{\mathrm{T}} N_{ei}^{\mathrm{T}}, \quad \hat{\Sigma}_{23i} = -U_{2i}^{\mathrm{T}} N_{ei}^{\mathrm{T}}$$

此时，脉冲比例导数记忆状态反馈控制器（6.3）的增益矩阵可取为

$$K_{ai} = (S_{1i} - S_{2i} U_{2i}^{-1} U_{1i}) X_i^{-1}, \quad K_{di} = S_{3i} \bar{Q}_i^{-1}, \quad K_{ei} = -S_{2i} U_{2i}^{-1}, \quad G_i = L_i U_{2i}^{-1}$$

证明 令 $S_{1i} = K_{ai}X_i - K_{ei}U_{1i}$，$S_{2i} = -K_{ei}U_{2i}$，$S_{3i} = K_{di}\bar{Q}_i$，$L_i = G_i U_{2i}$，其他证明过程类似定理 6.2 的证明过程，这里不再赘述。

6.4　仿真算例

本节利用三个仿真算例来说明鲁棒正常化 H_∞ 错序控制器设计方法的有效性。当控制器模态信号发生错序时，文献[79,80]中所提方法无法确保系统镇定，

而本章所提控制方法不仅能够规避错序带来的不利影响，还能使得闭环系统具有良好的稳定性和抗干扰性。最后，将提出的错序控制方法应用于一类生物经济系统中，验证所给方法在实际问题中的可行性。

例6.1 考虑在两个子系统之间随机切换的时滞非线性不确定广义 Markov 跳变系统（6.1），其中

$$E_1 = \begin{bmatrix} 1 & 0 & 0 \\ 0 & 1 & 0 \\ 0 & 0 & 0 \end{bmatrix}, \quad A_1 = \begin{bmatrix} 0.2 & -0.3 & 1 \\ 0.7 & -1 & -0.5 \\ 0.1 & 0 & 0.4 \end{bmatrix}, \quad A_{d1} = \begin{bmatrix} -0.5 & 0.2 & 1 \\ 1.2 & 0.3 & 0.9 \\ -0.3 & 1 & -0.2 \end{bmatrix}$$

$$B_1 = \begin{bmatrix} 1 & 0 \\ 0 & 1 \\ -0.1 & 1 \end{bmatrix}, \quad B_{f1} = \begin{bmatrix} 0.1 & 0 \\ 0 & -0.2 \\ 0 & 0 \end{bmatrix}, \quad B_{\omega 1} = \begin{bmatrix} 1 & 0.3 \\ 0.2 & 2 \\ 0 & -0.5 \end{bmatrix}$$

$$C_1 = \begin{bmatrix} 1 & 0.2 & 0 \\ 0 & 0.1 & 0.5 \end{bmatrix}, \quad C_{d1} = 0, \quad D_1 = \begin{bmatrix} 0.1 & 0 \\ 0 & 0.1 \end{bmatrix}$$

$$E_2 = \begin{bmatrix} 0 & 0 & 0 \\ 0 & 1 & 0 \\ 0 & 0 & 1 \end{bmatrix}, \quad A_2 = \begin{bmatrix} 0.1 & -1 & 0 \\ -0.2 & -1 & 0.4 \\ 0 & 0.3 & 0.1 \end{bmatrix}, \quad A_{d2} = \begin{bmatrix} 0.1 & 0.1 & 0.5 \\ 0.5 & -0.2 & 1 \\ -0.2 & 0.5 & -0.1 \end{bmatrix}$$

$$B_2 = \begin{bmatrix} 0 & -0.3 \\ -1 & 0 \\ 1 & 1 \end{bmatrix}, \quad B_{f2} = \begin{bmatrix} -0.1 & 0 \\ 0 & 0 \\ 0 & 0.1 \end{bmatrix}, \quad B_{\omega 2} = \begin{bmatrix} 0.1 & -1 \\ 0.5 & 1 \\ 0.1 & 0 \end{bmatrix}$$

$$C_2 = \begin{bmatrix} 0.1 & 0 & 1 \\ -1 & 0 & 0.3 \end{bmatrix}, \quad C_{d2} = 0, \quad D_2 = \begin{bmatrix} 0.1 & 0 \\ 0 & 0.2 \end{bmatrix}$$

非线性函数 $f_1(x(t)) = \begin{bmatrix} \arctan x_1(t) \\ 0.5\sin x_2(t) \end{bmatrix}$，$f_2(x(t)) = \begin{bmatrix} \sin x_1(t) \\ e^{-x_3^2(t)} - 1 \end{bmatrix}$。易知 $f_1(x(t))$、$f_2(x(t))$ 对 $x_1(t)$、$x_2(t)$ 的偏导数有界。系统具有范数有界且满足式（6.2）的不确定性，具体参数为

$$M_1 = \begin{bmatrix} 0.3 & 0.4 & 0.3 \end{bmatrix}^{\mathrm{T}}, \quad N_{e1} = \begin{bmatrix} 0.7 & 0.7 & 0.2 \end{bmatrix}, \quad N_{a1} = \begin{bmatrix} 0.2 & 0.4 & 0.3 \end{bmatrix}$$
$$N_{d1} = \begin{bmatrix} 0.1 & 0.2 & 0.3 \end{bmatrix}, \quad N_{b1} = \begin{bmatrix} 0.5 & 0.2 \end{bmatrix}$$
$$M_2 = \begin{bmatrix} 0.3 & 0.4 & 0.3 \end{bmatrix}^{\mathrm{T}}, \quad N_{e2} = \begin{bmatrix} 0.3 & 0.2 & 0.2 \end{bmatrix}, \quad N_{a2} = \begin{bmatrix} 0.3 & 0.5 & 0.2 \end{bmatrix}$$
$$N_{d2} = \begin{bmatrix} 0.4 & 0.1 & 0.2 \end{bmatrix}, \quad N_{b2} = \begin{bmatrix} 0.3 & 0.3 \end{bmatrix}$$

且不确定时变矩阵为 $F(t) = \sin(16t + 0.1)$。显然，$\mathrm{rank}(E_i + \Delta E_i) \neq 3$（3 为系统维数），$i = 1,2$，即原系统是一个奇异系统而非正常系统。

可以看出，系统的原始模态信号 $r_1(t)$ 在有限集合 $S_1 = \{1,2\}$ 内取值。假定采样数据在到达控制器之前发生错序，且接收信号 $r_2(t)$ 取值于有限集合 $S_2 = \{1,2\}$，则向量 $(r_1(t), r_2(t))$ 在集合 $\overline{S} = \{(1,1),(1,2),(2,1),(2,2)\}$ 内取值，从而相应的随机过程 $r(t)$ 取值于有限集合 $S = \{1,2,3,4\}$。定义 $i \in S$ 和 $i_1 \in S_1, i_2 \in S_2$ 之间的双射：$i = \Phi(i_1, i_2) = 2(i_1 - 1) + i_2$，具体对应关系见表 6.1。

表 6.1　(i_1, i_2) 和 i 的对应关系

i_1	i_2	i
1	1	1
1	2	2
2	1	3
2	2	4

模态 $r(t)$ 的转移速率矩阵为

$$\Pi = \begin{bmatrix} -1.3 & 0.2 & 0.6 & 0.5 \\ 0.5 & -2.5 & 1 & 1 \\ 0.7 & 0.4 & -2 & 0.9 \\ 1.5 & 0.5 & 1 & -3 \end{bmatrix}$$

其平稳分布 $\overline{\pi} = \begin{bmatrix} 0.4149 & 0.1159 & 0.2780 & 0.1912 \end{bmatrix}$。

当 $\overline{d} = 0.5$，$\gamma = 2$，$\varepsilon_{1i} = \varepsilon_{2i} = \varepsilon_{3i} = \varepsilon_{4i} = \varepsilon_{5i} = \varepsilon_{6i} = \varepsilon_{7i} = 1$，$i \in S$ 时，选取

$$\Gamma_1 = \begin{bmatrix} 5.4586 & -6.6012 & 0.3157 \\ -6.6012 & 30.6124 & -3.3512 \\ 0.3157 & -3.3512 & 3.5944 \end{bmatrix}, \quad \Gamma_2 = \begin{bmatrix} 4.8524 & -5.4871 & 0.1669 \\ -5.4871 & 25.0501 & -2.6446 \\ 0.1669 & -2.6446 & 2.4069 \end{bmatrix}$$

$$\Gamma_3 = \begin{bmatrix} 4.3610 & -5.8678 & 0.6366 \\ -5.8678 & 24.2085 & -2.4937 \\ 0.6366 & -2.4937 & 2.3280 \end{bmatrix}, \quad \Gamma_4 = \begin{bmatrix} 4.3178 & -5.7332 & 0.5681 \\ -5.7332 & 23.8930 & -2.3392 \\ 0.5681 & -2.3392 & 2.2791 \end{bmatrix}$$

$$\Gamma_{11} = \begin{bmatrix} -40.0737 & 11.2453 & 7.5311 \\ 9.7008 & -52.8999 & 4.6511 \\ 7.4941 & 7.8928 & -33.2546 \end{bmatrix}, \quad \Gamma_{12} = \begin{bmatrix} -37.3232 & 8.0244 & 7.0386 \\ 7.7299 & -39.8610 & 3.8693 \\ 7.4405 & 6.1663 & -31.1156 \end{bmatrix}$$

$$\Gamma_{13} = \begin{bmatrix} -36.0976 & 44.3073 & -10.4106 \\ 15.8894 & -18.4249 & 51.5694 \\ 3.7689 & 17.8249 & -30.6258 \end{bmatrix}, \quad \Gamma_{14} = \begin{bmatrix} -35.0906 & 43.1937 & -9.7933 \\ 14.2101 & -14.3118 & 49.5577 \\ 4.2483 & 16.2951 & -29.6431 \end{bmatrix}$$

$$\Gamma_{21} = \begin{bmatrix} 11.5248 & -6.4720 & 2.4460 \\ -4.5796 & 31.2657 & -9.9398 \\ -1.1297 & 3.8427 & 9.3267 \end{bmatrix}, \quad \Gamma_{22} = \begin{bmatrix} 10.5791 & -5.2660 & 1.6572 \\ -3.3676 & 24.6606 & -7.6884 \\ -1.1887 & 3.2180 & 7.3294 \end{bmatrix}$$

$$\Gamma_{23} = \begin{bmatrix} -0.1456 & -4.5215 & -0.1980 \\ 5.6389 & 10.1610 & -4.5204 \\ -1.7212 & -1.2840 & 7.3297 \end{bmatrix}, \quad \Gamma_{24} = \begin{bmatrix} -0.1465 & -4.3958 & -0.2319 \\ 5.6081 & 9.8962 & -4.4636 \\ -1.6993 & -1.1957 & 7.2685 \end{bmatrix}$$

$$\Gamma_{31} = \begin{bmatrix} 5.2855 & -6.4719 & -0.5106 \\ -6.4719 & 35.6272 & -3.9129 \\ -0.5106 & -3.9129 & 3.6652 \end{bmatrix}, \quad \Gamma_{32} = \begin{bmatrix} 4.2890 & -5.3012 & -0.3100 \\ -5.3012 & 25.6392 & -2.9445 \\ -0.3100 & -2.9445 & 2.6794 \end{bmatrix}$$

$$\Gamma_{33} = \begin{bmatrix} 5.5451 & -8.0825 & 0.6369 \\ -8.0825 & 29.3097 & -3.4780 \\ 0.6369 & -3.4780 & 1.9236 \end{bmatrix}, \quad \Gamma_{34} = \begin{bmatrix} 4.8713 & -6.9971 & 0.3988 \\ -6.9971 & 27.9972 & -3.1772 \\ 0.3988 & -3.1772 & 1.9111 \end{bmatrix}$$

利用定理 6.2，可以得到一个仅与原始模态 $r_1(t)$ 相关的鲁棒正常化 H_∞ 错序控制器（6.3）。其增益矩阵为

$$\bar{K}_{a1} = \begin{bmatrix} -95.6818 & -21.6892 & -21.0978 \\ 22.5767 & -5.1018 & -93.1204 \end{bmatrix}, \quad \bar{K}_{d1} = \begin{bmatrix} 0.3057 & -0.1504 & -1.1564 \\ -0.5012 & -0.5963 & -0.1887 \end{bmatrix}$$

$$\bar{K}_{e1} = \begin{bmatrix} 8.7339 & 2.9684 & 2.6731 \\ -0.9474 & 0.4195 & 8.7328 \end{bmatrix}, \quad \bar{G}_1 = \begin{bmatrix} -9.8183 & -2.6522 & -2.5349 \\ 0.9401 & -1.0112 & -8.4855 \end{bmatrix}$$

$$\bar{K}_{a2} = \begin{bmatrix} -94.7044 & -12.9541 & -21.8895 \\ 24.5703 & -0.1445 & -94.7782 \end{bmatrix}, \quad \bar{K}_{d2} = \begin{bmatrix} 0.3203 & -0.3359 & 0.2211 \\ 0.2578 & 0.1483 & 0.5311 \end{bmatrix}$$

$$\bar{K}_{e2} = \begin{bmatrix} 10.3009 & 3.1373 & 1.9181 \\ -0.0584 & -0.7794 & 6.1096 \end{bmatrix}, \quad \bar{G}_2 = \begin{bmatrix} -9.4255 & -2.0045 & -1.8050 \\ 0.3791 & 0.1625 & -6.7787 \end{bmatrix}$$

对于任意 $t \in [0, \infty)$，在上述控制器的作用下，闭环系统（6.5）导数项矩阵的秩 $\mathrm{rank}(E_{ci}) = 3$，$i = 1, 2$，即闭环系统被正常化。

模态信号 $r(t)$、$r_1(t)$、$r_2(t)$ 如图 6.1 所示。图 6.2 和图 6.3 分别给出了初始状

态为 $\phi(t)=\begin{bmatrix}-1 & 0 & 1\end{bmatrix}^{\mathrm{T}}$，$t\in[-0.8,0]$ 时系统的开环状态响应（$\omega(t)=0$）和闭环状态响应。仿真结果表明，在脉冲比例导数记忆状态反馈控制器（6.3）的作用下，即使控制器模态信号发生错序，闭环系统仍然鲁棒随机稳定。

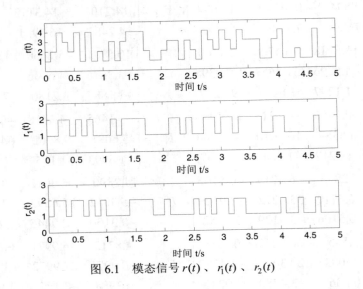

图 6.1　模态信号 $r(t)$、$r_1(t)$、$r_2(t)$

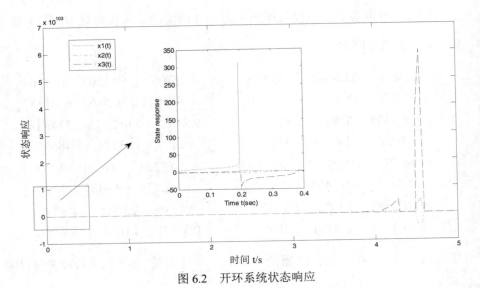

图 6.2　开环系统状态响应

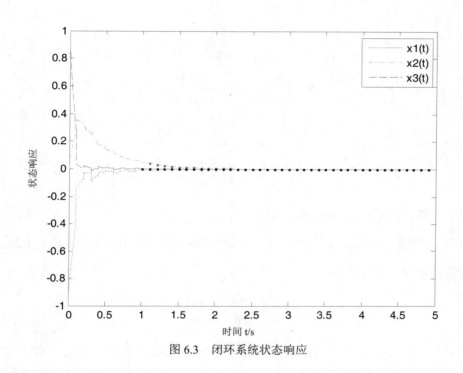

图 6.3   闭环系统状态响应

从图 6.1 可以看出，当 $t \in [0, 0.2]$ 时，开环系统运行模态为 $r_1(t) = 1$ 。当

$0 \leqslant t < \dfrac{\pi - 0.1}{16} \approx 0.1953$ 时，导数项矩阵 $E(r_1(t)) + \Delta E(r_1(t))$ 非奇异，而在

$t = \dfrac{\pi - 0.1}{16} \approx 0.1953$ 时刻，矩阵 $E(r_1(t)) + \Delta E(r_1(t))$ 突变为奇异矩阵（此时，

$\text{rank}(E(r_1(t)) + \Delta E(r_1(t))) = 2 < 3$ ）。为了满足广义系统的一致初始条件，系统状态

从 $[33.9170 \ -2.2784 \ -0.1604]^T$ 瞬间跳变为 $[313.7303 \ -2.2784 \ -0.1604]^T$ （图

6.2）。不相容初始条件导致的状态跳变可能给系统造成破坏性的影响。事实上，

由于系统矩阵的时变性和模态切换的随机性，状态跳变频繁发生并最终导致开环

系统失稳。因此，有必要设计脉冲比例导数记忆状态反馈控制器，使得闭环系统

正常化、鲁棒随机稳定。

例 6.2   考虑一类时滞非线性广义 Markov 跳变系统（6.1），其中

$\Delta E_i = \Delta A_i = \Delta A_{di} = 0$ ， $\Delta B_i = 0$ ， $C_{di} = 0$ ， $D_i = 0$ ， $i = 1, 2$ 。系统其他参数如下

$$E_1 = \begin{bmatrix} 1 & 0 \\ 0 & 0 \end{bmatrix}, \quad A_1 = \begin{bmatrix} -3.5 & 0.8 \\ -0.6 & -3.3 \end{bmatrix}, \quad A_{d1} = \begin{bmatrix} -0.9 & -1.3 \\ -0.7 & -2.1 \end{bmatrix}$$

$$B_{f1} = \begin{bmatrix} 0.8 \\ 0.1 \end{bmatrix}, \quad B_1 = \begin{bmatrix} 0.8 \\ 0.1 \end{bmatrix}, \quad B_{\omega 1} = \begin{bmatrix} 0.5 \\ 0.4 \end{bmatrix}, \quad C_1 = \begin{bmatrix} 0.1 & 0.3 \end{bmatrix}$$

$$E_2 = \begin{bmatrix} 1 & 0 \\ 0 & 0 \end{bmatrix}, \quad A_2 = \begin{bmatrix} -2.5 & 0.3 \\ 1.4 & -0.1 \end{bmatrix}, \quad A_{d2} = \begin{bmatrix} -2.8 & 0.5 \\ -0.8 & -1.0 \end{bmatrix}$$

$$B_{f2} = \begin{bmatrix} 0.1 \\ 0.5 \end{bmatrix}, \quad B_2 = \begin{bmatrix} 0.1 \\ 0.5 \end{bmatrix}, \quad B_{\omega 2} = \begin{bmatrix} 0.3 \\ 0.2 \end{bmatrix}, \quad C_2 = \begin{bmatrix} 0.2 & 0.15 \end{bmatrix}$$

非线性函数 $f_1(x(t)) = f_2(x(t)) = \sin x_1(t)$。

（1）考虑控制器模态与原系统模态同步的情况，即 $r_2(t) \equiv r_1(t) \in S_1 = \{1, 2\}$。假设模态转移速率矩阵为

$$\Pi = \begin{bmatrix} -0.2 & 0.2 \\ 0.8 & -0.8 \end{bmatrix}$$

我们的目的是为系统（6.1）设计一个状态反馈控制器，使得闭环系统（当 $\omega(t) = 0$ 时）鲁棒随机稳定，并且具有 H_∞ 性能。分别利用文献[79]中的推论 3、文献[80]中的定理 1（$G_1 = G_2 = \begin{bmatrix} 1 & 1 \end{bmatrix}$）、本章的推论 6.2 计算给定时滞上界 $\bar{d}$ 时的扰动衰减水平 γ 的最小值。表 6.2 列出了利用不同方法计算出来的最小性能指标下界 $\gamma_{\min}$。

表 6.2　不同方法计算出来的 $\gamma_{\min}$

$\bar{d}$	0.1	0.2	0.3	0.4	0.5	0.6
推论 3（文献[79]）	—	—	—	—	—	—
定理 1（文献[80]）	0.0723	0.0757	0.0821	0.3813	—	—
定理 2	0.0472	0.0591	0.0763	0.1015	0.1371	0.1926

文献[79]利用模糊控制策略对非线性广义 Markov 跳变系统进行 H_∞ 控制。通过选取隶属度函数 $\lambda_1(x_1(t)) = \begin{cases} 0.5\left(1 + \dfrac{\sin x_1(t)}{x_1(t)}\right), & x_1(t) \neq 0 \\ 1, & x_1(t) = 0 \end{cases}$，$\lambda_2(x_1(t)) = 1 - \lambda_1(x_1(t))$，

能够建立系统（6.1）的模糊模型。从表 6.2 可以看出，文献[79]在当前情况下失效。同时，利用本章所提方法计算出来的最小扰动衰减水 γ_{min} 小于文献[80]的计算结果。当 $\bar{d} > 0.4146$ 时，无法利用文献[80]中的方法求解系统（6.1）的状态反馈控制器，而本章所提方法仍然有效。不仅如此，当导数项矩阵 E_i，$i = 1,2$ 不同时，本章所提方法仍然可行，而文献[79，80]要求系统具有共同的导数项矩阵。

（2）考虑控制器模态发生错序的情况。当 $d = 0.2$ 时，利用文献[80]中的定理 1，可以求解出一个模态依赖比例状态反馈控制器，其增益为 $K_1 = [-13.1321 \quad 1.6469]$，$K_2 = [13.9506 \quad -25.9024]$。可以验证的是，如果控制器模态发生错序，以上反馈策略将失效。然而，本章方法此时仍然有效。假定模态 $r_1(t)$ 的转移速率矩阵同上例，利用定理 6.2，可以得到一个依赖于原始模态 $r_1(t)$ 的鲁棒正常化 H_∞ 错序控制器。其增益矩阵为

$$K_{a1} = [-0.5825 \quad -2.0135], \ K_{d1} = [2.3765 \quad 5.7526]$$
$$K_{e1} = [3.8981 \quad 18.0048], \ G_1 = [-5.2583 \quad -18.0049]$$
$$K_{a2} = [-0.4371 \quad -1.5267], \ K_{d2} = [2.9088 \quad 1.6520]$$
$$K_{e2} = [13.8830 \quad 50.1331], \ G_2 = [-14.1739 \quad -50.1331]$$

例 6.3 考虑具有阶段结构的单种群生物模型[167]

$$\begin{cases} \dot{x}_1(t) = \beta x_2(t) - r_1 x_1(t) - \alpha\beta x_2(t-d) \\ \dot{x}_2(t) = \alpha\beta x_2(t-d) - r_2 x_2^2(t) \end{cases}$$

式中，$x_1(t)$ 和 $x_2(t)$ 分别表示未成年种群和成年种群的密度；β 和 r_1 分别表示未成年种群的内秉增长率和死亡率；d 表示从出生到成年的时间；$\alpha \triangleq e^{-r_1 d}$ 表示 $t-d$ 时刻出生的未成年种群在 t 时刻进入成年种群的转化率。假定成年种群的死亡率遵循 Logistic 规律，即与种群密度的平方成比例，比例系数为 r_2。如果对成年种群进行捕获并考虑经济利润，可以进一步得到以下生物经济模型

$$\begin{cases} \dot{x}_1(t) = \beta x_2(t) - r_1 x_1(t) - \alpha\beta x_2(t-d) + b_1\omega(t) \\ \dot{x}_2(t) = \alpha\beta x_2(t-d) - r_2 x_2^2(t) - E(t)x_2(t) + b_2\omega(t) \\ 0 = E(t)(px_2(t) - c) - m + b_3\omega(t) \end{cases} \tag{6.47}$$

式中，$E(t)$ 表示对成年种群的捕获量；$\omega(t)$ 表示扰动输入；b_1、b_2、b_3 为扰动参

数；c 为单位捕获成本；p 为成年生物的单位价格，因受到外在因素的影响，其在两种模态 $p_1=1$ 和 $p_2=1.1$ 之间随机切换。由于状态 $x_1(t)$ 和 $x_2(t)$ 非负，当 $\omega(t)=0$ 时，可以求得这两个变量的上界和下界，即

$$0 \leqslant x_1(t) < \frac{(\beta+r_1)^2}{4r_1r_2}, \ 0 \leqslant x_2(t) < \frac{(\beta+r_1)^2}{4r_1r_2}$$

根据公共渔业的经济理论[168]，当捕获的经济利润为零（$m=0$）时，就会出现生物经济平衡现象，即总收入等于总成本，这就是经济学上的过度捕捞。此时可以采取人工方法对该系统进行控制以便重新获利。对于系统（6.47），当 $\omega(t)=0$ 和 $m=0$ 时，生物经济平衡现象发生，可以获得一个内部正平衡点 $P^*\left(\dfrac{\beta c-\alpha\beta c}{r_1 p}, \dfrac{c}{p}, \dfrac{\alpha\beta p-r_2 c}{p}\right)$，其中 $\alpha\beta p-r_2 c>0$。令

$$y_1(t)=x_1(t)-\frac{\beta c-\alpha\beta c}{r_1 p}, \ y_2(t)=x_2(t)-\frac{c}{p}, \ y_3(t)=E(t)-\frac{\alpha\beta p-r_2 c}{p}$$

利用上述变换，可以得到如下受控系统

$$\begin{cases} \dot{y}_1(t)=-r_1 y_1(t)+\beta y_2(t)-\alpha\beta y_2(t-d)+b_1\omega(t) \\ \dot{y}_2(t)=-\dfrac{\alpha\beta p+r_2 c}{p}y_2(t)-\dfrac{c}{p}y_3(t)+\alpha\beta y_2(t-d) \\ \qquad\quad -r_2 y_2^2(t)-y_2(t)y_3(t)+b_2\omega(t) \\ 0=(\alpha\beta p-r_2 c)y_2(t)+py_2(t)y_3(t)+b_3\omega(t)+u(t) \end{cases} \tag{6.48}$$

式中，$u(t)$ 表示对生物资源进行政策调控的控制输入。显然，系统（6.48）是一个时滞非线性广义 Markov 跳变系统。由于捕捞能力饱和性的限制，可以假设 $y_3(t)\in[-h,h]$，$h>0$。定义性能指标

$$\varXi=\left(\int_0^\infty y_3^2(t)\mathrm{d}t\right)^{\frac{1}{2}} \tag{6.49}$$

用其表示系统达到稳定所需的能量。我们的目标是选取合适的控制策略，使得以上性能指标最小。由于外部扰动 $\omega(t)$ 的存在，很难获得性能指标（6.49）的最小值，因此，考虑如下控制策略

$$\mathbb{E}\left\{\left(\int_0^\infty y_3^2(t)\mathrm{d}t\right)^{\frac{1}{2}}\right\} \leqslant \gamma\left(\int_0^\infty \omega^2(t)\mathrm{d}t\right)^{\frac{1}{2}} \tag{6.50}$$

式中，$\gamma > 0$ 是一个正常数。若将系统（6.48）的输出选为 $z(t) = y_3(t)$，则式（6.50）

就转化为 $\mathbb{E}\left\{\left(\int_0^\infty z^2(t)\mathrm{d}t\right)^{\frac{1}{2}}\right\} \leqslant \gamma\left(\int_0^\infty \omega^2(t)\mathrm{d}t\right)^{\frac{1}{2}}$，这就是一个 H_∞ 控制问题。

假定系统原始模态信号 $r_1(t) \in S_1 = \{1,2\}$ 在到达控制器之前发生错序，控制器

接收信号为 $r_2(t) \in S_2 = \{1,2\}$。定义向量 $(r_1(t), r_2(t))$ 和随机过程 $r(t) \in S = \{1,2,3,4\}$

之间的双射：$r(t) = \Phi(r_1(t), r_2(t)) = 2(r_1(t) - 1) + r_2(t)$。给定模态 $r(t)$ 的转移速率

矩阵

$$\Pi = \begin{bmatrix} -1.5 & 0.3 & 0.6 & 0.6 \\ 0.5 & -2.5 & 1 & 1 \\ 0.6 & 0.4 & -2 & 1 \\ 1.2 & 0.8 & 1 & -3 \end{bmatrix}$$

可以求得其平稳分布 $\bar{\pi} = \begin{bmatrix} 0.3400 & 0.1560 & 0.2880 & 0.2160 \end{bmatrix}$。

当 $\alpha = 0.9048$，$\beta = 0.25$，$r_1 = 0.2$，$r_2 = 0.1$，$c = 1$，$b_1 = b_2 = 0$，$b_3 = 1$，$d = 0.5$，

$\gamma = 2$，$\varepsilon_{1i} = \varepsilon_{2i} = \varepsilon_{3i} = \varepsilon_{4i} = \varepsilon_{5i} = \varepsilon_{6i} = \varepsilon_{7i} = 1$，$i \in S$ 时，选取 $\Gamma_i = 0.1I$，$\Gamma_{1i} = -0.5I$，

$\Gamma_{2i} = 0.5I$，$\Gamma_{3i} = 0.1I$，可以得到系统（6.48）的一个鲁棒正常化 H_∞ 错序控制器。

其增益矩阵为

$$\bar{K}_{a1} = \begin{bmatrix} 0.0242 & 1.1296 & -1.9466 \end{bmatrix}, \quad \bar{K}_{d1} = \begin{bmatrix} 0.0015 & 11.3925 & -0.0000 \end{bmatrix}$$

$$\bar{K}_{e1} = \begin{bmatrix} 0.3218 & -9.8931 & 3.9915 \end{bmatrix}, \quad \bar{G}_1 = \begin{bmatrix} -0.2451 & 2.5821 & -3.9915 \end{bmatrix}$$

$$\bar{K}_{a2} = \begin{bmatrix} 0.0235 & 1.0801 & -1.8797 \end{bmatrix}, \quad \bar{K}_{d2} = \begin{bmatrix} 0.0012 & 11.4299 & -0.0000 \end{bmatrix}$$

$$\bar{K}_{e2} = \begin{bmatrix} 0.3239 & -9.7916 & 3.9080 \end{bmatrix}, \quad \bar{G}_2 = \begin{bmatrix} -0.2467 & 2.5240 & -3.9080 \end{bmatrix}$$

对于任意 $t \in [0, \infty)$，在上述混杂脉冲控制器的作用下，闭环系统导数项矩阵的秩

$\mathrm{rank}(E_{ci}) = 3$，$i = 1, 2$，即闭环系统被正常化。

模态信号 $r(t)$、$r_1(t)$、$r_2(t)$ 如图 6.4 所示。图 6.5 和图 6.6 分别给出了初始状

态为 $\phi(t) = \begin{bmatrix} 1 & 0.5 & 0.1 \end{bmatrix}^{\mathrm{T}}$，$t \in [-0.5, 0]$ 时系统的开环状态响应（$\omega(t) = 0$）和闭环

状态响应。仿真结果表明，在混杂脉冲控制器（6.3）的作用下，即使控制器模态信号发生错序，闭环系统仍然鲁棒随机稳定。

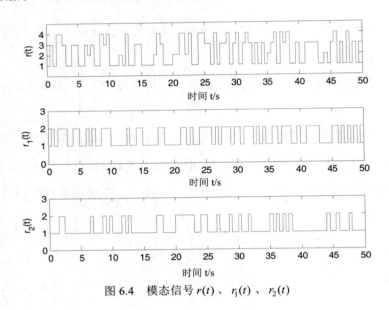

图 6.4　模态信号 $r(t)$、$r_1(t)$、$r_2(t)$

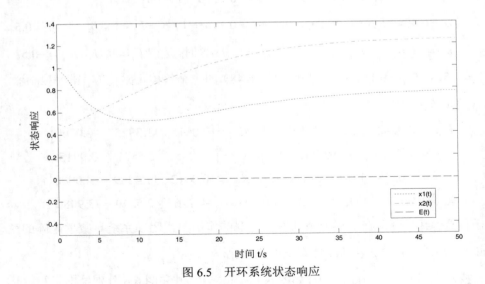

图 6.5　开环系统状态响应

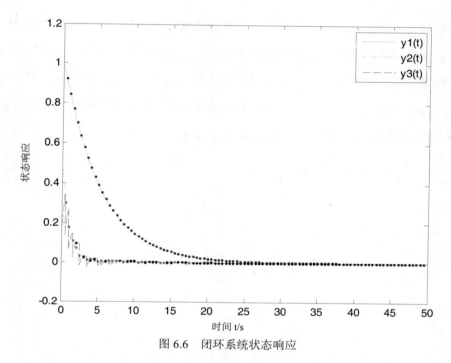

图 6.6 闭环系统状态响应

从图 6.6 可以看出，在混杂脉冲控制策略的作用下，捕获量在脉冲时刻发生了变化，这与实际情况相符。以渔业资源为例，可以通过增加或降低税收来控制捕鱼数量，从而保证生物经济系统的平衡。由于政策制定与政策执行之间存在偏差，有必要研究生物经济系统中的错序控制问题。

在有关生物系统脉冲控制的文献中，脉冲增益常常被提前给定[169-171]。而在本章中，脉冲反馈的增益矩阵能够作为参数变量在设计过程中同步求解出来。因此，本章所提方法具有更大的自由度。

6.5 本章小结

本章考虑了一类时滞非线性不确定广义 Markov 跳变系统的鲁棒正常化和 H_∞ 错序控制问题。提出了一种新的带有记忆功能的混杂脉冲控制器，即使控制器模态信号发生错序，闭环系统仍然能够正常化、鲁棒随机稳定并且具有 H_∞ 性能。基于凸理论、概率理论和非脆弱控制技术，得到了脉冲比例导数记忆状态反馈控制器的存在条件以及参数化表示。与已有方法相比，本章所提方法具有较大的设计自由度和较小的保守性。仿真算例说明，本章所提方法不仅具有十分显著的有效性，同时在处理实际问题时也具有十分明显的可行性。

第 7 章　结论与展望

7.1　结论

本书利用广义系统理论、随机系统理论和现代鲁棒控制思想，对具有不确定转移速率矩阵的不确定广义 Markov 跳变系统、非线性以及时滞不确定广义 Markov 跳变系统，进行了稳定性分析和混杂脉冲控制。考虑到导数项矩阵中的不确定性和切换点处状态跳变对系统结构和动态的影响，主要采用脉冲比例导数状态反馈策略，研究了若干类不确定广义 Markov 跳变系统的保性能控制、严格耗散控制、可靠性耗散控制、H_∞ 控制、错序控制等问题。所设计控制器的脉冲反馈增益可以作为参数同步求解，无需提前给定。得到的相关结果均以线性矩阵不等式形式给出。同时，借助仿真算例验证了所提方法的有效性。主要结果概括如下：

（1）研究了不确定广义 Markov 跳变系统的保性能混杂脉冲控制问题以及最优保性能控制器的设计问题。利用 Lyapunov 理论、合同变换、自由权矩阵方法和凸优化技术，得到了鲁棒正常化保性能混杂脉冲控制器的存在条件和设计方法。该方法可以消除 Lyapunov 矩阵、导数项矩阵和系统矩阵之间的耦合，使得脉冲比例导数状态反馈控制器能够在线性矩阵不等式的框架内完成求解。同时，脉冲控制增益的参数化带来了更大的设计自由度。

（2）研究了不确定广义 Markov 跳变系统的严格耗散混杂脉冲控制问题。基于随机 Lyapunov 泛函、松弛矩阵和矩阵不等式放缩技术，得到了鲁棒正常化严格 (Q, S, R) 耗散混杂脉冲控制器的存在条件和参数化表示。在控制器设计过程中，比例反馈、导数反馈和脉冲反馈部分的增益矩阵能够同时求解。所得结论提供了解决 H_∞ 控制和正实控制问题的统一框架。

（3）研究了非线性不确定广义 Markov 跳变系统的可靠性耗散混杂脉冲控制问题。在执行器失效的情况下，利用容错控制技术和线性化方法，得到了鲁棒正常化可靠性耗散混杂脉冲控制器的存在条件和具体形式。所设计控制器能够抵御系统故障，使得闭环系统具有稳定性和较理想的性能指标。另外，导数反馈和脉冲反馈的引入也降低了设计方法的保守性。

（4）研究了时滞不确定广义 Markov 跳变系统的 H_∞ 混杂脉冲控制问题。提出了一种带有记忆功能的脉冲比例导数状态反馈控制策略，使得闭环系统对于所有容许的不确定性能够鲁棒正常化、随机稳定并且具有 H_∞ 性能。所得结果依赖于系统时滞的上界并以线性矩阵不等式的形式给出。所设计混杂脉冲控制器能够同时应用于时滞已知或时滞未知有上界的系统，具有一定的适用性。

（5）研究了时滞非线性不确定广义 Markov 跳变系统的 H_∞ 错序控制问题。利用微分中值定理、随机 Lyapunov-Krasovskii 泛函和凸理论，给出了鲁棒正常化 H_∞ 错序控制器存在的判别条件。基于概率理论和非脆弱控制技术，得到了仅与原系统运行模态相关的脉冲比例导数记忆状态反馈控制器的参数化表示。即使模态运行信号出现错序，闭环系统仍然具有良好的稳定性和抗干扰性。

7.2　展望

由于广义系统自身的复杂性、Markov 跳变系统的随机性以及不确定性对系统的影响，不确定广义 Markov 跳变系统的混杂脉冲控制是一个具有挑战性的课题，还有很多问题有待进一步研究，概括如下：

（1）对于不确定广义 Markov 跳变系统，导数反馈是一种有效的控制策略和正常化手段。本书的主要工作都是在闭环系统能够正常化的基础上进行的。如果导数反馈无法正常化原系统，则需要考虑导数项矩阵中的不确定性和切换点处的不相容初始状态对系统造成的影响。这使得系统的分析与控制变得尤为复杂。如何设计混杂脉冲控制器，使得不确定广义 Markov 跳变系统在无法正常化的情况下，仍然具有正则性、无脉冲性（因果性）和稳定性，是一个值得研究的问题。

（2）非线性系统在实际问题中的应用非常广泛。对于非线性广义 Markov 跳变系统，本书主要利用全局 Lipschitz 条件和微分中值定理对非线性项进行线性化处理。如何将脉冲控制与 T-S 模糊、滑模控制方法相结合，对非线性系统进行混杂脉冲控制，是未来工作的一个主要方向。

（3）与其他类型的反馈相比，状态信号尤其是输出状态信号往往更容易获取。本书利用状态反馈策略对不确定广义 Markov 跳变系统进行了稳定性分析与控制。如何综合输出反馈和脉冲反馈手段，为不确定广义 Markov 跳变系统进行混杂脉冲控制，是一个值得探索的课题。

参考文献

[1]   Rosenbrock H H. Structural properties of linear dynamical systems[J]. International Journal of Control, 1974, 20(2): 191-202.

[2]   杨冬梅，张庆灵，姚波. 广义系统[M]. 北京：科学出版社，2004.

[3]   张庆灵. 广义系统的分散控制与鲁棒控制[M]. 西安：西北工业大学出版社，1997.

[4]   Duan G R. Analysis and Design of Descriptor Linear Systems[M]. New York: Springer-Verlag, 2010.

[5]   Xu S Y, Lam J. Robust Control and Filtering of Singular Systems[M]. Berlin: Springer-Verlag, 2006.

[6]   ZHANG Y M, ZHANG Q L, Tanaka T, et al. Positivity of continuous-time descriptor systems with time delays[J]. IEEE Transactions on Automatic Control, 2014, 59(11): 3093-3097.

[7]   SHI P, WANG H J, Lim C C. Network-based event-triggered control for singular systems with quantizations[J]. IEEE Transactions on Industrial Electronics, 2015, 63(2): 1230-1238.

[8]   FENG Z G, SHI P. Admissibilization of singular interval-valued fuzzy systems[J]. IEEE Transactions on Fuzzy Systems, 2016, 25(6): 1765-1776.

[9]   Marir S, Chadli M, Bouagada D. New admissibility conditions for singular linear continuous-time fractional-order systems[J]. Journal of the Franklin Institute, 2017, 354(2): 752-766.

[10] YANG X Y, LI X D, CAO J D. Robust finite-time stability of singular

nonlinear systems with interval time-varying delay[J]. Journal of the Franklin Institute, 2018, 355(3): 1241-1258.

[11] DAI L. Singular Control Systems[M]. Berlin: Springer-Verlag, 1989.

[12] Campbell S L. Singular Systems of Differential Equations[M]. San Francisco: Pitman, 1980.

[13] Campbell S L. Singular Systems of Differential Equations II[M]. San Francisco: Pitman, 1982.

[14] Bajic V B. Lyapunov's Direct Method in the Analysis of Singular Systems and Networks[M]. Hillcrest: Shades Technical Publications, 1992.

[15] Krishnan H, Mcclamroch N H. Tracking in nonlinear diffrential-algebraic control systems with applications to constrained robot systems[J]. Automatica, 1994,30(12): 1885-1897.

[16] HU Y Z, Davison E J. Positive tracking and force control of robotic manipulators with a descriptor system model[C]. Proceedings of the 33rd IEEE Conference on Decision and Control, 1994, 2388-2399.

[17] Newcomb R W. The semistate description of nonlinear time variable circuits[J]. IEEE Transactions on Circuits and Systems, 1981, 28(1): 62-71.

[18] Riaza R. Differential-Algebraic Systems: Analytical Aspects and Circuit Applications[M]. Singapore: World Scientific, 2008.

[19] ZHANG Q L, LIU C, ZHANG X. Complexity, Analysis and Control of Singular Biological Systems[M]. London: Springer-Verlag, 2012.

[20] Lewis F L. A survey of linear singular systems[J]. Circuits, Systems and Signal Processing, 1986, 5(1): 3-36.

[21] Ailon A. On the design of output feedback for finite and infinite pole assignment in singular systems with application to the control problem of constrained robots[J]. Circuits, Systems and Signal Processing, 1994, 13(5):

525-544.

[22] Readdy P B, Sannuti P. Optimal control of a coupled core nuclear reactor by a singular perturbation method[J]. IEEE Transactions on Automatic Control,1975, 20(6): 766-769.

[23] Bernhard P. On singular implicit linear dynamical systems[J]. SIAM Journal on Control and Optimization, 1982, 20(5): 612-633.

[24] 杨春雨. 若干类非线性广义系统的稳定性分析与设计[D]. 沈阳：东北大学，2007.

[25] Luenberger D G, Arbel A. Singular dynamical Leontief systems[J]. Economitrica, 1977, 45(4): 991-995.

[26] 董祖舜. 快艇动力学[M]. 武汉：华中理工大学出版社，1991.

[27] 张悦，张庆灵，赵立纯. 阶段结构广义生物经济模型的分岔及控制[J]. 系统工程学报，2007, 22(3): 233-238.

[28] WANG Y Y, SHI S J, ZHANG Z J. A descriptor system approach to singular perturbation of linear systems[J]. IEEE Transactions on Automatic Control, 1988, 33(4): 370-373.

[29] Fridman E. A descriptor system approach to nonlinear singularly perturbed optimal control problem[J]. Automatica, 2001, 37(4): 543-549.

[30] Fridman E, Shaked U. A descriptor system approach to H_∞ control of linear time-delay systems[J]. IEEE Transactions on Automatic Control, 2002, 47(2): 253-270.

[31] HAN Q L. A descriptor system approach to robust stability of uncertain neutral systems with discrete and distributed delays[J]. Automatica, 2004, 40(10): 1791-1796.

[32] SHU Z, Lam J. An augmented system approach to static output-feedback stabilization with H_∞ performance for continuous-time plants[J].

International Journal of Robust and Nonlinear Control, 2009, 19(7): 768-785.

[33] SHU Z, Lam J, XIONG J L. Static output-feedback stabilization of discrete-time Markovian jump linear systems: A system augmentation approach[J]. Automatica, 2010, 46(4): 687-694.

[34] LIU P Y, ZHANG Q L, YANG X G, et al. Passivity and optimal control of descriptor biological complex systems[J]. IEEE Transactions on Automatic Control, 2008, 53: 122-125.

[35] ZHANG Q L, LIU W Q, Hill D J. A Lyapunov approach to analysis of discrete singular systems[J]. Systems & Control Letters, 2002, 45(3): 237-247.

[36] XU S Y, Lam J. Reduced-order H_∞ filtering for singular systems[J]. Systems & Control Letters, 2007, 56(1): 48-57.

[37] GUAN Z H, YAO J, Hill D J. Robust H_∞ control of singular impulsive systems with uncertain perturbations[J]. IEEE Transactions on Circuits and Systems II: Express Briefs, 2005, 52(6): 293-298.

[38] Aliyu M D S, Boukas E K. H_∞ filtering for nonlinear singular systems[J]. IEEE Transactions on Circuits and Systems I: Regular Papers, 2012, 59(10): 2395-2404.

[39] Mahmoud M S, Almutairi N B. Stability and implementable H_∞ filters for singular systems with nonlinear perturbations[J]. Nonlinear Dynamics, 2009, 57(3): 401-410.

[40] Manderla M, Konigorski U. Design of causal state observers for regular descriptor systems[J]. European Journal of Control, 2013, 19(2): 104-112.

[41] LIU W Q, YAN W Y, Teo K L. On initial instantaneous jumps of singular systems[J]. IEEE Transactions on Automatic Control, 1995, 40(9): 1650-1655.

[42]　LIN C, WANG J L, YANG G H, et al. Robust stabilization via state feedback for descriptor systems with uncertainties in the derivative matrix[J]. International Journal of Control, 2000, 73(5): 407-415.

[43]　LIN C, WANG Q G, Lee T H. Robust normalization and stabilization of uncertain descriptor systems with norm-bounded perturbations[J]. IEEE Transactions on Automatic Control, 2005, 50(4): 515-520.

[44]　REN J C, ZHANG Q L. Robust H_∞ control for uncertain descriptor systems by proportional-derivative state feedback[J]. International Journal of Control, 2010, 83(1): 89-96.

[45]　REN J C, ZHANG Q L. Robust normalization and guaranteed cost control for a class of uncertain descriptor systems[J]. Automatica, 2012, 48(8): 1693-1697.

[46]　WANG G L, ZHANG Q L. Robust control of uncertain singular stochastic systems with Markovian switching via proportional-derivative state feedback[J]. IET Control Theory & Applications, 2012, 6(8): 1089-1096.

[47]　LIU M, SHI P, ZHANG L X, et al. Fault-tolerant control for nonlinear Markovian jump systems via proportional and derivative sliding mode observer technique[J]. IEEE Transactions on Circuits and Systems I: Regular Papers, 2011, 58(11): 2755-2764.

[48]　LIU H, GUO L, ZHANG Y. An anti-disturbance PD control scheme for attitude control and stabilization of flexible spacecrafts[J]. Nonlinear Dynamics, 2012, 67(3): 2081-2088.

[49]　Assuncao E, Teixeira M, Faria F, et al. Robust state-derivative feedback LMI-based designs for multivariable linear systems[J]. International Journal of Control, 2007, 80(8): 1260-1270.

[50]　Vyhlidal T, Michiels W, Zitek P, et al. Stability impact of small delays in

proportional-derivative state feedback[J]. Control Engineering Practice, 2009, 17(3): 382-393.

[51] ZHANG G S, LIU W Q. Impulsive mode elimination for descriptor systems by a structured P-D feedback[J]. IEEE Transactions on Automatic Control, 2001, 56(12): 2968-2973.

[52] Hamann P, Mehrmann V. Numerical solution of hybrid systems of differential-algebraic equation[J]. Computer Method in Applied Mechanics and Engineering, 2008, 197(8): 693-705.

[53] Wu L G, Ho D W C. Reduced-order $L_2 - L_\infty$ filtering for a class of nonlinear switched stochastic systems[J]. IET Control Theory & Applications, 2009, 3(5): 493-508.

[54] Wu L G, Ho D W C, Li C W. Sliding mode control of switched hybrid systems with stochastic perturbation[J]. Systems & Control Letters, 2011, 60(8): 531-539.

[55] Kats L L, Krasovskii N N. On the stability of systems with random parameters[J]. Journal of Applied Mathematics and Methanics, 1960, 24(5): 1225-1246.

[56] Krasovskii N N, Lidskiid E A. Analysis design of controller in systems with random attributes, Part I[J]. Automation and Remote Control, 1961, 22: 1021-1025.

[57] Boukas E K. Stochastic Switching Systems: Analysis and Design[M]. Boston: Birkhäuser, 2006.

[58] 王克. 随机生物数学模型[M]. 北京：科学出版社，2010.

[59] XIONG J L, Lam J. On robust stabilization of Markovian jump systems with uncertain switching probabilities[J]. Automatica, 2005, 41(5): 897-903.

[60] ZHANG Y, HE Y, WU M, et al. Stabilization for Markovian jump systems

with partial information on transition probability based on free-connection weighting matrices[J]. Automatica, 2011, 47(1): 79-84.

[61] LIU H P, Ho D W C, SUN F C. Design of H_∞ filter for Markov jumping linear systems with non-accessible mode information[J]. Automatica, 2008, 44(10): 2655-2660.

[62] Valle Costa O L, Fragoso M D, Todorov M G. On the filtering problem for continuous-time Markov jump linear systems with no observation of the Markov chain[J]. European Journal of Control, 2011, 17(4): 339-354.

[63] Luan X, ZHAO S, LIU F. H_∞ control for discrete-time Markov jump systems with uncertain transition probabilities[J]. IEEE Transactions on Automatic Control, 2013, 58(6): 1566-1572.

[64] Boukas E K. Control of Singular Systems with Random Abrupt Changes[M]. Berlin: Springer-Verlag, 2008.

[65] XIA Y Q, Boukas E K, Shi P, et al. Stability and stabilization of continuous-time singular hybrid systems[J]. Automatica, 2009, 45(6): 1504-1509.

[66] Boukas E K. On stability and stabilization of continuous-time singular Markovian switching systems[J]. IET Control Theory & Applications, 2008, 2(10): 884-894.

[67] ZHANG J H, XIA Y Q, Boukas E K. New approach to H_∞ control for Markovian jump singular systems[J]. IET Control Theory & Applications, 2010, 4(11): 2273-2284.

[68] Raouf J, Boukas E K. Stochastic output feedback controller for singular Markovian jump systems with discontinuities[J]. IET Control Theory & Applications, 2009, 3(1): 68-78.

[69] MA S, ZHANG C, ZHU S. Robust stability for discrete-time uncertain

singular Markov jump systems with actuator saturation[J]. IET Control Theory & Applications, 2011, 5(2): 255-262.

[70] WANG Y Y, XIA Y Q, SHEN H, et al. SMC design for robust stabilization of nonlinear Markovian jump singular systems[J]. IEEE Transactions on Automatic Control, 2017, 63(1): 219-224.

[71] FENG Z G, SHI P. Sliding mode control of singular stochastic Markov jump systems[J]. IEEE Transactions on Automatic Control, 2017, 62(8): 4266-4273.

[72] ZHANG Q L, LI L, YAN X G, et al. Sliding mode control for singular stochastic Markovian jump systems with uncertainties[J]. Automatica, 2017, 79: 27-34.

[73] JIANG B P, KAO Y G, GAO C C, et al. Passification of uncertain singular semi-Markovian jump systems with actuator failures via sliding mode approach[J]. IEEE Transactions on Automatic Control, 2017, 62(8): 4138-4143.

[74] JIANG B P, KAO Y G, Karimi H R, et al. Stability and stabilization for singular switching semi-Markovian jump systems with generally uncertain transition rates[J]. IEEE Transactions on Automatic Control, 2018, 63(11): 3919-3926.

[75] ZHUANG G M, MA Q, ZHANG B Y, et al. Admissibility and stabilization of stochastic singular Markovian jump systems with time delays[J]. Systems & Control Letters, 2018, 114: 1-10.

[76] WU Z G, SU H Y, CHU J. H_∞ filtering for singular Markovian jump systems with time delay[J]. International Journal of Robust and Nonlinear Control, 2010, 20(8): 939-957.

[77] WU Z G, SU H Y, CHU J. Delay-dependent H_∞ control for singular

Markovian jump systems with time delay[J]. Optimal Control Applications and Methods, 2009, 30(5): 443-461.

[78] WANG J R, WANG H J, XUE A K, et al. Delay-dependent H_∞ control for singular Markovian jump systems with time delay[J]. Nonlinear Analysis: Hybrid Systems, 2013, 8: 1-12.

[79] LI L, ZHANG Q L, ZHU B Y. H_∞ fuzzy control for nonlinear time-delay singular Markovian jump systems with partly unknown transition rates[J]. Fuzzy Sets and Systems, 2014, 254(1): 106-125.

[80] WU L G, SU X Y, SHI P. Sliding mode control with bounded L_2 gain performance of Markovian jump singular time-delay systems[J]. Automatica, 2012, 48(8): 1929-1933.

[81] CHEN J, ZHANG T, ZHANG Z Y, et al. Stability and output feedback control for singular Markovian jump delayed systems[J]. Mathematical Control & Related Fields, 2018, 8(2): 475-490.

[82] Bainov D D, Simeonov P S. Systems with Impulse Effect: Stability, Theory and Applications[M]. Chichester: Ellis Horwood, 1989.

[83] Lakshmikantham V, Bainov D D, Simeonov P S. Theory of Impulsive Differential Equations[M]. Singapore: World Scientific, 1989.

[84] XU J, SUN J. Finite-time stability of linear time-varying singular impulsive systems[J]. IET Control Theory & Applications, 2010, 4(10): 2239-2244.

[85] YAO J, GUAN Z H, CHEN G R, et al. Stability, robust stabilization and H_∞ control of singular-impulsive systems via impulsive control[J]. Systems & Control Letters, 2006, 55(11): 879-886.

[86] YANG M, WANG Y W, XIAO J W, et al. Robust synchronization of singular complex switched networks with parametric uncertainties and unknown coupling topologies via impulsive control[J]. Communications in

Nonlinear Science and Numerical Simulation, 2012, 17(11): 4404-4416.

[87] GUAN Z H, Hill D J, SHEN X M. On hybrid impulsive and switching systems and application to nonlinear control[J]. IEEE Transactions on Automatic Control, 2005, 50(7): 1058-1062.

[88] Medina E A, Lawrence D A. State feedback stabilization of linear impulsive systems[J]. Automatica, 2009, 45(6): 1476-1480.

[89] CHEN W H, WANG J G, TANG Y J, et al. Robust H_∞ control of uncertain linear impulsive stochastic systems[J]. International Journal of Robust and Nonlinear Control, 2008, 18(13): 1348-1371.

[90] ZHANG H, GUAN Z H, FENG G. Reliable dissipative control for stochastic impulsive systems[J]. Automatica, 2008, 44(4): 1004-1010.

[91] DONG Y W, SUN J T, WU Q D. H_∞ filtering for a class of stochastic Markovian jump systems with impulsive effects[J]. International Journal of Robust and Nonlinear Control, 2008, 18(1): 1-13.

[92] ZHAO S W, SUN J T, LIU L. Finite-time stability of linear time-varying singular systems with impulsive effects[J]. International Journal of Control, 2008, 81(11): 1824-1829.

[93] 尹玉娟，赵军. 具有脉冲作用的切换线性广义系统的稳定性[J]. 自动化学报，2007, 33(4): 446-448.

[94] GUAN Z H, QIAN T H, YU X H. On controllability and observability for a class of impulsive systems[J]. Systems & Control Letters, 2002, 47(3): 247-257.

[95] Stamova I M, Stamov T, Simeonova N. Impulsive effects on the global exponential stability of neural network models with supremums[J]. European Journal of Control, 2014, 20(4): 199-206.

[96] Zamani I, Shafiee M, Ibeas A. On singular hybrid switched and impulsive

systems[J]. International Journal of Robust and Nonlinear Control, 2018, 28(2): 437-465.

[97] PAN S T, SUN J T, ZHAO S W. Stabilization of discrete-time Markovian jump linear systems via time-delayed and impulsive controllers[J]. Automatica, 2008, 44(11): 2954-2958.

[98] LI B, LI D S, XU D Y. Stability analysis for impulsive stochastic delay differential equations with Markovian switching[J]. Journal of the Franklin Institute, 2013, 350(7): 1848-1864.

[99] Liberzon D, Trenn S. Switched nonlinear differential algebraic equations: solution theory, Lyapunov functions, and stability[J]. Automatica, 2012, 48(5): 954-963.

[100] Trenn S. Distributional differential algebraic equations[D]. Technische Universität Ilmenau, Ilmenau, Germany, 2009.

[101] Shi S H, Zhang Q L, Yuan Z H, Liu W Q. Hybrid impulsive control for switched singular systems[J]. IET Control Theory & Applications, 2011, 5(1): 103-111.

[102] 尹玉娟. 脉冲切换广义系统的稳定性与鲁棒控制[D]. 沈阳：东北大学, 2006.

[103] Chang S S L, Peng T K C. Adaptive guaranteed cost control of systems with uncertain parameters[J]. IEEE Transactions on Automatic Control, 1972, 17(4): 474-483.

[104] Xu H L, Teo K L, Liu X Z. Robust stability analysis of guaranteed cost control for impulsive switched systems[J]. IEEE Transactions on Systems, Man, and Cybernetics, Part B: Cybernetics, 2008, 38(5): 1419-1422.

[105] Boukas E K. Optimal guaranteed cost for singular linear systems with random abrupt changes[J]. Optimal Control Applications and Methods,

2010, 31(4): 335-349.

[106] Abdelaziz T H S. Optimal control using derivative feedback for linear systems[J]. Proceedings of the Institution of Mechanical Engineers, Part I: Journal of Systems and Control Engineering, 2010, 224(2): 185-202.

[107] WANG Y Y, WANG Q B, ZHOU P F, et al. Robust guaranteed cost control for singular Markovian jumps systems with time-varying delay[J]. ISA Transactions, 2012, 51(5): 559-565.

[108] Ma S P, Boukas E K. Guaranteed cost control of uncertain discrete-time singular Markov jump systems with indefinite quadratic cost[J]. International Journal of Robust and Nonlinear Control, 2011, 21(9): 1031-1045.

[109] WANG R, LIU G P, WANG W, et al. Guaranteed cost control for networked control systems based on an improved predictive control method[J]. IEEE Transactions on Control Systems Technology, 2010, 18(5): 1226-1232.

[110] ZHANG J H, SHI P, QIU J Q. Non-fragile guaranteed cost control for uncertain stochastic nonlinear time-delay systems[J]. Journal of the Franklin Institute, 2009, 346(7): 676-690.

[111] 陈国定, 俞立, 褚健. 具有状态和控制滞后不确定系统的保性能控制器设计[J]. 自动化学报, 2002, 28(2): 314-316.

[112] 张霓, 马皓. 一类不确定脉冲型混杂系统的保代价控制[J]. 控制理论与应用, 2005, 22(4): 527-532.

[113] Boyd S, Ghaoui L E, Feron E, et al. Linear Matrix Inequalities in System and Control Theory[M]. Philadelphia: SIAM Studies in Applied Mathematics, 1994.

[114] 俞立. 鲁棒控制——线性矩阵不等式处理方法[M]. 北京: 清华大学出版社, 2002.

[115] 黄琳. 系统与控制理论中的线性代数[M]. 北京：科学出版社，1984.

[116] Petersen I R. A stabilization algorithm for a class of uncertain linear systems[J]. Systems & Control Letters, 1987, 8(4): 351-357.

[117] Willems J C. Dissipative dynamical systems, Part I: General theory[J]. Archive for Rational Mechanics and Analysis, 1972, 45(5): 321-351.

[118] TAN Z Q, Soh Y C, XIE L H. Dissipative control for linear discrete-time systems[J]. Automatica, 1999, 35(9): 1557-1564.

[119] Brogliato B, Lozano R, Maschke B, et al. Dissipative Systems Analysis and Control: Theory and Applications[M]. New York: Springer-Verlag, 2000.

[120] XIE S L, XIE L H, De Souza C E. Robust dissipative control for linear systems with dissipative uncertainty[J]. International Journal of Control, 1998, 70(2): 169-191.

[121] ZHAO J, Hill D J. Dissipative theory for switched systems[J]. IEEE Transactions on Automatic Control, 2008, 53(4): 941-953.

[122] WU L G, ZHENG W X, GAO H J. Dissipativity-based sliding mode control of switched stochastic systems[J]. IEEE Transactions on Automatic Control, 2013, 58(3): 785-791.

[123] Masubuchi I. Dissipativity inequalities for continuous-time descriptor systems with applications to synthesis of control gains[J]. Systems & Control Letters, 2006, 55(2): 158-164.

[124] 董心壮，张庆灵. 线性广义系统的鲁棒严格耗散控制[J]. 控制与决策，2005, 20(2): 195-198.

[125] Hill D J, Moylan P J. Dissipative dynamical systems: Basic input-output and state properties[J]. Journal of the Franklin Institute, 1980, 309(5): 327-357.

[126] De Souza C E, Trofino A, Barbosa K A. Mode-independent H_∞ filters for

Markovian jump linear systems[J]. IEEE Transactions on Automatic Control, 2006, 51(11): 1837-1841.

[127] Gahinet P, Apkarian P. A linear matrix inequality approach to H_∞ Control[J]. International Journal of Robust Nonlinear Control, 1994, 4(5): 421-448.

[128] WU Y H, GUAN Z H, FENG G, et al. Passivity-based control of hybrid impulsive and switching systems with singular structure[J]. Journal of the Franklin Institute, 2013, 350(6): 1500-1512.

[129] 董心壮，张庆灵. 线性广义系统的输出反馈无源控制[J]. 东北大学学报，2004, 25(4): 310-313.

[130] Xu S Y, Lam J. Positive real control for uncertain singular time-delay systems via output feedback controllers[J]. European Journal of Control, 2004, 10(4): 293-302.

[131] Siljak D D. Reliable control using multiple control systems[J]. International Journal of Control, 1980, 31(2): 303-329.

[132] Veillette R J, Medanic J B, Perkins W R. Design of reliable control systems[J]. IEEE Transactions on Automatic Control, 1992, 37(3): 290-304.

[133] Seo C J, Kim B K. Robust and reliable H_∞ control for linear systems with parameter uncertainty and actuator failure[J]. Automatica, 1996, 32(3): 465-467.

[134] YANG G H, ZHANG S Y, Lam J, et al. Reliable control using redundant controllers[J]. IEEE Transactions on Automatic Control, 1998, 43(11): 1588-1593.

[135] YANG G H, WANG J L, Soh Y C, et al. Reliable state feedback control synthesis for uncertain linear systems[J]. Asian Journal of Control, 2003,

5(2): 301-308.

[136] XIANG Z R, WANG R H, CHEN Q W. Robust reliable stabilization of stochastic switched nonlinear systems under asynchronous switching[J]. Applied Mathematics and Computation, 2011, 217(19): 7725-7736.

[137] WU G Q, ZHANG J W. Reliable passivity and passification for singular Markovian systems[J]. IMA Journal of Mathematical Control and Information, 2013, 30(2): 155-168.

[138] WANG Z Y, HUANG L H, ZUO Y. Reliable dissipative control for uncertain time-delayed stochastic systems with Markovian jump switching and multiplicative noise[J]. Asian Journal of Control, 2011, 13(4): 553-561.

[139] FENG Z G, Lam J. Reliable dissipative control for singular Markovian systems[J]. Asian Journal of Control, 2013, 15(3): 901-910.

[140] Hale J. Functional Differential Equations[M]. New York: Springer-Verlag, 1977.

[141] Gu K, Kharitonov V L, Chen J. Stability of Time-Delay Systems[M]. Basel: Birkhäuser, 2003.

[142] Niculescu S I, Gu K. Advances in Time-delay Systems[M]. Germany: Springer-Verlag, 2006.

[143] 王天成, 高在瑞. 一类带有时滞的不确定广义系统的切换渐进稳定性[J]. 自动化学报, 2008, 34(8): 1013-1016.

[144] LIN C, WANG Q G, Lee T H. A less conservative robust stability test for linear uncertain time-delay systems[J]. IEEE Transactions on Automatic Control, 2006, 51(1): 87-91.

[145] XU S Y, Lam J, MAO X R. Delay-dependent H_∞ control and filtering for uncertain Markovian jump systems with time-varying delays[J]. IEEE Transactions on Circuits and Systems I: Regular Papers, 2007, 54(9):

2070-2077.

[146] WANG Y Y, SHI P, WANG Q B, et al. Exponential H_∞ filtering for singular Markovian jump systems with mixed mode-dependent time-varying delay[J]. IEEE Transactions on Circuits and Systems I: Regular Papers, 2013, 60(9): 2440-2452.

[147] CAO Y Y, Lam J. Robust H_∞ control of uncertain Markovian jump systems with time delay[J]. IEEE Transactions on Automatic Control, 2000, 45(1): 77-83.

[148] Boukas E K, Xu S Y, Lam J. On stability and stabilizability of singular stochastic systems with delays[J]. Journal of Optimization Theory and Applications, 2005, 127(2): 249-262.

[149] WANG Z D, Lam J, LIU X H. Exponential filtering for uncertain Markovian jump time-delay systems with nonlinear disturbances[J]. IEEE Transactions on Circuits and Systems II: Express Briefs, 2004, 51(5): 262-268.

[150] MA S P, ZHANG C H, WU Z. Delay-dependent stability and H_∞ control for uncertain discrete switched singular systems with time-delay[J]. Applied Mathematics and Computation, 2008, 206(1): 413-424.

[151] WU J, CHEN T W, WANG L. Delay-dependent robust stability and H_∞ control for jump linear systems with delays[J]. Systems & Control Letters, 2006, 55(11): 939-948.

[152] Yue D, Lam J, Ho D W C. Reliable H_∞ control of uncertain descriptor systems with multiple time delays[J]. IEEE Proceedings-Control Theory and Applications, 2003, 150(6): 557-564.

[153] HAN Q L. Absolute stability of time-delay systems with sector-bounded nonlinearity[J]. Automatica, 2008, 41(12): 2171-2176.

[154] Walsh G C, Hong Y, Bushnell L G. Stability analysis of networked control

systems[J]. IEEE Transactions on Control Systems Technology, 2002, 10(3): 438-446.

[155] YANG T C. Networked control system: A brief survey[J]. IEEE Proceedings-Control Theory and Applications, 2006, 153(4): 403-412.

[156] 李力雄, 费敏锐. 基于网络整定的控制系统中网络诱导延时的分析及解决方法研究[M]. 上海: 上海大学出版社, 2009.

[157] LI J N, ZHANG Q L, CAI M. Modeling and robust stability of networked control systems with packet reordering and long delay[J]. International Journal of Control, 2009, 82(10): 1773-1785.

[158] LI J N, ZHANG Q L, Yu H B, et al. Real-time guaranteed cost control of MIMO networked control systems with packet disordering[J]. Journal of Process Control, 2011, 21(6): 967-975.

[159] SHI L, XIE L H. Optimal sensor power scheduling for state estimation of Gauss-Markov systems over a packet-dropping network[J]. IEEE Transactions on Signal Processing, 2012, 60(5): 2701-2705.

[160] WANG G L. H_∞ control of singular Markovian jump systems with operation modes disordering in controllers[J]. Neurocomputing, 2014, 142: 275-281.

[161] WANG G L, XU S Y, ZOU Y. Stabilisation of hybrid stochastic systems by disordered controllers[J]. IET Control Theory & Applications, 2014, 8(13): 1154-1162.

[162] ZHAO Y B, LIU G P, Rees D. Actively compensating for data packet disorder in networked control systems[J]. IEEE Transactions on Circuits and Systems II: Express Briefs, 2010, 57(11): 913-917.

[163] LIU A D, ZHANG W A, YU L, et al. New results on stabilization of networked control systems with packet disordering[J]. Automatica, 2015, 52: 255-259.

[164] Zemouche A, Doutayeb M, Bara G I. Observer design for nonlinear systems: an approach based on the differential mean value theorem[C]. Proceedings of the 44th IEEE Conference on Decision and Control and European Control Conference, Spain, 2005, 6353-6358.

[165] Norris J R. Markov Chains[M]. Cambridge: Cambridge University Press, 1998.

[166] YANG C Y, KONG Q F, ZHANG Q L. Observer design for a class of nonlinear descriptor systems[J]. Journal of the Franklin Institute, 2013, 350(5): 1284-1297.

[167] Aiello W G, Freedman H I. A time-delay model of single species growth with stage structure[J]. Mathematical Biosciences, 1990, 101: 139-153.

[168] Clark C W. Mathematical Bioeconomics: The Optimal Management of Renewable Resources[M]. New York: John Wiley & Sons, Inc, 1976.

[169] LIU B, TIAN Y, KANG B L. Dynamics on a Holling II predator-prey model with state-dependent impulsive control[J]. International Journal of Biomathematics, 2012, 5(3): 1260006, 18 pages.

[170] ZHANG Y, ZHANG Q L, ZHANG X. Dynamical behavior of a class of prey-predator system with impulsive state feedback control and Beddington-DeAngelis functional response[J]. Nonlinear Dynamics, 2012, 70(2): 1511-1522.

[171] PEI Y Z, LI C G, FAN S H. A mathematical model of a three species prey-predator system with impulsive control and Holling functional response[J]. Applied Mathematics and Computation, 2013, 219(23): 10945-10955.